国家自然科学基金项目（编号：51105084）
广西壮族自治区教学名师项目（编号：2012GXMS158）
广西壮族自治区新世纪教改重点项目（编号：2012JGZ132）资助

机械设计课程群教学案例

高中庸　高尚晗　著

北京
冶金工业出版社
2016

内 容 提 要

本书分3篇，包括工程技术案例篇、创新设计案例篇和课堂教学案例篇，共31个案例。第1、2篇的20个案例全面介绍了“机械原理”和“机械设计”课程基本理论在工程技术和创新设计中的重要作用，这些案例均从“目的”和“背景”开始到“点评”和“口诀”结束，较系统地反映了作者几十年来“教学与科研生产相结合”的经验与体会，说明了机械设计课程群教学与生产科研的不可分割性。第3篇是对作者课堂教学理念、方法与技巧的归纳与总结，其中介绍了40首概括课程群5门课各章要点或难点的“口诀诗”及创新教学方法在专业基础课教学中的应用。

书中所列举的某些概念、方法、发现与发明具有一定的创新性，可供有关教师用作辅助教案，可供学生用作补充教材，也可供生产一线的技术人员作为参考书。

图书在版编目(CIP)数据

机械设计课程群教学案例/高中庸，高尚晗著．—北京：冶金工业出版社，2016.9

ISBN 978-7-5024-7317-4

Ⅰ.①机…　Ⅱ.①高…　②高…　Ⅲ.①机械设计—课堂教学—教案（教育）—汇编　Ⅳ.①TH122

中国版本图书馆CIP数据核字（2016）第219779号

出 版 人　谭学余
地　　址　北京市东城区嵩祝院北巷39号　邮编　100009　电话　(010)64027926
网　　址　www.cnmip.com.cn　电子信箱　yjcbs@cnmip.com.cn
责任编辑　赵亚敏　美术编辑　彭子赫　版式设计　彭子赫
责任校对　石　静　责任印制　牛晓波
ISBN 978-7-5024-7317-4
冶金工业出版社出版发行；各地新华书店经销；三河市双峰印刷装订有限公司印刷
2016年9月第1版，2016年9月第1次印刷
169mm×239mm；17.75印张；346千字；276页
70.00元

冶金工业出版社　投稿电话　(010)64027932　投稿信箱　tougao@cnmip.com.cn
冶金工业出版社营销中心　电话　(010)64044283　传真　(010)64027893
冶金书店　地址　北京市东四西大街46号(100010)　电话　(010)65289081(兼传真)
冶金工业出版社天猫旗舰店　yjgycbs.tmall.com

前　言

国内外许多大学的法学、工商管理、刑侦或者临床医学等学科都早已引入案例教学法。这对于帮助学生理论联系实际，增强其毕业后处理和解决实际疑难问题的能力具有极为重要的实际意义。案例教学法以其典型性、鲜活性和多样性等特点引人入胜而受到大学人文社科等领域师生的普遍欢迎。

“机械原理”和“机械设计”是机械工程专业最具代表性的重要技术基础课，其每一章都与现实机械相关联，因而具有极强的实践性。工程实际中所出现的许多问题几乎都能从课程中找到对应点。但是不少在校学生学习课程理论，却不知其用在何处。为帮助学生克服被动学习局面，作者不时将自己亲身经历的生产一线技术案例和创新实践引入课堂，并且坚持了30余年。尽管这种案例教学手法只是零星为之而缺乏系统性，但仍然受到学生欢迎和好评。这说明，案例教学法同样适用于大学工科专业。

为适应大学教育“强基础、重创新”的要求，提高机械工程专业教学水平与质量，特此将以往的“碎片式”案例加以整理，同时引入某些课堂教学实例而撰写本书。

本书共3篇，第1、2篇各10个案例，由高中庸负责撰写。第3篇包含11个案例，由高尚晗负责撰写。第1篇案例，基本按照失效形式介绍、原因分析、处理方法和实际效果顺序展开论述。第2篇介绍的创新设计包括产品创新、实验手段方法创新与大学生创新设计指导等。第1、2篇每个案例均以“目的”开始，使读者对所学内容有的放矢；以“点评”和“口诀”结尾，加深印象；此外，每个案例均给出思考题，进一步巩固所学知识。虽然实例独特，但不影响案例所反映的普遍意义。第1、2篇所介绍的多个原创性概念、方法、发现与发明对大学师生和企业技术人员都有启发借鉴作用。第3篇［案例3-1］列出40首口诀诗，力图概括课程群5门课各章的要点或难点；［案例3-10］所介绍的两本教材绪论及其课堂教学方法特色鲜明，通过留下问题与悬念，借助案例来诠释主题与重点；其他案例所介绍的计算分析方法，启发式教学模式与化解疑难的技巧以及坚持教学与科研相结合、理论与实际相结合以及课堂内外相结合都体现了本书的独创特点，基本目的在于感染和影响读者。

本书写作过程中，得到了机械学院许多同事的帮助，特别是罗玉军老师应铁路部门之邀冒着炎热前往南宁路段实地勘查并写出书面报告，使作者得以顺利完成第1篇［案例1-7］的撰写。此外，黄位健、周峰、李宝灵、朱萍等以及财经学院的廖奕老师均向作者提供了资料或协助处理书稿图片，从而使本书得以顺利完稿。特借此机会向上述老师表示衷心感谢！

由于作者经历的地域性、掌握信息的片面性以及学术水平的有限性，书中缺漏在所难免，敬请读者批评指正。

作　者

于广西科技大学

2016年5月18日

目　录

第1篇 工程技术案例篇

[案例1-1] 30t自卸车双万向节非正常失效分析

✦ 目　　的 ✦

通过双万向节主、从动轴间传动比计算式推导过程的介绍，说明矢量分析法在空间机构运动分析中的重要作用；推出双万向节主、从两轴间传动比恒为1的更全面、更具有普遍意义的条件，旨在修正现有教材的片面观点；借此进一步增强学生的工程观念，使他们深刻认识理论对工程实践的指导作用以及理论联系实际的重要意义。

✦ 背　　景 ✦

1983年春季学期，作为昆明工学院（现为昆明理工大学，下同）当时的新任教师，笔者被指派到重庆特殊钢厂函授站面授“机械原理”课程。一天下午刚上课，重庆钢铁公司歌乐山石灰石矿的一位副矿长和工段长等几位学员就提出请假回矿上处理生产中的紧急事务。笔者了解基本情况后当即答复：“你们别着急，请听我讲一节课再走。”

笔者当即决定临时调整讲课顺序，提前给大家讲授“其他常用机构”中的万向节机构。通过黑板上的图示与演算，推导出了双万向节主、从两轴角速比恒等于1的条件。听完这些内容，那几位学员抱着将信将疑的心理赶回矿上处理多年来屡受困扰的问题。

✦ 问　　题 ✦

原来，重庆钢铁公司歌乐山石灰石矿是一个露天矿，30t矿用自卸车是其主要生产设备。该自卸车传动系统中含有双万向节机构。很长时间以来，矿山自卸车的万向节常常发生叉面或花键轴套的提前损坏。为此该矿专门配置了8位维修工负责全矿自卸车万向节的维护与更换。由于损坏事故频发，不仅这8位工人工作繁忙，而且需大量外购万向节备件。这一次库存万向节备件几乎用完，再不紧急采购就会造成全矿停产，后果难以预料，因而出现了前面所述几位学员请假那一幕。

✦ 处　理 ✦

绝大多数双万向节中间轴的两端都通过花键轴套相联。两端之间由此可以分离，既便于制造、安装与维护，也便于适应工作中两端叉面间的轴向位移。设花键由6或8个齿组成，那么每错位一个齿，双万向节中间轴两端叉面就会错位60°或45°。

请假的几位学员听懂了笔者在课堂上交代的要点，即为了确保双万向节主、从两轴角速比恒等于1，其条件之一是在主、从和中间三轴共面情况下，中间轴两端叉面也必须共面。他们回矿后立即组织人员对自卸车逐台进行检查，果然发现自卸车用双万向节的中间轴两端叉面都存在程度不同的错位现象。这是因为矿山维修人员以前基本都不懂双万向节安装与维修的要领，致使叉轴断裂事故频发。

矿领导了解万向节频繁断裂事故原因后，决定立即安排人力调整所有尚能正常工作的自卸车用双万向节机构，切实使中间轴两端叉面满足共面要求，并以此作为今后维修的操作规范。经过这次处置，重庆歌乐山石灰石矿30t自卸车用双万向节再未发生过早断裂事故，原来专门从事万向节更换的8名修理工也重新回到生产第一线岗位；原计划大量采购的万向节备件自然被大幅度缩减。

✦ 类　推 ✦

1993年，笔者根据校企合作协议到广西陆川机电总厂任技术顾问。该厂一项重要生产任务是为玉林柴油机厂供应柴油发动机大齿圈。为提高产量并降低齿圈生产成本，该厂自行试制扩孔机。由于动力传递的需要，双万向节也是扩孔机的重要部件。扩孔机刚刚组装试用，万向节就发生断裂事故。试制扩孔机的负责人认为万向节质量不过关，便重新外购继续安装试机。结果可以想象，万向节再次断裂。笔者获知此事，当即告知扩孔机试制组的主持者，安装时必须认真检查万向节中间轴两端叉面是否满足理论上规定的几何要求。厂长也根据笔者建议亲自出面协调，从而避免了后续的不必要损失。

广西陆川机电总厂这次的万向节事故仅仅与一台扩孔机有关，而重庆的万向节断裂则涉及矿山全部自卸车。两地的万向节断裂事故规模差异很大，但断裂事故性质完全相同，解决或处理这两地事故的措施也就完全一样。

✦ 分　析 ✦

一、双万向节结构与应用

图 1-1 为一种常见的双十字万向节机构，其两端通过花键滑套相联接。该机构的两端叉面各与一个十字轴相铰接（见图 1-2）。其机构简图如图 1-3 所示。

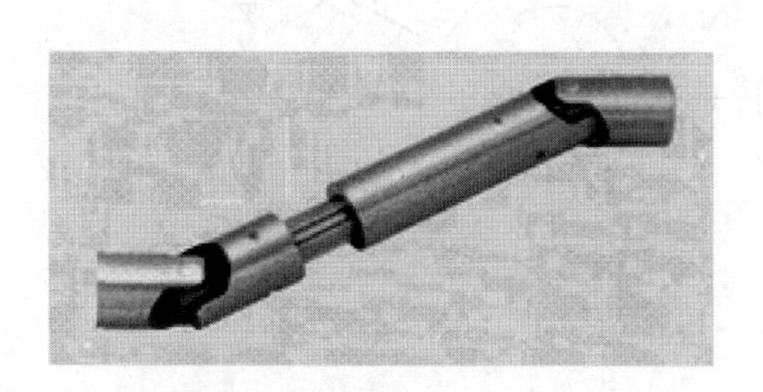

图 1-1　一种常见双万向节

图 1-2　十字轴图片

有人或许会问，难道不可将中间轴两端叉面做成一体？的确，某些工作场合的中间轴可以采用整体结构。但在大多数情况下，双万向节中间轴的两端叉面总要通过一定的轴向相对伸缩，来弥补传动中形成的位置误差，或者适应从动轴的位置移动与调整。于是，花键联接就是一种最好的结构设计。

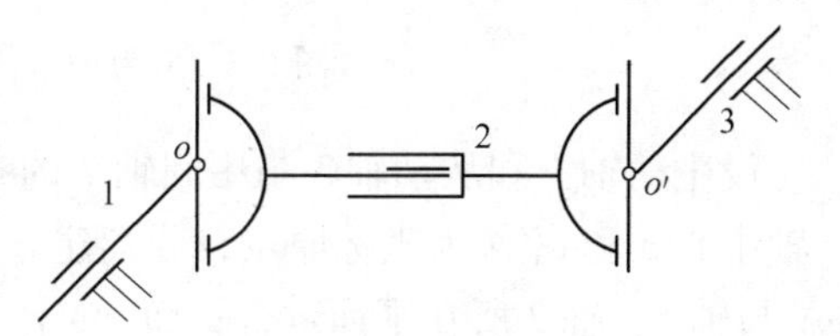

图 1-3　双万向节机构简图

1—主动轴；2—中间轴；3—从动轴

双十字万向节的特殊结构决定了它可以在两根不同轴线、存在一定夹角或相对运动的轴间传递旋转运动和转矩。这种完全不同于齿轮、带轮和链轮机构特性的万向节被广泛应用于工作母机、汽车、冶金机械、工程机械、轻工机械以及农用机械等多种机械中。

二、双十字万向节的运动分析

现有机械原理教材都会指出，采用单万向节联接的两轴角速比不恒定，只有采用双万向节，并且满足两个几何条件才能使主、从动轴角速恒相等以实现运动与动力的平稳传递，否则从动轴角速度波动势必造成系统的冲击与振动，特别是重载工况引起的动载荷更容易导致传动件的过早损伤。

现有机械原理教材所介绍的万向节运动分析都相当简单，并且所得结论也较片面。为此，利用图 1-4 和矢量分析方法来推导具有普遍意义的双万向节瞬时角速比计算式[1,2]。

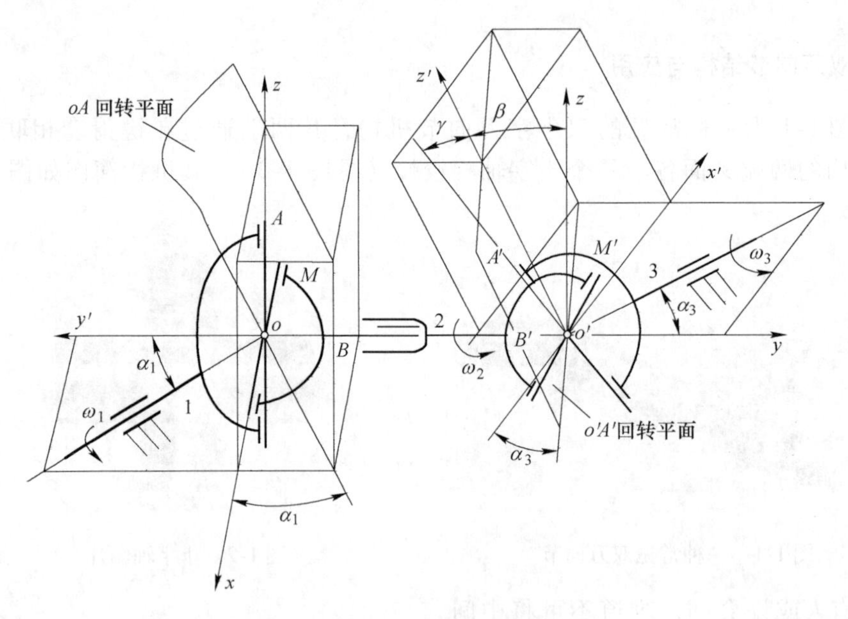

图 1-4　双万向节传动比矢量分析

设主动轴 1 和从动轴 3 与中间轴 2 的夹角分别为 α_1 和 α_3 。取中间轴两端十字轴中心 o 和 o' 作为坐标原点，分别建立坐标系 $oxyz$ 和 $o'x'y'z'$ 。其中，坐标面 xoy 与轴 1、轴 2 所在平面重合；而 $x'o'y'$ 则与轴 2、轴 3 所在平面重合。

由万向节十字轴的运动特点可知，回转轴线 oM（或 $o'M'$ ）始终位于 xoz（或 $x'o'z'$ ）坐标面内；而回转轴线 oA（或 $o'A'$ ）的运动平面与坐标面 xoz（或 $x'o'z'$ ）的夹角恒为 α_1（或 α_3 ）。

设双万向节工作的初始时刻，轴 2 左端叉面 oBM 与坐标面 xoy 重合，而轴 2 右端叉面 $o'B'M'$ 与 $x'o'y'$ 坐标面夹角为 ψ（图中未标出）。若轴 1、轴 2 所在平面与轴 2、轴 3 所在平面夹角为 β（见图 1-4），则轴 2 左右两端叉面 oBM 与 $o'B'M'$ 夹角始终保持为 $\beta-\psi$ 。

此外由几何关系可知，初始时刻的轴线 oA 与坐标轴 oz 重合；而轴线 $o'A'$ 与坐标轴 $o'z'$ 的夹角未必为零，暂设两者夹角为 γ（见图 1-4）。

在万向节工作初始时刻，如用矢量来表示中间轴两端十字轴各回转副的向径，则有：

$$
\begin{cases}
(oA)_0 = r\boldsymbol{k} \\
(oM)_0 = r\boldsymbol{i} \\
(o'M')_0 = (r\cos\psi)\boldsymbol{i}' + (r\sin\psi)\boldsymbol{k}' \\
(o'A')_0 = (-r\sin\gamma\cos\alpha_3)\boldsymbol{i}' + (-r\sin\gamma\sin\alpha_3)\boldsymbol{j}' + (r\cos\gamma)\boldsymbol{k}'
\end{cases}
\tag{1-1}
$$

式中，r 为十字轴 oA、oM、$o'M'$和 $o'A'$的回转半径；$\boldsymbol{i}$、$\boldsymbol{i}'$、$\boldsymbol{j}$、$\boldsymbol{j}'$、$\boldsymbol{k}$ 和 $\boldsymbol{k}'$分别为各坐标方向矢。

设轴1、轴2和轴3分别以角速度 ω_1、ω_2 和 ω_3 旋转一段时间 t 后，各轴所获得的角位移分别为 φ_1、φ_2 和 φ_3，则在此时刻，式（1-1）中的相关矢量应改变为：

$$
\begin{cases}
(oA)_t = (r\sin\varphi_1\cos\alpha_1)\boldsymbol{i} + (r\sin\varphi_1\sin\alpha_1)\boldsymbol{j} + (r\cos\varphi_1)\boldsymbol{k} \\
(oM)_t = (-r\cos\varphi_2)\boldsymbol{i} + (r\sin\varphi_2)\boldsymbol{k} \\
(o'M')_t = [r\cos(\psi + \varphi_2)]\boldsymbol{i}' + [r\sin(\psi + \varphi_2)]\boldsymbol{k}' \\
(o'A')_t = [-r\sin(\gamma + \varphi_3)\cos\alpha_3]\boldsymbol{i}' + [-r\sin(\gamma + \varphi_3)\sin\alpha_3]\boldsymbol{j}' + [r\cos(\gamma + \varphi_3)]\boldsymbol{k}'
\end{cases}
\tag{1-2}
$$

由于 oA 和 oM 以及 $o'M'$和 $o'A'$始终相垂直，其对应矢量的点积等于零，由此则有：

$$\tan\gamma\cos\alpha_3 = \tan\psi \tag{1-3}$$

$$\tan\varphi_1\cos\alpha_1 = \tan\varphi_2 \tag{1-4}$$

$$\tan(\gamma + \varphi_3)\cos\alpha_3 = \tan(\psi + \varphi_2) \tag{1-5}$$

由式（1-3）可知，当轴2与轴3夹角 α_3 确定之后，回转轴线 $o'A'$与坐标轴 $o'z'$的夹角 γ 只受中间轴右端叉面 $o'B'M'$与坐标面 $x'o'y'$夹角 ψ 的影响。如果 $\psi = 0$，必有 $\gamma = 0$。

现对式（1-4）两边求导，则有：

$$\omega_1\sec^2\varphi_1\cos\alpha_1 = \omega_2\sec^2\varphi_2$$

由此初步得到中间轴左端单万向节传动比计算式为：

$$i_{12} = \frac{\omega_1}{\omega_2} = \frac{\sec^2\varphi_2}{\sec^2\varphi_1\cos\alpha_1} = \frac{\sec^2\varphi_2\cos\alpha_1}{(1 + \tan^2\varphi_1)\cos^2\alpha_1}$$

由式（1-4）所给关系，上式又可表为：

$$i_{12} = \frac{\omega_1}{\omega_2} = \frac{\sec^2\varphi_2\cos\alpha_1}{(1 + \tan^2\varphi_1)\cos^2\alpha_1} = \frac{\sec^2\varphi_2\cos\alpha_1}{\cos^2\alpha_1 + \tan^2\varphi_2}$$

对该式作进一步简化整理，即得到如式（1-6）所示的单万向节传动比计算式。这一结果与1999年出版的教材[3]所引用的计算式完全相同。

$$i_{12} = \frac{\omega_1}{\omega_2} = \frac{\cos\alpha_1}{1 - \sin^2\alpha_1\cos^2\varphi_2} \tag{1-6}$$

由式（1-6）可知，只要夹角 $\alpha_1 \neq 0$，用单十字万向节相联的两轴间传动比就不为常数。

同理，对式（1-5）两边求导则有：

$$i_{32} = \frac{\omega_3}{\omega_2} = \frac{\cos\alpha_3}{1 - \sin^2\alpha_3\cos^2(\psi + \varphi_2)} \tag{1-7}$$

将式（1-6）与式（1-7）相除，即得具有普遍意义的双万向节主、从两轴间瞬时传动比计算式为：

$$i_{13} = \frac{\omega_1}{\omega_3} = \frac{\cos\alpha_1}{\cos\alpha_3} \cdot \frac{1 - \sin^2\alpha_3\cos^2(\psi + \varphi_2)}{1 - \sin^2\alpha_1\cos^2\varphi_2} \tag{1-8}$$

式（1-8）表明，无论 α_1 和 α_3 是否相等，只要 $\psi \neq 0$，传动比 i_{13} 就不会等于1。例如，假设 $\alpha_1 = \alpha_3 = 30°$，那么 $\varphi_2 = 0°$ 和 $\varphi_2 = 90°$ 两种情况下双万向节主从轴间传动比随 ψ 变动情况如表 1-1 所示。

表 1-1　双万向节主从轴传动比变化情况

ψ	i_{13}		$i_{13\max}/i_{13\min}$
	$\varphi_2 = 0°$	$\varphi_2 = 90°$	
30°	1.083	0.938	1.154
45°	1.167	0.875	1.333
60°	1.250	0.812	1.538
90°	1.333	0.750	1.778

表 1-1 所给结果说明，如此使用双万向节所导致的从动轴转速波动幅度甚至比单万向节还要严重。一旦传递重载，从动轴的频繁大幅速度波动一定会产生很大的附加动载荷，从而导致花键轴套或叉面的损坏。安装时若使 $\psi = 90°$，万向节损坏的可能性就会更大。可以想象，重庆歌乐山石灰石矿最初的维修人员匆忙之中给 30t 自卸汽车更换新的双万向节时，无意中造成 $\psi = 90°$ 的事实肯定不是个别现象，从而最终不可避免地发生万向节备件大量消耗而使库存告急的事件。

对式（1-8）稍加分析可知，双万向节主、从动两轴传动比 $i_{13} = 1$ 的关键因素是

$$\begin{cases} \alpha_1 = \alpha_3 \\ \psi = 0° \end{cases} \tag{1-9}$$

式（1-9）是双十字万向节主、从动两轴间转速比恒等于 1 条件的数学表达式，若用文字描述则为：

（1）主动轴 1 与中间轴 2 的夹角 α_1 必须等于从动轴 3 与中间轴 2 的夹角 α_3。

（2）中间轴某一端的叉面与其相联接的两轴共面时，另一端的叉面也必须与其相联接的两轴共面。

根据图 1-4 所给定的中间轴两端叉面所处的初始位置考虑，上述第二个条件

可以更为直观地表述为：双万向节中间轴的左端叉面与轴 1、轴 2 所在平面重合时，其右端叉面则必须与轴 3、轴 2 所在平面重合。这一表述对于双万向节的正确安装与检测具有更切实际的指导意义。

针对主、从动轴所处的两个特殊位置，以往教材[4,5]运用图解法证明，双万向节传动比恒等于 1 的条件是：当轴 1、轴 2 和轴 3 共面时，中间轴两端叉面夹角为零且 $\alpha_1 = \alpha_3$。这其实只是式（1-8）或式（1-9）的一个特例。

文献［1］用矢量法证明，轴 1、轴 2 所在平面和轴 3、轴 2 所在平面相互垂直且 $\alpha_1 = \alpha_3$ 时，中间轴两端叉面夹角等于 90° 也能确保双万向节传动比恒等于 1。这一结论也同样包含在式（1-8）或式（1-9）之中。

理论推导充分说明，式（1-8）或式（1-9）所表述的双万向节主、从动轴间传动比恒等于 1 的条件具有更为全面与宽泛的工程应用价值。

✦ 点　评 ✦

通过以上分析可知，单万向节能使不共轴线的两根转轴实现运动与动力的传递，但它不能保证被联从动轴的平稳转动。双万向节可以弥补单万向节的这一缺点，但实际应用时必须首先保证 $\alpha_1 = \alpha_3$（见图 1-4），其次必须确保中间轴的左端叉面与轴 1 和轴 2 所在平面重合时，右端叉面则应与轴 2 和轴 3 所在平面相重合。为了在更复杂的环境中实现后一个条件，双万向节中间轴的两端滑套联接（见图 1-3）应该具有由更多凸齿与凹槽组成的新型花键结构。在当今的技术条件下，不增大中间轴的外形尺寸而使花键轴（或花键套）具有 24 甚至更多的齿数是一点也不困难的。这就在较大程度上扩大了中间轴两端叉面相对角度的调整范围，从而便于在更多工程实际条件下，非共线或非共面两轴间运动与动力的平稳传递。

现有的机械原理教材[4,5]没有就双万向节的几何关系进行如此深入的分析，甚至所给的结论也相对简单或者片面。无疑本案例是对现有教材有关万向节这一局部议题的补充与完善，既具有理论意义，又很有实用价值。

在现实的工程实际中，在一切应用双万向节的场合，都要遵循正确理论的指导。只有科学地安装与使用双万向节，才能避免不必要的损失。

✦ 口　诀 ✦

主从轴系多错偏，单节双配万向连；
动力传递求平稳，速比公式换新颜。

✦ 思　考 ✦

（1）谈谈该案例对你的启发。“机械原理”课程的理论与生产实际有何关系？

（2）单万向节在何种情况下，其角速比恒等于1？是否存在一种无论怎么安装，其角速比都恒等于1的单万向节？

（3）试分别用数学和文字两种表达方式来介绍双万向节主、从两轴传动比恒等于1的条件。

（4）何谓矢量分析法，什么是两矢量间的点积与叉积，如何进行运算？

[案例1-2] 轮齿啮合中的摩擦激励与齿轮噪声

✦ 目 的 ✦

利用学校的地域优势，缩短大学课堂与企业生产第一线的距离；帮助学生加深对渐开线齿轮啮合过程的了解，使其在对齿顶修缘的理论依据和齿轮传动噪声的形成机理有所认识的基础上，对工程中广泛存在的摩擦激励现象本质形成初步的理性认识，进而使广大学生在创新型、开拓型与综合型实验设计方面感受到一定的激励和启发。

✦ 背 景 ✦

轮式装载机是柳州工程机械（集团）股份有限公司（以下简称柳工集团）的品牌产品，在国内外市场具有很高的信誉和知名度。但是，随着国内外工程机械市场竞争形势的进一步加剧，产品的综合性能指标也随之水涨船高。例如，国外用户对工程机械的噪声声级值和操作舒适性的要求就越来越严格。富有竞争意识的柳工集团领导层主动适应新的市场形势，不仅在新产品研发方面不断进取与创新，而且通过全方位实施质量保障工程以进一步提升产品质量。

该公司技术中心领导发现，装载机关键部件之一的变速箱噪声一直超标，例如在公司实验室检测时，其噪声竟高达107dB(A)，对整机质量提升造成较大的负面影响。

为准确找出变速箱噪声源并由此探索控制其噪声的途径，公司技术中心主管早在2002年就特意邀请笔者协同企业科研人员对实验中的变速箱噪声进行现场测试与分析。在柳工有关部门技术人员协助下，笔者带领本校多位年轻老师对变速箱多种实验工况条件下的振动与噪声状况做了较为全面的采样、记录与分析。

✦ 测 试 ✦

在柳工集团变速箱测试实验室，笔者和多位同事应用北京东方振动和噪声技术研究所开发的信号采集系统，同时结合使用ND2型精密声级计，对多种试验条件下的变速箱窥视孔盖、输出轴端主轴承盖、输出轴大齿轮附近箱体外壁的振动响应进行了测试与记录；同时在变速箱输出端箱壁法线方向采样记录了实验工况条件下的变速箱声音信号。

变速箱输出轴转速达到1500r/min时，测得整机噪声级为108dB(A)。考虑到安装在输出轴上外径 d_a = 357.5 的最大齿轮是产生并辐射噪声的主体，因此现场测定了其横向振动固有频率。具体做法是将其悬吊起来并用榔头敲击，借用加速度传感器记录其轮缘及腹板的振动响应波形，经分析获得该齿轮敲击响应频谱如图1-5所示，图中序号1、2、3…代表振动或噪声频谱中的主要峰值成分，并按幅值由高到低排列。

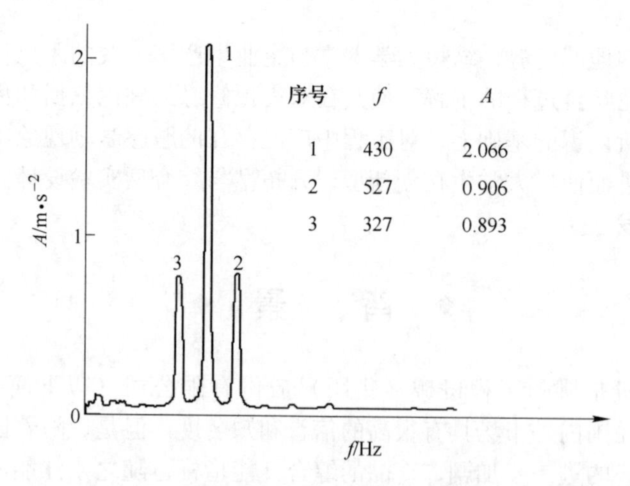

图1-5　大齿轮自由状态时的横向振动响应频谱

显然，与输出轴装配为一体的大齿轮的边界条件与其悬吊状态肯定有所不同，因此其实际横向（或轴向）振动频率应高于图1-5所给数值。对所获测试信号及其分析结果进行比较后发现，加速度传感器测得的变速箱窥视孔盖的振动频谱，以及精密声级计测得的噪声频谱都能较充分反映齿轮的啮合特征。图1-6和图1-7即分别为输出轴转速 n = 1200r/min时的变速箱噪声频谱与窥视孔盖的振动频谱；转速 n = 1500r/min时的对应的结果则如图1-8和图1-9所示。

文献［6，7］给出了齿轮啮合频率计算式为：

$$f = \frac{zin}{60} \tag{1-10}$$

式中　z——齿轮齿数；

i——每转一周期间，齿轮每一齿的啮合次数；

n——齿轮每分钟的转数。

由式（1-10）可知，变速箱输出轴转速分别为 n = 1200r/min和 n = 1500r/min时，其输出轴大齿轮的啮合频率分别为 f = 1060Hz和 f = 1325Hz。这一计算结果和图1-5所示的变速箱最大齿轮横向振动固有频率实测数据，为人们

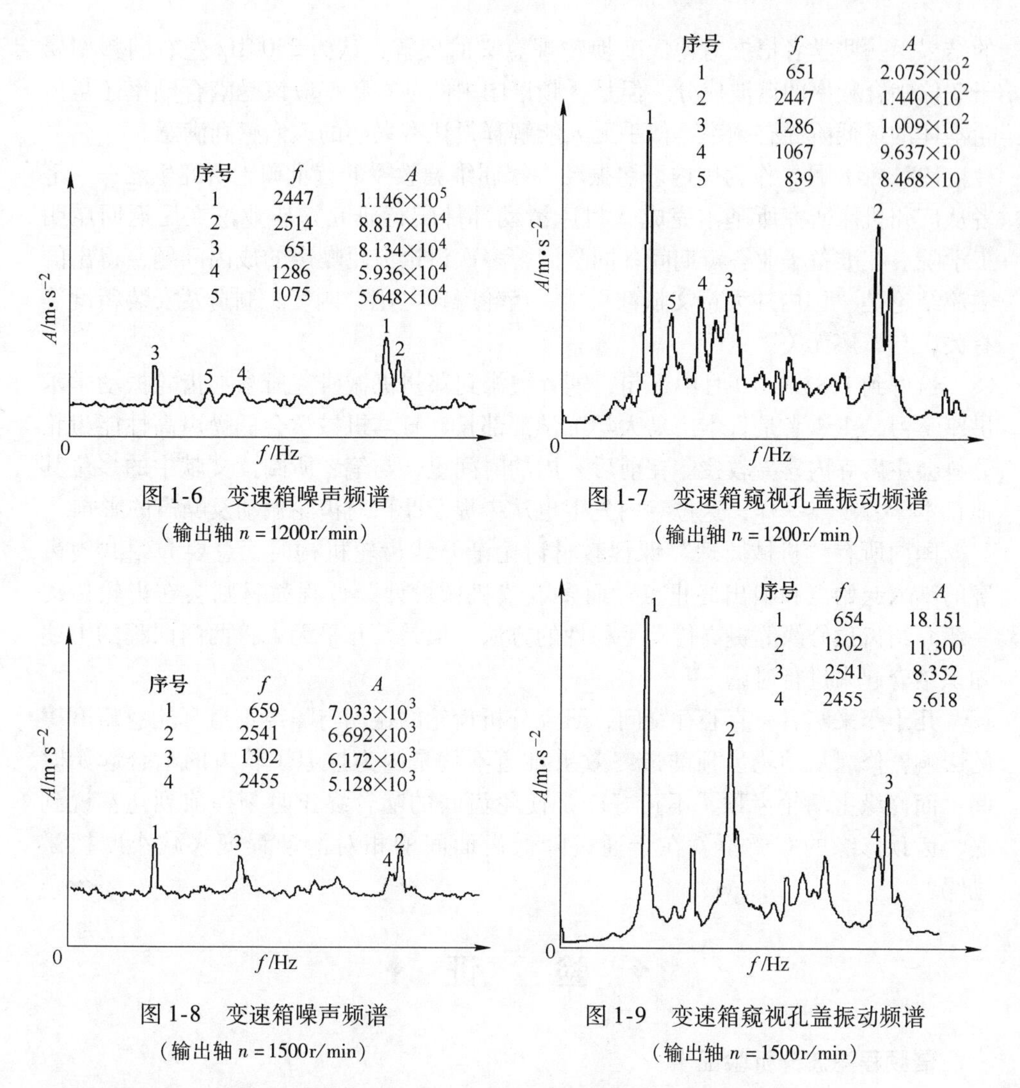

图 1-6　变速箱噪声频谱
（输出轴 $n=1200\mathrm{r/min}$）

图 1-7　变速箱窥视孔盖振动频谱
（输出轴 $n=1200\mathrm{r/min}$）

图 1-8　变速箱噪声频谱
（输出轴 $n=1500\mathrm{r/min}$）

图 1-9　变速箱窥视孔盖振动频谱
（输出轴 $n=1500\mathrm{r/min}$）

确定信号频谱中某些重要频率成分的物理意义提供了极大的便利。

图 1-6 和图 1-7 都有一个特别接近 1060Hz 的频率成分；而在图 1-8 和图 1-9 中，也存在与 1325Hz 相接近的频率。这说明，轮齿每啮合一次引起的摩擦力变向或刚度变化都会在噪声或振动信号中反映出来。而另外一个频率 651Hz 基本上不受齿轮转速影响而出现在上述 4 图之中，应该就是与轴装配为一体的大齿轮本体固有横向振动的结果。但是接近于 2500Hz 的这一类频率来自何方？学术界尚无定论。

✦ 质　疑 ✦

上述频谱图 1-5 ~ 图 1-9 是对实验中所获得的采样时域信号进行傅里叶变换

的结果。一些学者根据对傅氏变换物理意义的理解，认为2500Hz左右的频率属于2倍啮合频率的谐波成分。但是，频谱图中的基本频率应该是啮合频率还是齿轮本体的最低阶固有频率，似乎无人能解释得让有兴趣的人们感到满意。

1981年8月，作为国内著名振动专家屈维德教授的首批硕士研究生之一，笔者从广州机床研究所基本完成《机床滑动部件爬行研究》毕业论文后返回昆明工学院。在准备毕业答辩期间，同学们曾多次讨论齿轮噪声的成因问题，得出的主流结论是“国内外大量文献都指出，齿轮噪声与啮合刚度、制造及安装精度等有关，与摩擦无关”。

恰好到1983年10月中下旬，笔者被派到郑州机械研究所参加齿轮振动学术讲座学习，主讲者是日本广岛大学工学部部长、日本机械学会低噪声高性能齿轮分科会主席寺内喜男教授。在前后一周的时间里，与笔者所阅读文献中的多位其他日本学者观点一样，这位寺内先生也从未提及摩擦对齿轮振动及噪声的影响。

国内所有“机械原理”课程教材讨论渐开线齿轮机构时，总要介绍共轭齿廓的啮入起始点和啮出终止点；而多数“机械设计”课程教材则会在齿轮传动一章介绍齿顶修缘等提高传动平稳性的方法。但是，几乎无人将两门课程的上述知识结合起来进行讨论[8,9]。

几十年来笔者一直心存疑问，研究分析齿轮的振动与噪声难道真能忽略摩擦的影响？修缘从动轮齿顶的最终效果难道不就是因为推迟了轮齿的啮合起始时间，而修缘主动轮齿顶，不正好就是使轮齿间的啮合终止时刻提前到达？说到底，齿顶修缘的实质不就在于通过降低齿面间的相对滑动程度来减小摩擦激励吗？

✦ 验 证 ✦

一、倍频程滤波分析验证[10]

其实就齿轮的减振和降噪而言，修缘齿顶只是治标而不是治本。因为，如果能从根本上解决轮齿啮入与啮出时刻的摩擦激励，那么不用修缘不仅可以减少齿轮传动的振动与噪声，而且还可以避免因修缘伴随而来的不利影响。

2006年春季学期，笔者给本科学生讲完渐开线齿轮啮合过程后，带领几个学生到机床实验室，用精密声级计对一台C630车床挂轮（见图1-10）的啮合传动噪声进行了倍频程滤波分析[10]。

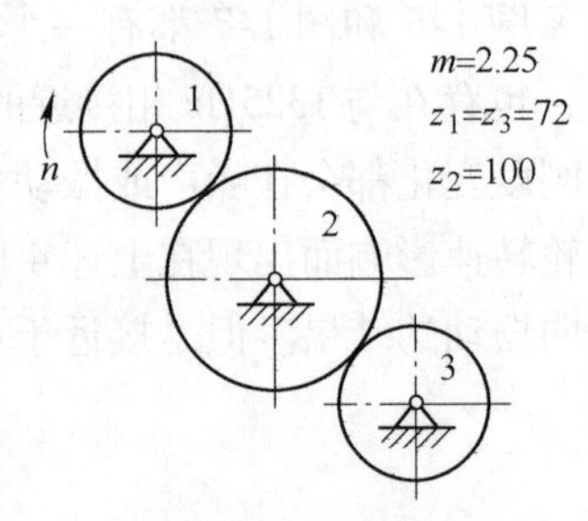

图1-10　C630车床挂轮

1—主动轮；2—惰轮；3—从动轮

测试时将声级计麦克风垂直对准齿轮2端面的中心位置，并保证两者距离约为700mm。然后依次从31.5Hz到16000Hz测定车床主轴空载平稳运转时各中心频率的噪声值如表1-2所示。

表1-2 装有惰轮2时的C630车床床头箱空转噪声倍频程声级 (dB)

主轴转速 /r·min⁻¹	A声级 /dB	中心频率/Hz									
		16000	8000	4000	2000	1000	500	250	125	63	31.5
600	84.5	59.5	71	80.5	79.3	77	74	74.5	64	66	61

卸下图1-10所示齿轮系中的惰轮2后，测得C630车床床头箱的噪声倍频程声级值如表1-3所示。

表1-3 卸下惰轮2时的C630车床床头箱空转噪声倍频程声级 (dB)

主轴转速 /r·min⁻¹	A声级 /dB	中心频率/Hz									
		16000	8000	4000	2000	1000	500	250	125	63	31.5
600	79	49	56	63	72	75	74	74	64	65	61
380	77.8	41	51	59	68	74	74	73	64	62	59

由于图1-10所示挂轮机构中的惰轮2每转一周，其轮齿将有两次啮合机会，因此该齿轮辐射出的噪声所具有的高频率特征，从表1-2和表1-3的对比中得到了较好的体现。按式（1-10）计算可知，车床主轴转速n = 600r/min时，挂轮系惰轮2的啮合频率及其两倍左右的中心频率值在1000~4000Hz之间，因此该频率范围内的噪声值呈驼峰形式；而当转速n = 380r/min时，噪声的驼峰位置向稍低频率区域移动，以致在中心频率为500Hz处，低转速时的噪声级甚至高于高转速时的噪声。

特别是在挂轮系停止工作后，表1-3中的2000Hz以上的高频率成分较之表1-2都有较大程度的降低。这就说明，挂轮系的啮合传动易于形成噪声的高频率成分。这就难免让人设想，轮系传动时齿顶与齿根间的相互摩擦激励是产生高频率噪声的重要原因。

二、基于FFT的频谱分析验证[11]

倍频程滤波分析虽然粗略，但表1-2和表1-3中的结果还是在一定程度上验证了笔者的设想，即控制齿轮噪声应当考虑摩擦激励。

为更好地揭示齿轮噪声频谱中两倍啮合频率的本质，笔者指导一名2007级研究生对C630机床挂轮噪声进行了较为精确的分析与控制实验研究。

按图1-11所示框图顺序进行实验，笔者的学生所测得的图1-10中惰轮2在自由悬挂和安装到位两种情况下的固有频率谱分别如图1-12和图1-13所示。对比两图可知，惰轮2悬吊与间隙配合空套于心轴上没有本质区别。只是空套后，敲击惰轮肯定形成了对挂轮架罩壳体的激励，因而出现了图 1-13 中 1325Hz 的频率成分。

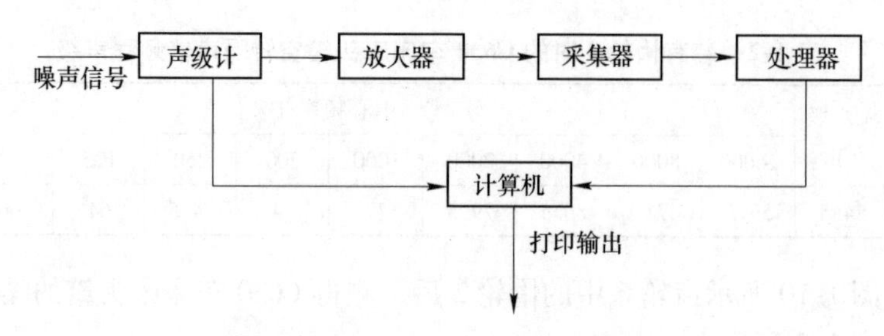

图 1-11　车床挂轮系噪声测试框图

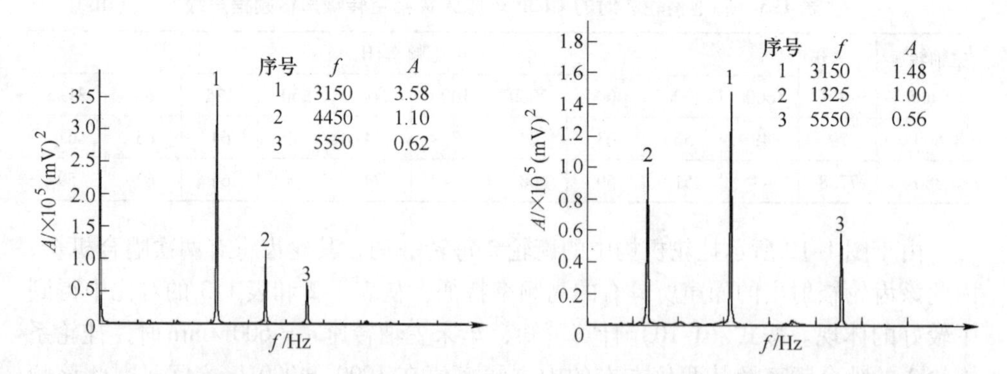

图 1-12　惰轮悬吊时的自由振动频谱　　　　图 1-13　惰轮在工作位置时的自由振动频谱

在 C630 车床床头箱以几种不同转速作空运转时，借助精密声级计采集了多种噪声时域信号并进行 FFT 处理。当机床主轴转速 n = 600r/min 并不对齿轮作特殊润滑处理时，其噪声频谱如图 1-14 所示。此时按式（1-10）计算，惰轮 2 的啮合频率为 1440Hz，而两倍啮合频率即为 2880Hz。这两个频率分别对应于图 1-14 中的 1350Hz 和 2625Hz。至于频率的理论计算值与频谱分析实际值间的差异，可以认为这主要是机床主轴转速欠准确的结果，因为 n = 600r/min 并未经仪器测定，而只是根据床头箱上转速表搬动手柄挂挡得到该转速。需要特别注意的是，实际的一倍啮合频率 1350Hz 与图 1-13 所示的系统固有频率的 1325Hz 极为接近，这就很有可能造成工作中的共振。设计机械装置时应该注意事先避免这种共振事件的发生。

为了证明两倍啮合频率与摩擦有关，学生按照笔者建议，将一种降噪油涂在齿圈上，再开车运转测试。其噪声频谱如图 1-15 所示。该图明白无误地显示，降噪油改善了齿面间的摩擦状态，因此与摩擦有关的两倍啮合频率得以极大限度的减小。只是由于共振的存在，齿轮本体的固有频率成分反而增大得更多，致使 A 声级没有因为润滑而有较大程度降低。

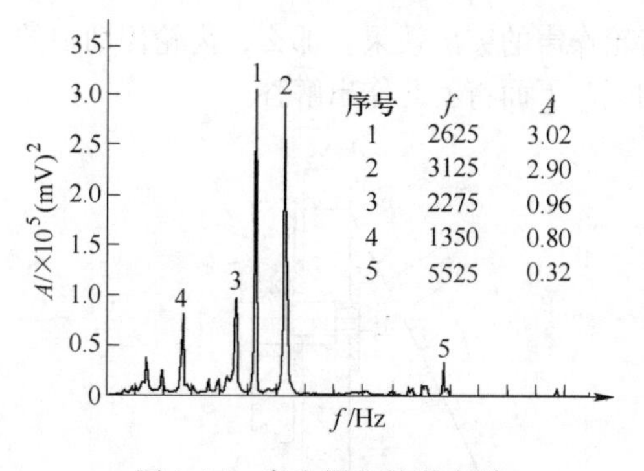

图1-14　床头箱空转噪声谱

（工作条件：n = 600r/min；未涂油）

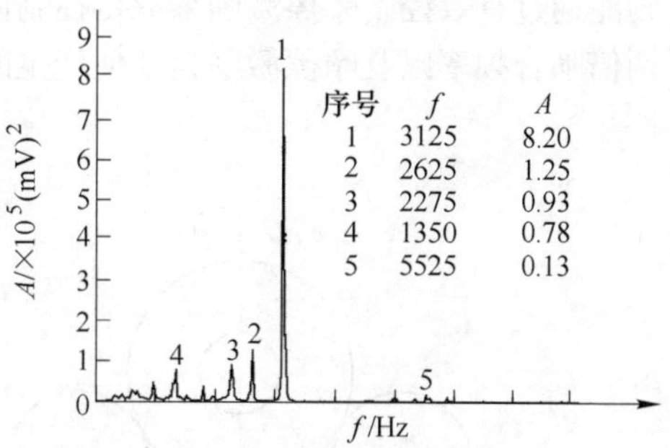

图1-15　床头箱空转噪声谱

（工作条件：n = 600r/min；涂降噪油）

三、齿轮噪声实验台测试验证[12]

笔者指导一名2009级研究生设计并组装了如图1-16所示的齿轮噪声实验台[13]。为便于更换和调整实验用齿轮副，主、从动轮与惰轮间的传动关系以及惰轮的安装方式如图1-17所示。图中齿轮模数有 $m = 2$ 和 $m = 3$ 两种，齿轮副的齿数则有多种配对形式。但重点测试时有意使 $z_5 = z_7 = 60$ 且 $z_6 > z_5$，其目的在于让测试者根据齿轮转速快速识别齿轮噪声的啮合频率成分。图中惰轮6的啮合频率是主动轮5的两倍，由于其直径大，辐射噪声的能力更强而更易于检测和分析。

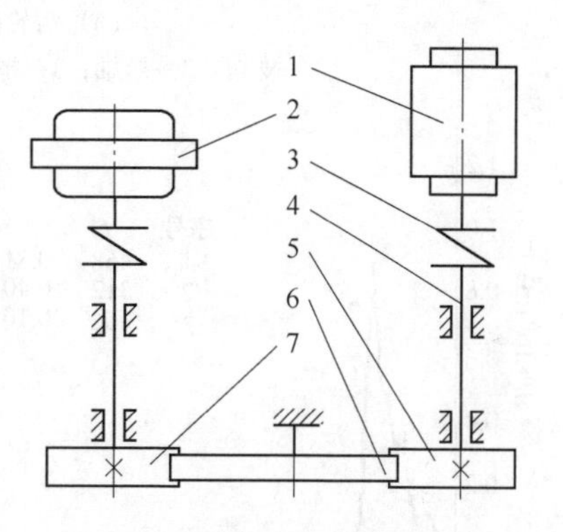

图1-16　齿轮噪声实验台结构

1—电机；2—制动器；3—联轴器；4—轴系；5—主动轮；6—惰轮；7—从动轮

图1-18给出了惰轮的自由振动频谱，图1-19是在电动机转速 $n = 150$r/min、而图1-20则是 $n = 300$r/min 时实验台齿轮干摩擦传动的噪声频谱。图1-19中幅值最大的频率成分585Hz与式（1-10）所求啮合频率的两倍值600Hz相差无几；图1-20中的1015Hz，虽与理论上的两倍啮合频率有一定出入，但可以认为其本质反映的仍然是齿轮副实际啮合频率两倍值[7]。图1-21和图1-22则为涂抹不同润滑剂后的齿轮噪声频谱，其中前者所涂油液为柳工集团在用的齿轮油，后者为笔者指导研究生配置的降噪油。为确保对比的可靠性，图1-20～图1-22是在转速与负载完全相同的条件下，仅仅改变润滑状态或润滑剂类型而分别获得的噪声频谱。由图可知，企业最常用的齿轮油基本没有抑制齿轮噪声的能力；而笔者与学生自行配置的油液则能将89dB的噪声降到83.5dB。这一事实说明，自行配制的润滑油对于降低类似于1015Hz这种齿轮传动中的两倍啮合频率成分，具有特别显著的功效。从实践是检验真理标准的角度可以看出，齿轮噪声在很大程度上取决于摩擦，而科学地润滑

则能通过有效控制摩擦激励来取得控制齿轮噪声的突出效果。那么，齿轮传动中的两倍啮合频率以及摩擦激励是如何产生的呢？下面将就此作出解答。

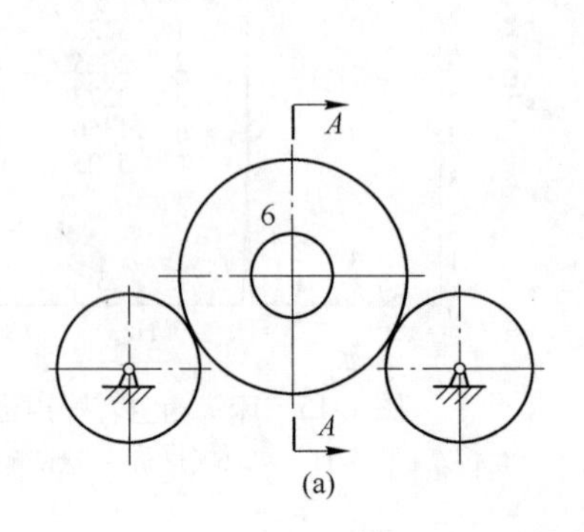

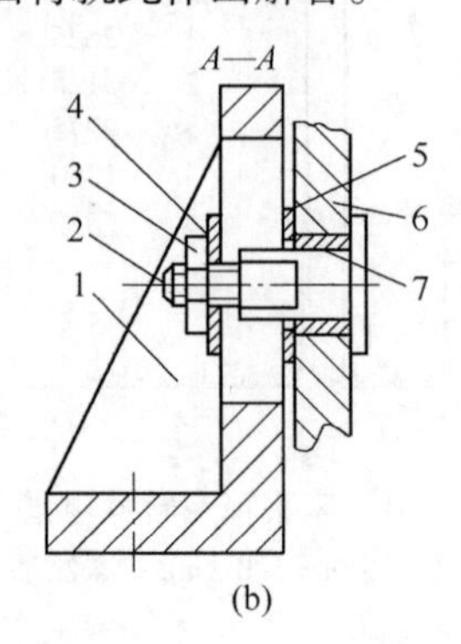

图 1-17　实验齿轮副的安装

（a）齿轮副布局；（b）惰轮支承结构

1—支架；2—销轴；3—螺母；4—垫圈；5—隔垫；6—惰轮；7—滑套

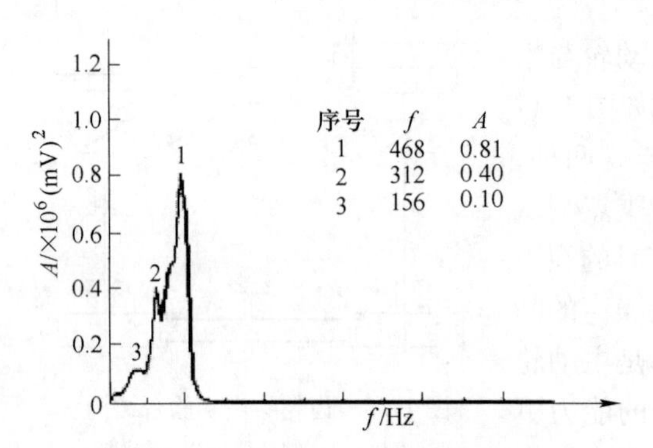

图 1-18　惰轮（$d=220$）固有振动频谱

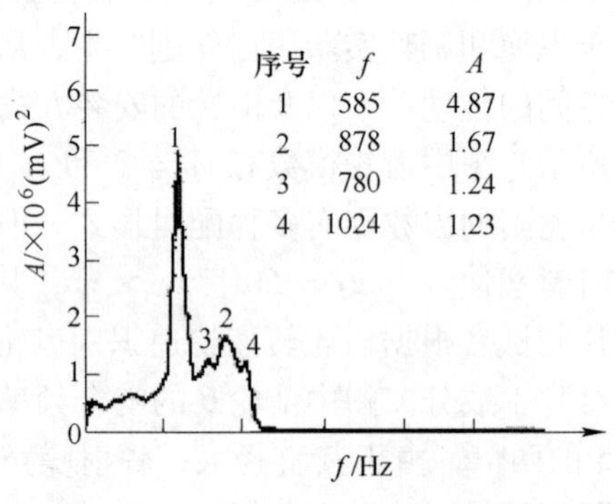

图 1-19　实验台齿轮噪声频谱之一

（工作条件：$n=150$r/min；未涂油；A 声级 68dB）

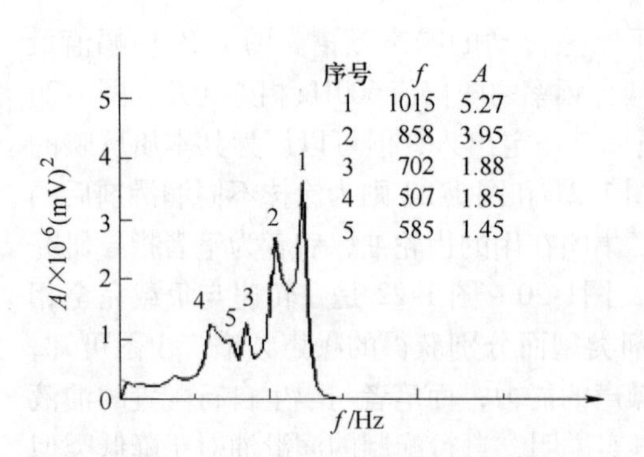

图 1-20　实验台齿轮噪声频谱之二

（工作条件：$n=300$r/min；未涂油；A 声级 89dB）

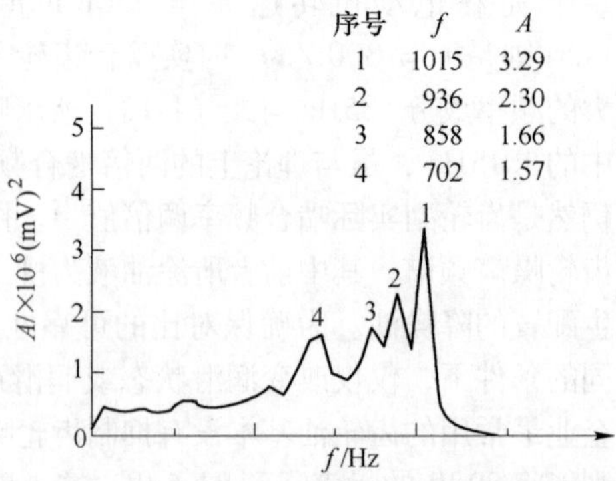

图 1-21　实验台齿轮噪声频谱之三

（工作条件：$n=300$r/min；涂齿轮油；A 声级 87dB）

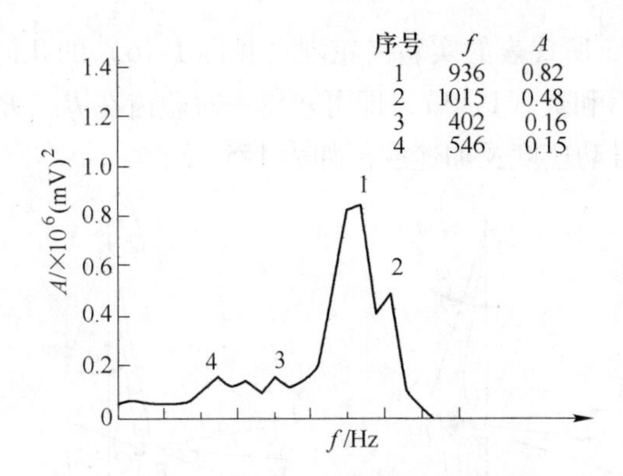

图 1-22 实验台齿轮噪声频谱之四

（工作条件：$n=300\text{r/min}$；涂降噪油；A 声级 83.5dB）

✦ 分 析 ✦

要分析齿轮传动中两倍啮合频率的产生条件，必须从齿轮的啮合过程讲起。

大学的“机械原理”课程都要重点介绍渐开线齿轮的啮合过程。如图 1-23 所示的一对标准安装的齿轮代表图 1-16 中的实验齿轮副 5 和 6，其轮齿实际啮合点轨迹始于点 B_2（见图 1-23（a））而止于点 B_1（见图 1-23（b））。

设轮齿在实际啮合线上某一点 Q 接触，则轮 O_1 和轮 O_2 的轮齿接触点的线速度可分别用线段 $\overline{QV_1}$ 和 $\overline{QV_2}$ 表示。由于两速度终点的连线必垂直于理论啮合线 N_1N_2（记垂足为 K），那么轮齿在接触点处沿齿面的相对滑动速度 v_{21} 便可用线段 $\overline{V_2V_1}$ 来表示。由图 1-23 可知[14]：

$$v_{21} = \overline{V_2K} - \overline{V_1K} = \overline{QV_2}\sin\theta - \overline{QV_2}\cos\theta\tan\varphi \tag{1-11}$$

其中，φ、θ 分别为主、从两轮轮齿啮合点的向径位置角；$\overline{QV_2} = \dfrac{r_{b2}}{\cos\theta}\omega_2$。

设 $u = \dfrac{z_2}{z_1} = \dfrac{r_{b2}}{r_{b1}}$ 且从动轮齿角位移从向径 $\overline{O_2B_2}$ 开始计时，则由几何关系有 $\tan\varphi = (1+u)\tan\alpha - u\tan\theta$，$\theta = \alpha_{a2} - \omega_2 t$（$\alpha$ 为齿轮分度圆压力角，α_{a2} 为从动轮齿顶圆压力角）。

将上述关系代入式（1-11）有：

$$v_{21} = (1+u)r_{b2}\omega_2[\tan(\alpha_{a2} - \omega_2 t) - \tan\alpha] \tag{1-12}$$

当传动平稳时，式（1-12）所代表的实际啮合区间齿面相对滑动速度是一个连续函数，对其求一阶导数得齿面相对滑动加速度表达式为：

$$a_{wq} = \frac{-(1+u)r_{b2}\omega_2^2}{\cos^2(\alpha_{a2} - \omega_2 t)} \tag{1-13}$$

将机构简图1-23所代表的实验齿轮副（见图1-16）的几何参数（见表1-4）分别代入式（1-12）和式（1-13），即可求得一对轮齿在B_2、P和B_1三个特殊点啮合时的齿面相对滑动速度及加速度值如表1-5所示。

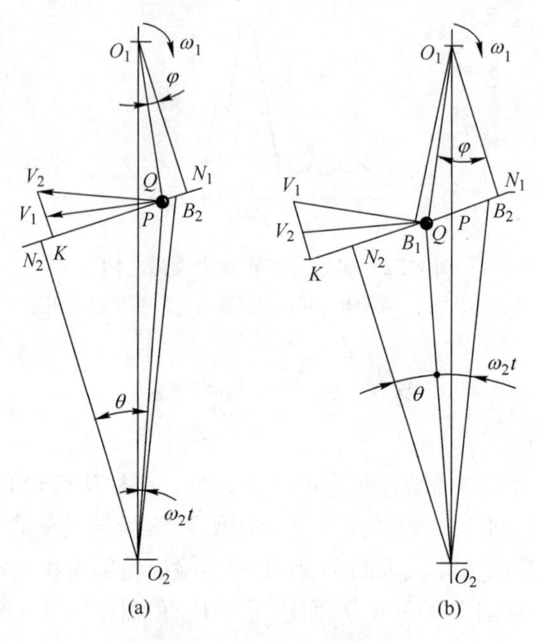

图1-23　齿面相对滑动分析

（a）啮合点在节点前；（b）啮合点在节点后

表1-4　实验齿轮副几何参数表

参数代号	主动轮1（图1-16中轮5）	从动轮2（图1-16中轮7）
z	60	110
u	1.8333	
m/mm	2	
β/(°)	0	
r_b/mm	56.3816	103.3662
r_a/mm	62	112
α_a/(°)	24.58010	22.64430
ω/rad·s^{-1}	31.4159	17.1360

表1-5　实验齿轮副特殊点处齿面相对滑动速度与加速度计算值

计算内容	B_2	P	B_1
v_{21}/m·s^{-1}	0.267	0	-0.256
a_{21}/m·s^{-2}	-100.96	-97.39	-94.42

在一对轮齿进入啮合起始点瞬间，齿面间突然出现了最大的相对滑动速度；而在其啮出瞬间，齿面间的反向最大相对滑动速度立即消失；伴随而来就形成了齿面间的巨大相对滑动加速度及其滑动摩擦激励。

✦ 点　评 ✦

如同国内外专家所公知的那样，齿轮噪声当然与其设计质量、加工及安装精度存在必然的联系。但是一系列的计算与实验事实表明，不承认齿面摩擦对齿轮振动与噪声的激励作用的观点经不起实践的检验。摩擦激励引起齿轮的振动或噪声主要体现在轮齿进入啮合与退出啮合两个瞬间。在多种场合下所得振动或噪声频谱中的两倍啮合频率都是轮齿啮入与啮出的反映。在无油润滑或盲目润滑情况下，一切测试到的齿轮噪声都能清晰地记录到这种频率。但是，只要润滑得当，这一摩擦激励引起的噪声频率成分就会大幅缩减，从而有效控制齿轮噪声。

从这一观点出发，人们有理由认为，大力提高齿轮制造精度不应该成为降噪的首选方式。在确保齿轮经济精度的前提下，科学使用润滑剂是获得低噪声齿轮传动的最可靠的方法。另一方面，虽然有效的润滑可以抑制齿轮啮合中的摩擦激励，但难以同时消除齿轮按其端面固有频率的振动以及机座壳体的振动或共振。因此在齿轮传动的设计阶段，应切记校核齿轮本体及其支承系统的固有动态特性。

由于润滑抑制齿轮摩擦激励噪声后，齿轮本体固有频率噪声成分会有所增强，因此应有针对性地优化齿轮腹板结构，以有效降低其噪声辐射能力。

文献［7］指出，滑动摩擦导致强烈振动与噪声的本质在于运动副中摩擦力随相对运动加速度突变而突变。表1-5定量说明了齿面间的相对滑动加速度的突变是客观存在并且难以避免的事实。但若有效的润滑能使摩擦力不随加速度波动而发生显著变化，那么就可从源头上大幅消减导致振动与噪声的摩擦激励。这不仅对齿轮传动是如此，对一切机械中存在滑动摩擦的场合也都是如此。笔者基于此观点认为，柳工集团的相关部门若能在适当改进变速箱零部件制造及装配精度的同时，对所用齿轮润滑油加以某些改性，那就一定能在提升产品质量方面取得事半功倍的效果。遗憾的是，目前工程界广大技术人员尚未深刻认识这一点。

长期以来，大学老师们总是与渐开线轮齿的齿面相对滑动这一司空见惯现象擦肩而过，几乎无人留意着手研究探索；国内外学者也从不把这一事实放在心上，而只是一味研究精度与误差的影响。这不仅将企业一线的生产工作者们引入歧途，而且增加了产品成本，降低了产品研发的市场响应速度。

大学专业基础课程教材所涉及的理论或工程现象未必都经过了深层次的论证与检验。老师们在知识传授中注意结合自己特长对某些疑点进行挖掘与研究，一定可以有效促进教学相长。而广大同学则应该从此案例受到启发，因为现实世界中各种习以为常现象的发生机理未必都那么简单或者都已有定论。学会思索、质疑，进而力所能及地展开研究将极为有利于自己的迅速成长。

✦ 口 诀 ✦

齿轮噪声现高频，摩擦激励是主因；
欲使传动优环境，本体设计应精心。

✦ 思 考 ✦

（1）齿轮的制造精度包括哪些主要内容，如何进行检测？

（2）渐开线轮齿齿面间的相对滑动是否可以避免，渐开线直齿轮与斜齿轮在这方面有无差异？

（3）何种类型的齿轮在传动中基本不出现齿面间的相对滑动？

（4）什么是齿轮的啮合频率，如何计算，这种啮合频率的两倍值是如何形成的？

（5）有效的润滑为什么能同时降低齿轮传动噪声中的一倍和两倍啮合频率成分？

[案例1-3] 企业生产中的摩擦问题分析与处理

✦ 目 的 ✦

摩擦无处不在，并且永远存在。尽管摩擦知识不是机械设计基础类课程的重点，但是工程技术人员今后遇到的摩擦问题只会增加而不会减少。为此很有必要帮助学生深入认识机械工程中摩擦问题的普遍性、重要性及其两面性；使其初步学会正确利用摩擦和尽量减少或避免摩擦危害的方法；实现课堂理论学习与设计实践及应用的有机结合。

✦ 背 景 ✦

机械设计课程群既从理论分析，也从实践应用角度讲述摩擦问题，但是这些内容往往不是教材的关键和重点。因此一般说来，教师不会将理论讲得十分详细，而在实验或实践上也难以安排较多学时让学生得到扎实训练，致使同学们毕业后面对工程中的摩擦问题大多束手无策。因此，笔者用自己的亲身经历与年轻人交流，希望对大家的学习和工作有所裨益。

1983年秋季学期，昆明矿山机械修配厂一位技术人员到访昆明工学院机械原理和机械零件实验室，请求帮助测试他们试产的带式运输机托辊的摩擦特性，并与从日本引进的同类产品作对比。

原来，20世纪70年代末，我国对外开放，各行各业都从发达国家引进先进生产设备，其中包括广泛用于矿山、港口和货场的大型带式运输机。由于运距长，输送带必须有大量托辊支承。随着时间的推移，进口输送机就需要有越来越多的托辊配件用来及时补充或更换。如果这些配件还要继续从国外进口，就必然会过多地增加运营成本。于是昆明这家企业便着手试产一批托辊，以期实现该种配件的国产化。为使产品的宣传推介更具说服力，企业便派人找笔者当时所在单位求援。

21世纪初，短、平、快式全钢结构型的仓库、厂房或运动场馆的建造需求逐渐加大。但这类钢结构建筑物不能像巴黎埃菲尔铁塔那样采用铆接联接或焊接联接，而是要求以普通螺栓联接为主，并因此规定所有被联接处的钢板间摩擦系数不得低于0.30。

2001年4月，笔者作为广西工学院（现为广西科技大学，下同）的机械系主任，忽然接到广西桂林建筑机械总厂厂长电话，他急切希望能为他们测定试件的摩擦系数。原来该厂承接了外地一家客户的钢结构建筑物建造任务，但必须在进入施工现场之前提交联接板的摩擦系数测试结果报告书。笔者反问这位厂长，你为什么不就近找桂林的大学？这位厂长答复，他们不仅找了桂林本地的大学，而且还咨询了南宁的大学，对方人员都说没有做过这类测试工作而难以协作帮忙。

2015 年 3 月，本校一位毕业班的学生找到笔者，称他正在柳州钢圈厂实习并已基本确认将在该厂就业，现在工厂技术部门领导安排他设计一套钢圈撑胀模具，为此请求笔者指导他解决其中的力能参数计算问题。笔者大体了解模具结构后反问："你不是听过我的'机械原理'课吗?"这位同学有些不好意思地回答："时间长记不住了。现在独立进行实际计算总是难以与所学理论挂钩。"

✦ 处　理 ✦

笔者遇到来自企业的上述实际问题，尽管背景与预期目标都存在不小差异，但都同属摩擦范畴。三个问题发生在 30 多年的时间跨度内，这就说明摩擦问题无时不在，不仅过去有、现在有，而且将来还会有。只是处理的方法应因时、因事、因条件而异。

一、托辊摩擦系数测试

（一）托辊用途与基本结构

带式运输机托辊，顾名思义是皮带运输机中用以支承平型皮带的从动旋转部件。皮带越长，所需的托辊数量就越多。托辊的制造与装配质量对整机的能量消耗和皮带的使用寿命会产生很大影响，因此尽力减小其运转阻力、提高其运转灵活性具有十分重要的意义。

带式运输机托辊的基本结构如图 1-24 所示。图中，中心轴 1 的两端各铣出方向、尺寸都相同的平行对称平面，以方便其在机架上的安装与卡位。

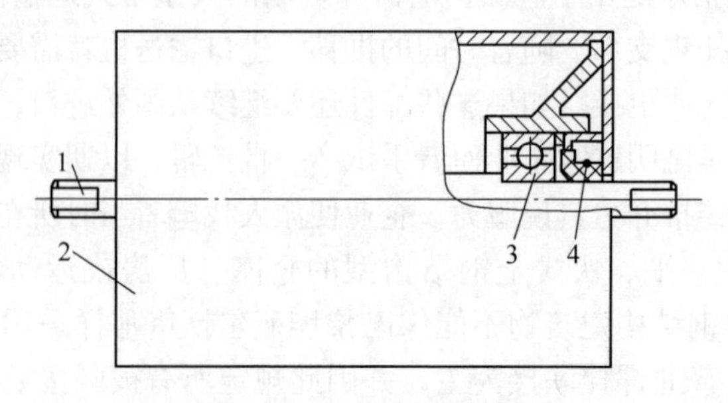

图 1-24　托辊基本结构图

1—中心轴；2—套筒；3—轴承；4—密封圈

从图可知，托辊套筒运转的阻力有滚动轴承内部的摩擦，如滚动体与保持架间的滑动摩擦以及润滑脂的阻力等；但更主要的阻力则来自橡胶密封圈与中心轴间的摩擦；至于中心轴和套筒两端轴承座孔之间的不同轴度所造成的运转阻力有可能会更为严重而不容忽视。因此，为确保托辊的质量，首先必须控制重要零件的制造精度，其次把好外购的滚动轴承、润滑脂以及橡胶密封圈的质量关。当然，对于送来的完整托辊样品，企业不要求逐项测出其阻力大小，而只需视其为基本回转副以测定该系统的摩擦系数。

（二）摩擦系数的测试依据

托辊摩擦系数的测定方法有多种，但一般情况下应该首先测定托辊的转动惯量 J[15]。

如图 1-25 所示，固定中心轴于实验台机座上并将挂有砝码 G(N) 的细绳绕于套筒外圆周。放松套筒，砝码随即加速下落，套筒亦随之加速旋转。设托辊回转半径为 R，套筒转动部分转动惯量为 J，转子部件所受摩擦力矩为 M_f，那么根据动量矩原理可得图 1-25 系统的动力学方程为：

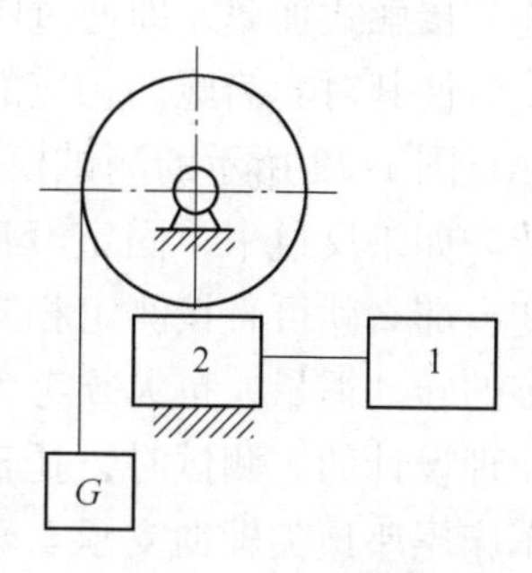

图 1-25 测试原理图
1—稳压电源；2—加载器

$$J\varepsilon = GR - \frac{G}{g}aR - M_f \tag{1-14}$$

式中，ε 和 a 分别为托辊转子的旋转角加速度和砝码 G(N) 的下落加速度，且两者之间关系为 $a = R\varepsilon$。虽然从理论上讲，加速度 a 可根据砝码下落距离 S 和所经历的时间 t 求出，但为数据准确计，实测时将一加速度传感器与砝码固联为一体，借助示波器（现在可直接应用计算机）所显示的波形幅度即可读出砝码的落体加速度。由于所采用的加速度传感器一般为应变片式的，因此将其翻转一次所显示的加速度幅度必为 $2g$，这就使测试前的标定极为准确与方便。

实验时，先后取砝码为 G_1 和 G_2，落体加速度及转动角加速度先后为 a_1、ε_1 和 a_2、ε_2，则由式（1-14）有：

$$\begin{cases} J\varepsilon_1 = G_1R - \dfrac{G_1}{g}a_1R - M_f \\ J\varepsilon_2 = G_2R - \dfrac{G_2}{g}a_2R - M_f \end{cases} \tag{1-15}$$

将式（1-15）中两个表达式相减以消去 M_f，即可求出托辊转子部件的转动惯量为：

$$J = \frac{G_1\left(1 - \dfrac{a_1}{g}\right) - G_2\left(1 - \dfrac{a_2}{g}\right)}{a_1 - a_2}R^2 \tag{1-16}$$

将 J 代入式（1-15），即可得托辊所受摩擦力矩的表达式为：

$$
\begin{cases}
M_f = G_1R\left(1-\dfrac{a_1}{g}\right)-\dfrac{G_1\left(1-\dfrac{a_1}{g}\right)-G_2\left(1-\dfrac{a_2}{g}\right)}{a_1-a_2}Ra_1 \\
\text{或} \\
M_f = G_2R\left(1-\dfrac{a_2}{g}\right)-\dfrac{G_1\left(1-\dfrac{a_1}{g}\right)-G_2\left(1-\dfrac{a_2}{g}\right)}{a_1-a_2}Ra_2
\end{cases}
\tag{1-17}
$$

为使测试结果更接近托辊的实际工况环境，采用了电磁加载器对托辊套筒实施非接触式加载，即通过图1-25所示的稳压电源供给电磁加载器大小不等的电流，使其对套筒施加相应的径向载荷，由此即可测试不同负载下的摩擦效应。

图1-25所示的测试模式，是中心轴静止而具有一定转动惯量的套筒部件旋转。如果反过来，固定套筒部件而使中心轴旋转，两者的相对运动关系并无改变，那么就可直接测定相应的摩擦力矩。如此一来既不需要事先求出套筒转子系统的转动惯量，也无须考虑空气对旋转套筒的影响。图1-26所示就是根据这一原理设计的。测试时，托辊中心轴一端由车床卡盘夹持并带动旋转，另一端则用车床尾座顶尖辅助支承。套筒外圆柱中部两侧通过抱箍式结构各固定一悬臂梁，各梁端部分别用细绳与力传感器C相联接和吊挂平衡块Q。

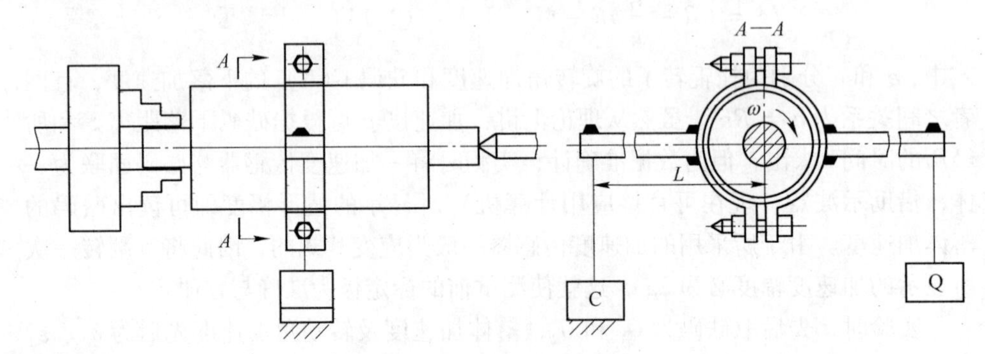

图1-26　摩擦力矩测试原理图

C—力传感器；Q—平衡挂重

中心轴旋转时，摩擦力矩必有带动套筒部件同向转动趋势，与力传感器相联的细绳便拽紧悬臂梁保持静止。另一侧悬臂梁通过所加平衡块而使悬臂梁处于水平状态。读取力传感器所输出读数P(N)，即得摩擦力矩值为：

$$M_f = PL \tag{1-18}$$

式中　M_f——摩擦力矩，N·m；

　　　L——力臂，m。

对图1-26所示结构，可在抱箍中心处直接加挂砝码以简化加载方式；同时借助车床可以极为便捷地变动中心轴的转速。因而这是一种能够模拟托辊实际工况条件的简单而实用的摩擦力矩或摩擦系数测定方案。当然，实验开始前应当认真检查中心轴的径向跳动量不应超标。

（三）测试结果

根据图 1-25 和图 1-26 所示方法，重点测试了不同载荷与不同转速条件下带式运输机托辊的摩擦力矩，然后按给定条件计算出相应的摩擦系数为：

$$f = \frac{M_f / r_m}{P} \tag{1-19}$$

式中，摩擦力矩 M_f 由式（1-17）求出；r_m 为托辊滚动回转副平均半径；P 为外部施加在托辊套筒上的径向载荷。

求托辊摩擦力矩时，须涉及图 1-25 所示挂物 G 的下落加速度 a。按众所周知的运动学公式应有：

$$a = \frac{2S}{t^2} \tag{1-20}$$

式中 S——挂物自由下落的距离；

t——挂物自由下落所需的时间。

式（1-20）表明，加速度 a 应为常数，但实际不然。借助附着在挂物 G 上的加速度传感器所测结果可以看出，挂物下落时，加速度不为定值，而是随着落体速度的增加呈波浪状的下降形状（见图 1-27）。不难理解，托辊套筒外圆周的径向跳动必使加速度的实测曲线无法光滑；另一方面，下降速度增加，系统所受阻尼加大，致使其速度不再按最初加速度值递增。

由实测数据换算所得结果表明，托辊摩擦系数对所施加的载荷很敏感。这是因为，低载荷作用时，摩擦阻力主要来自橡胶密封圈对中心轴的摩擦；而当外载荷增大后，密封圈的阻力基本维持不变，而滚动轴承回转副处的阻力增加得相当有限，因此与轻载情形相比，重载时的摩擦系数将明显减小。此外与滑动摩擦不同的是，在转速较低阶段，摩擦系数随速度增加而增大，随后就基本趋于稳定（见图 1-28）。

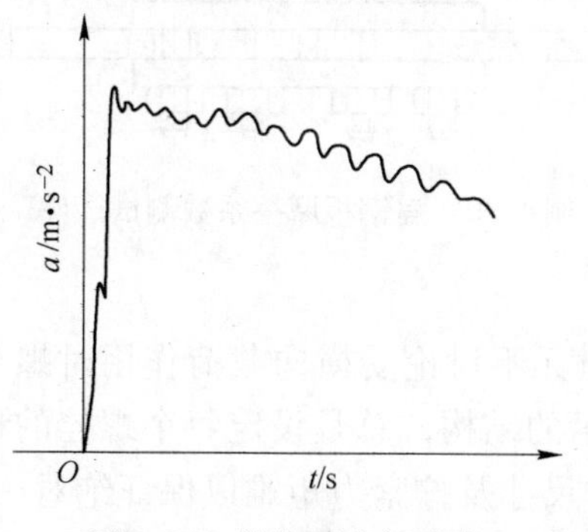

图 1-27 挂物下落加速度

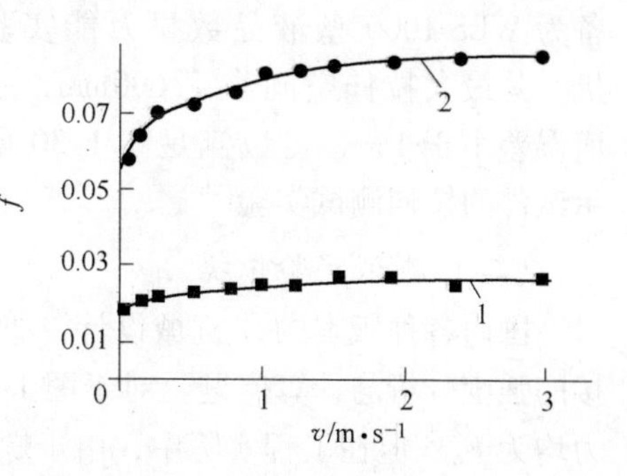

图 1-28 f-v 测试曲线

1—加载 300N；2—加载 100N

图 1-29 所示为昆明矿山机械修配厂试产托辊与进口成套带式运输机托辊在接近于实际工况条件下的摩擦系数对比。由图可知，本地生产的配件在工作效率方面丝毫不逊色于国外产品。

当然也不能仅从图 1-29 所给两条曲线对比就断言中国早就超过了外国。因为对于托辊这类主要在户外且相对较差环境下工作的配件，为防止雨水及尘土的侵入而采用密封性能更为优良的密封件是十分必要的。一般说来，过去相当长时间里，国外密封件多优于国内同类型产品。因此在负载不太大的情况下，密封件的摩擦效应明显表现出来，致使引进配件的摩擦系数有可能高于国内的同类配件。有鉴于此，从全方位考虑，除摩擦特性外，企业自己也有必要对国内外两种产品进行使用耐久性能的对比测试。

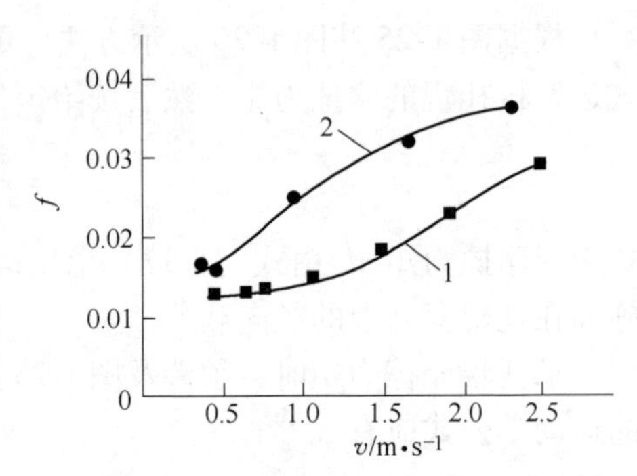

图 1-29　两种托辊摩擦特性对比
（加载 290N）
1—昆明配件；2—引进配件

二、钢结构联接件间摩擦系数测试

（一）测试试件结构及测试设备

测试用试件由桂林建筑机械总厂提供。被联接扁钢板材质为普通碳素钢，其横截面尺寸为 20 × 80 。为使测试时两端拉力共线而不产生附加弯矩，借助上下两块压板并采用 4 个 40B 钢制造的 10. 9 级高强度 M24 螺栓联接如图 1-30 所示（螺栓序号依次为 1 、2 、3 、4 ）。为便于测量螺栓的变形量，厂方按笔者要求在平面磨床上将所用螺栓两端磨成相互平行的两平面。

给被测试试件施加横向载荷 F 的设备为 WES-1000 型液晶数显万能实验机。其最大拉伸空间小于 600mm，示值误差小于 1% ，可以满足图 1-30 所示试件的拉伸测试实验[16]。

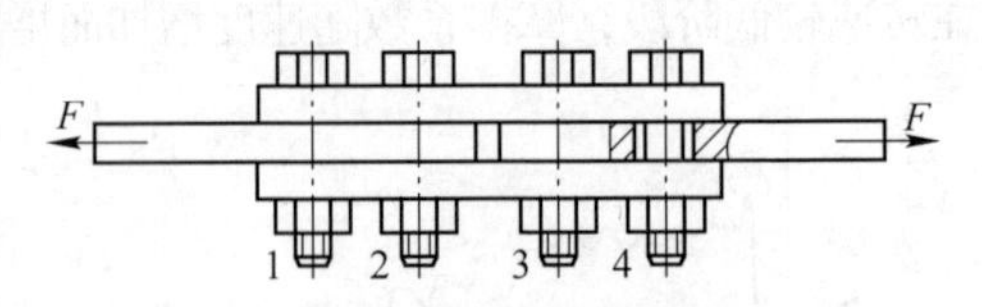

图 1-30　扁钢板摩擦系数测试试件

（二）测试实验依据

国内各种版本的“机械设计”课程教材无不讨论受横向载荷作用时螺纹联接的强度分析与计算问题。对于图 1-30 所示的结构，总是设定每个螺栓的预紧力均为 F_0。但在工程实际中，由于螺栓个体尺寸及拧紧力矩难以保证绝对一致，因此螺栓组里各个螺栓的预紧力就不会均等。为此有必要设各螺栓的预紧力为 F_{0j}（$j=1, 2, \cdots, z$），相应的力平衡条件便为：

$$\sum_{j=1}^{z} F_{0j} = \frac{F}{if} \tag{1-21}$$

式中，i、z、f 分别为联接的结合面数、螺栓个数、摩擦系数，对图1-30有 $i = z = 2$；一般 $f \approx 0.15$，但对于螺栓联接式的钢结构建筑物则要求 $f > 0.3$。

由式（1-21）可知，只要 $\sum_{j=1}^{z} F_{0j}$ 足够大，钢结构建筑物在风雪等外力作用下都能确保安全。但另一方面，施加给螺栓的预紧力必须加以控制，否则就会导致螺栓断裂失效而引发重大灾害。控制螺栓预紧力的方法大体有：（1）依靠操作者的经验；（2）采用专用扳手；（3）测量螺栓的伸长量。采用方法（3），就可在弹性变形范围内测出各个螺栓的变形量，再根据虎克定律反求施加在每一螺栓上的预紧力以及螺栓组的总预紧力，进而由式（1-21）计算联接件间摩擦系数或抗滑移系数为：

$$f = \frac{F}{i\sum_{j=1}^{z} F_{0j}} \tag{1-22}$$

式中，横向载荷 F 通过万能试验机测定。

（三）标定与计算

虽然厂方提供的螺栓两端都已磨削且相互平行，但各螺栓之间还会存在一定误差。为此先将一个套有螺母且已知原始长度的螺栓夹持到试验机上，多次通过螺栓头和螺母施加轴向载荷并测量相应螺栓总长度，然后将实测结果与计算值相比较，由此便可确定出更接近实验结果的计算方法。

如图1-31所示，单个螺栓受纯轴向载荷作用后，其总伸长量可表为

$$\Delta L = \Delta L_0 + \Delta L_1 \tag{1-23}$$

式中，ΔL_0 和 ΔL_1 分别为螺栓光杆段和部分螺纹段 L_1' 的伸长量，并且有：

$$\begin{cases} \Delta L_0 = \varepsilon_0 L_0 = \dfrac{4F_0}{\pi E d^2} L_0 \\ \Delta L_1 = \varepsilon_1 L_1' = \dfrac{4F_0}{\pi E d_2^2} L_1' \end{cases} \tag{1-24}$$

式中，F_0 为螺栓预紧力；E 为螺栓材料弹性模量，一般可取 $E = 2.05 \times 10^5 \text{MPa}$；$d$ 和 d_2 分别为螺栓外径和中径；L_0 已在图1-31中标出；至于图中所示的被联接件压缩量 $\Delta\delta$，仅与绘图合理性有关而与测试目的无关。此外：

$$L_1' = L + \Delta L - L_0 - C - H + 0.5B \tag{1-25}$$

其中，C 和 B 分别为螺栓头和螺母的厚度，H 为预紧后露出螺母外的螺纹段长度。

综合式（1-23）和式（1-24）可得：

$$F_0 = \frac{\pi E \Delta L}{4\left(\dfrac{L_0}{d^2} + \dfrac{L_1'}{d_2^2}\right)} \tag{1-26}$$

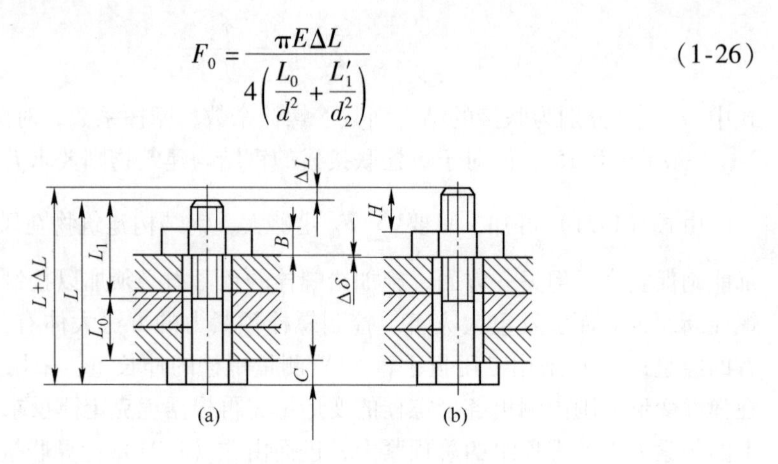

图 1-31　螺栓的预紧与变形

（a）未预紧；（b）已预紧

（四）测试结果

装夹图 1-30 所示试件后，通过缓慢加载对其进行拉伸实验。当拉伸载荷依次由 0 逐渐增加到 200kN 期间，试验机明确显示载荷与相对变形量均表现为稳定的缓慢变化状态。但当载荷加到 210kN 时，相对变形量出现突然跳跃，而载荷读数明显减小。毫无疑问，210kN 就是能够施加到试件的最大横向载荷。换言之，联接板间的最大摩擦力等于 210kN 。

表 1-6 给出了各个螺栓的实测数据及由此而计算得出的相应预紧力。

表 1-6　联接螺栓几何尺寸测量值

项目	$L+\Delta L$ /mm	ΔL /mm	L_0 /mm	C /mm	H /mm	B /mm	L_1' /mm	d /mm	d_2 /mm	F_0 /kN
螺栓 1	103. 572	0. 187	30. 70	13. 98	25. 35	21. 16	44. 122	23. 23	21. 61	198. 84
螺栓 2	105. 009	0. 213	29. 82	14. 60	26. 01	21. 16	45. 159	23. 74	22. 12	237. 35
螺栓 3	104. 649	0. 178	32. 18	14. 54	25. 78	20. 96	42. 629	23. 99	22. 37	204. 11
螺栓 4	105. 495	0. 151	31. 70	15. 10	26. 40	20. 50	42. 545	23. 95	22. 33	173. 77

从表 1-6 可以看出，图 1-30 中，第 3 和第 4 两螺栓产生的综合预紧力小于第 1 和第 2 两螺栓的综合预紧力，因此钢板间的显著滑移应最先发生在由第 3 与第 4 两螺栓联接的部位，实验情况正是如此。于是，钢板间的摩擦系数实测值为：

$$f = \frac{210}{2 \times (204.11 + 173.77)} = 0.27796 < 0.3$$

显然，这一结果表明，桂林建筑机械总厂提供的试件暂时不满足标准所规定的抗滑移性能要求。

当然，测试前施加到螺栓上的轴向载荷相对过大。如按现场操作实际或按螺栓所受安全应力条件考虑，螺栓的预紧力 F_0 或拧紧力矩 T 按式（1-27）确定为宜[17]：

$$\begin{cases} F_0 = \dfrac{\pi d_1^2 \sigma_s}{5.2S} \\ T = 0.2F_0 d \end{cases} \tag{1-27}$$

根据螺栓材料级别（10.9）及现场人工操作实际，式中主要参数取为：螺栓材料屈服极限 $\sigma_s = 900\text{MPa}$；安全系数 $S \approx 4$；据此可知 $F_0 \leqslant 70\text{kN}$，拧紧力矩 $T \leqslant 3.4 \times 10^5 \text{N} \cdot \text{mm}$。考虑到法向载荷对摩擦系数的某些影响[18]，因而在施加不同预紧力条件下分别测定了相应的摩擦系数值。显然，由于厂方提供的待测试钢板表面事先未进行处理，即使在较低预紧力条件下，其摩擦系数也未超过0.3。如果按相关要求对测试钢板进行喷丸或喷砂处理，那就有可能使板间摩擦或抗滑移系数提高到0.3以上。

（五）问题与建议

虽然通过测量螺栓伸长量来计算其预紧力既有理论依据，又有现场拉伸实验验证支撑，但是拧紧螺栓引起的伸长与其受纯轴向拉伸的伸长状况还是存在某些差异。因为拧紧螺栓时，力矩使缠有螺纹的非规则圆柱体扭转而导致螺杆端面与螺栓头端面不总是保持平行，因此给伸长量的测量带来了一定的误差，或者说给测量增加了难度与工作量。

那么是否可以不测量螺栓的伸长量也能确定其所受预紧力的大小呢？答案是肯定的。例如按图1-32所示结构准备拉伸测试实验试件，就无需测量螺栓伸长而能获得相应的摩擦系数值。

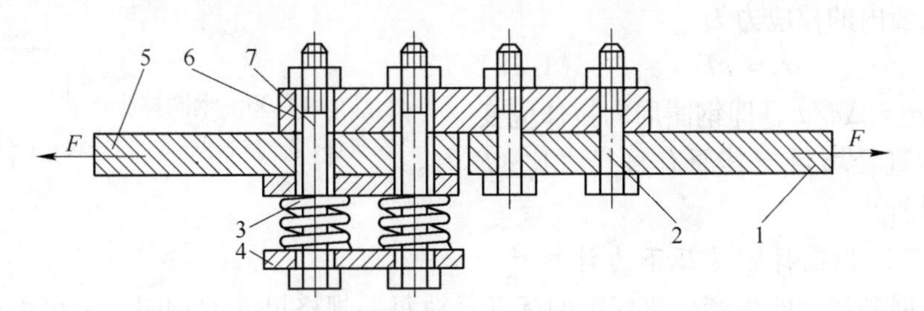

图1-32　测定钢板摩擦系数试件组件结构

1，5—拉伸板；2—配合螺栓；3—弹簧；4—垫板；6—联接板；7—螺栓

图中，拉伸板1和5的两端用于拉伸装夹。为保证两块拉伸板共面，或者为确保实验机施加到试件的拉伸载荷共线，部分地继续借用了图1-30所示的联接形式。此处少用一块联接板可以减少高强度螺栓的长度。此外采用两个配合螺栓2将拉伸板1与联接板6联为一体，使板间的相对滑脱只能在板5与板6间发生，由此测出其间的最大摩擦力。圆柱螺旋压缩弹簧3的两端在平面磨床上磨削平

行，其两端支承垫板4的两面也经平面磨床磨削。垫板4既可以做成长条形以支承两个弹簧，也可以是圆垫圈形式而使螺栓和弹簧成为单独承载和单独测量的独立单元。后者的优点是更为简单方便。

图1-32所示试件结构的特点在于，首先可以利用万能实验机方便地测定弹簧3所受压力与压缩变形的标定曲线；其次借助标定曲线可在螺栓预紧后通过弹簧的压缩变形量来确定预紧力的大小；最后通过万能实验机读出拉伸板5与联接板6滑脱瞬间的最大摩擦力，进而计算出摩擦系数f。但是这种结构的不足在于，对于M16以上较大尺寸的螺栓联接件，将很难设计出合适的圆柱螺旋压缩弹簧与之匹配。

三、钢圈撑胀装置的压力计算

（一）钢圈及其撑胀工艺

当今人类社会中的一切轮式行走机械都离不开钢圈。由于人们越来越重视高速与重载，因此对钢圈的要求也越来越严格。实施对基本成型钢圈的撑胀，既可以提高其尺寸精度，也可对其施加预应力，从而提高其承载能力和使用寿命。

撑胀用的模具由10块或12块扇形板组成，图1-33为撑胀系统一直径方向的全剖视图。由于钢圈外圈无模具约束，加上胀块的径向尺寸远大于钢圈厚度，因此可不考虑胀块的变形而仅考虑将钢圈撑胀直径增大引起的单纯周向受拉伸长增量。在弹性变形范围内，钢圈轴向截面内的拉应力为

$$\sigma = \varepsilon E \tag{1-28}$$

式中，$\varepsilon = \Delta d/d$，即钢圈周向拉伸应变等于其直径增量与其原有直径之比；E含义同前。

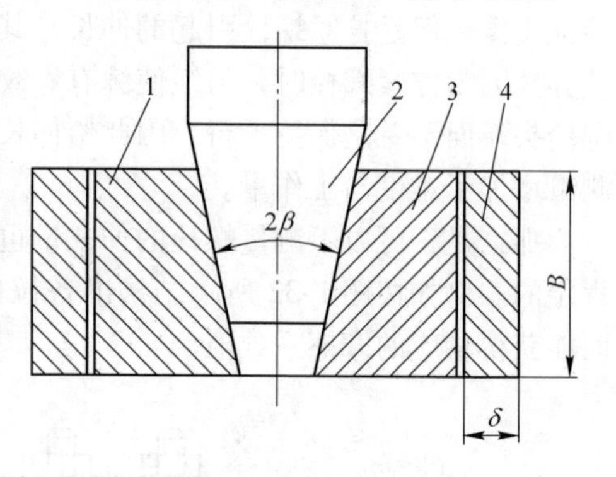

图1-33　钢圈撑胀模式

1—左胀块；2—撑胀头；3—右胀块；4—钢圈

（二）钢圈撑胀头压下力计算

根据柳州钢圈生产企业规定的标准，对每一规格尺寸的钢圈，都可由式（1-28）求出其对应轴截面的周向拉应力σ。进而即可由图1-34所示的力平衡关系求得每一撑胀块所受的撑胀力即生产阻力Q为：

$$Q = 2F\sin\left(\frac{\pi}{z}\right) = 2\sigma H\delta\sin\left(\frac{\pi}{z}\right) \tag{1-29}$$

为克服生产阻力Q而使钢圈得以撑胀，必须对撑胀头施加压下力P如图1-35所示。由于撑胀头的垂直下移与胀块的径向外移都需克服摩擦反作用力，由此即可取出一个胀块作隔离体，画出其受力图和力的封闭多边形如图1-36所示。

根据正弦定理并且考虑到图中$\alpha = 90° + \varphi$、$\gamma = 90° - (\beta + 2\varphi)$和$\psi = \beta + \varphi$，即

可由图 1-36（b）求得钢圈撑胀装置中的撑胀头压下力为：

$$P = zQ\frac{\cos\varphi}{\cos(\beta + 2\varphi)}\sin(\beta + \varphi) \tag{1-30}$$

式中，z 为钢圈撑胀机构中胀块个数；φ 为平面滑动摩擦角且 $\varphi = \arctan f$（其中 f 为平面滑动摩擦系数）；β 为撑胀头圆锥角（见图 1-33）。

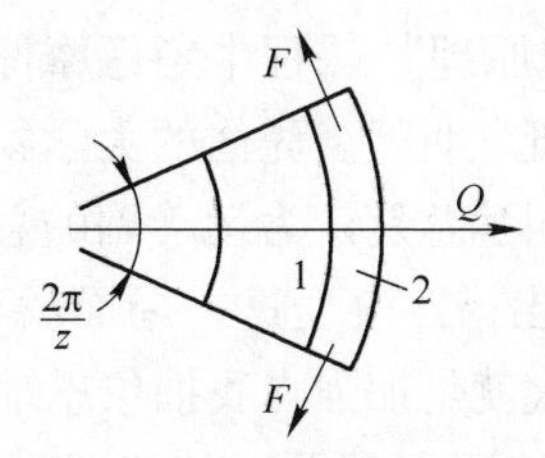

图 1-34　钢圈撑胀力图
1—右胀块；2—钢圈；
F—钢圈张力；Q—撑胀力

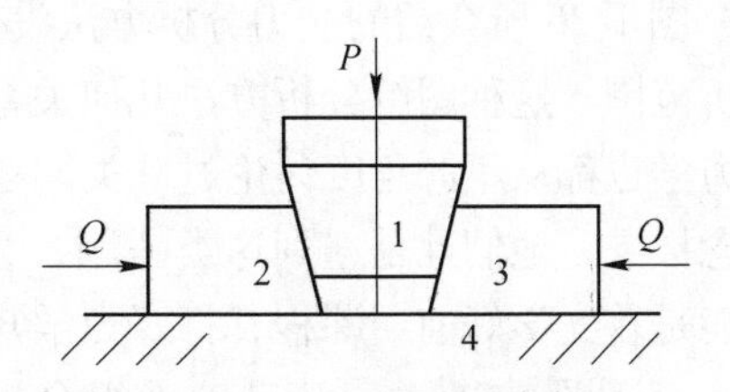

图 1-35　钢圈撑胀机构简图
1—撑胀头；2—左胀块；3—右胀块；
4—底座；P—压力；Q—撑胀力

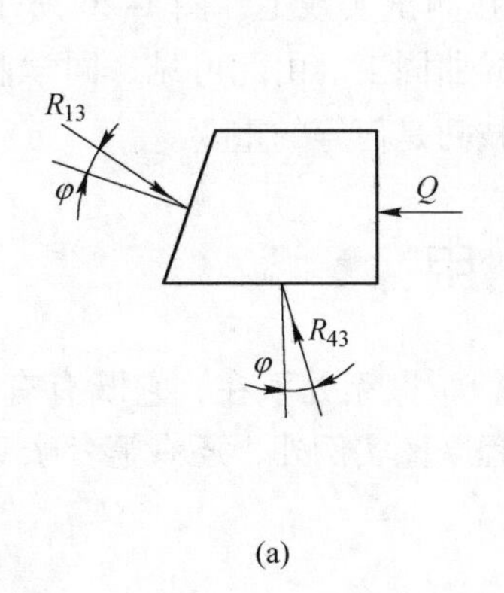

(a)

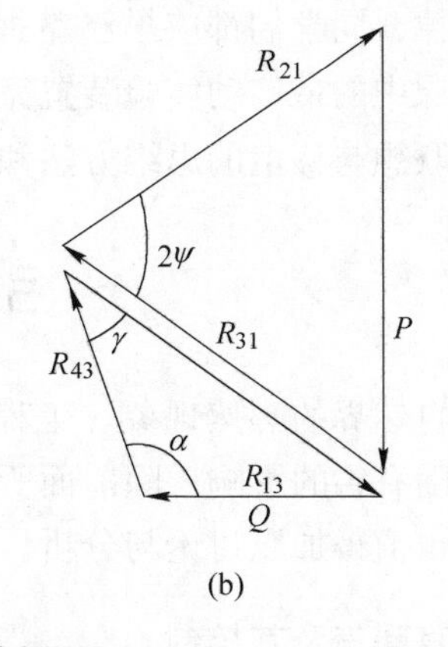

(b)

图 1-36　受力分析图
（a）隔离体受力图；（b）力封闭多边形

将式（1-29）代入式（1-30），同时采用企业提供的参数 $z = 10$ 、$H = 435\text{mm}$ 、$\delta = 12\text{mm}$ 、$\sigma = 310\text{MPa}$ 、$\beta = 18°$ 以及 $f = 0.1$ ，求出压下力：

$$P = 4.594 \times 10^6\text{N} \approx 459.4\text{t}$$

这一结果比厂方提供的计算值 384t 高出了 19.64%。到底哪一结果更接近于实际，生产厂家根据历来生产过程中的数据统计应该不难做出判断。

✦ 点　评 ✦

图 1-30 所示受横向工作载荷作用的螺栓联接问题，是“机械设计”课程教

材中的一个重点。讲授的关键首先涉及一定横向载荷作用下的螺栓强度计算或结构尺寸计算，其次涉及给定结构尺寸前提下系统所能承担的横向载荷大小计算。而且这部分内容还往往是复习与考试的重点。但即使学习认真的同学也难以在此知识点上真正实现理论与实践的完美统一，因为工程实际中的螺栓预紧力的施加和确定是需要一定技巧的。同学们学习过程中应该积极主动将课堂学习与课后实验紧密结合为一体。

图1-36所介绍的受力分析方法没有超出“机械原理”课程中考虑摩擦时的力分析范围。这种图解分析方法几何关系清晰，物理概念明朗。先修的大学物理和理论力学也都从不同角度讨论过此类问题。但是很多同学总是认为运动副的总支反力概念抽象，他们凡是遇到这类考题，大多动笔就会出错。改变这一局面没有捷径，只能是首先学好前期课程，打好力学知识基础，其次就是加强自我抽象思维锻炼。

至于图1-25关于滚动轴承组合机构摩擦力矩的测定问题，的确难以从“机械原理”或“机械设计”课程教材中找到对应的章节。但无论是相关理论还是测试实践，都没有超出机械设计课程的水平。因为理论上所涉及的动量矩原理或牛顿第二定律，同学们都应早已掌握；而在测试实践上，图1-26所示原理与机械设计实验课中的带传动实验装置完全是异曲同工。由此可见，同学们在学习与工作中掌握联想与移植的思维方法和应用技巧是何等的重要。

✦ 引　申 ✦

摩擦是自然界的必然现象。工程界中，摩擦无处不在，它既有有益的作用，但也总会伴随有害的影响。除前面所述工程摩擦实例外，还有笔者亲身经历的其他几个案例也值得加以讨论与分析。

一、钢轨矫直噪声及其控制

（一）摩擦是实现钢轨辊式矫直的决定性因素

我国人口众多，轨道交通总里程居全球之首。铺设不同类型或不同用途的铁路就需要各种不同规格的钢轨。钢轨在热轧成型后的缓冷阶段，总会在 oxy 和 oxz 两个平面同时发生弯曲变形（见图1-37）。因此必须进行矫直才能使其成为合格商品。

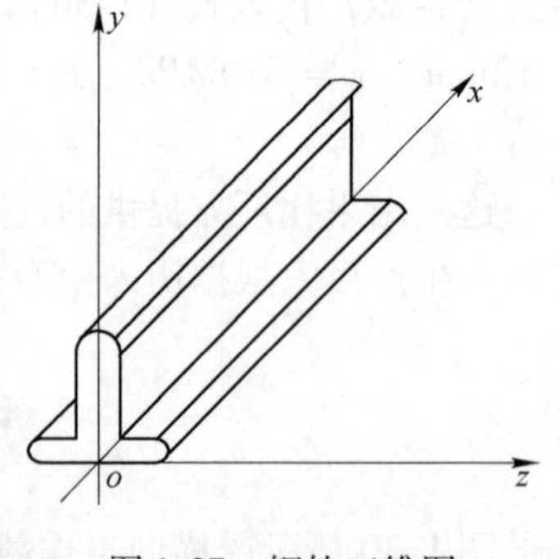

图1-37　钢轨三维图

攀枝花钢铁公司一直采用1300八辊矫直机实施各种钢轨和型钢的矫直。如图1-38所示，该矫直机有上下两排各4个矫直辊，其下排辊中心固定而上排辊中心可独立上下调整。推钢机（一种步进机构，可参见多种版本的机械原理连杆机构一章）将待矫直钢轨横向推到输送辊道后，各输送辊同向转动，借助摩擦力将钢轨送入矫直机。一对错位的矫直辊 1 和 2 同步反向转动，依靠摩擦力咬入钢轨，随后钢轨在矫直机主动辊（画有转向箭头者）摩擦力驱动及从动辊支承下纵向前进，最后主动辊 8 利用摩擦将已矫直钢轨送入回收辊道（图中未画出）。

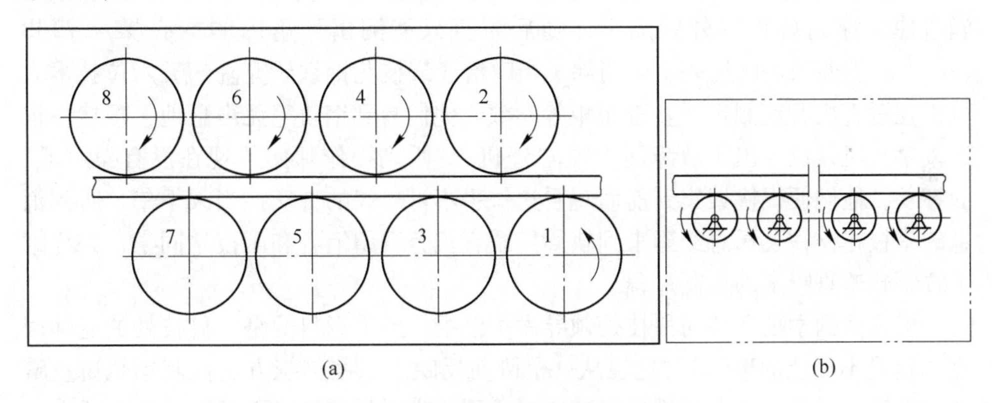

图 1-38　钢轨辊式矫直中的摩擦作用

（a）钢轨通过矫直机；（b）钢轨被横向推入输送辊道

正是在摩擦力的参与下，辊式矫直机得以实现对钢轨或多种型钢的快速精准矫直。

（二）摩擦引起强烈啸叫噪声

据曾长期在攀枝花钢铁公司轨梁厂工作的笔者所教函授班的一位学生（现在已是成都一所高校的教授）介绍，只要矫直重型钢轨，强烈的啸叫噪声就向厂区四周传播。若是夜晚矫直，噪声会使金沙江两岸居民区住户难以入眠。攀钢轨梁厂百般无奈之下采取了各种润滑措施，如对矫直辊涂抹各种润滑脂，或者向矫直辊和钢轨喷淋皂化液或机油，但都不能明显抑制噪声的强度。

北京劳动保护部门的技术人员建议采用隔离罩，但因矫直机体积过大、操作不便而未被厂方采纳。西南交通大学专家当时的判断是，目前人们对与摩擦有关的噪声还没有好的控制方法。攀枝花钢铁研究院的一份报告明确指出："矫直噪声与摩擦有关，难以消除。"

1984 年年底，昆明工学院攀钢函授站冶金机械本科专业学生要求笔者指导他们的毕业设计。接到学校培训部的任务后，笔者建议同学们结合自己工作，选择"真刀真枪式"课题，一组同学便希望开展钢轨矫直噪声控制方面的研究。笔者事先考察过钢轨矫直现场，并在摩擦自激振动控制方面有些许积累，因而欣然同意指导这一具有挑战意义的课题。后来成为长城特种钢股份有限公司董事长的同学是这一组学生的实际负责人，在前期阶段，他带领大家按笔者下发的指导书阅读了相关文献，并对钢轨矫直现场进行了观察测量，向笔者提交了调研报告和现场测绘简图。

1985 年 7 月，笔者带着一台精密声级计和从学校环保系实验室找到的两小瓶化学试剂来到攀钢，一边给同学们讲解有关摩擦自激振动机理、声级计使用方法和噪声分析原理等基础知识，一边和大家商讨现场试验测试方案。试验时，首先测得钢轨稳定矫直时的噪声超过 120dB(A)，然后由几位同学将事先自行配制的润滑油涂抹到矫直辊外圆周上，随后矫直只能测出厂房内的本底噪声 73dB(A)[7]，表明噪声已经完全被消除。当时恰逢攀枝花钢铁研究院的五六位技术人员正在矫直机背后测定矫直辊扭矩等参数，他们看到钢轨毫无声息地一根接一根进入矫直机，以为出了故障而大喊“停机”。听到操作师傅“现在没有噪声了”的答复，他们便很快聚集到前面观看这似乎不可思议的现实。当天下午，听到消息的攀枝花钢铁公司总经理来到轨梁厂矫直机旁看望笔者和函授站同学，并详细了解钢轨矫直噪声的控制过程。

笔者回到学校立即向科技处领导做了汇报。出乎意料的是，科技处的老师回答“这是不可能的事情!”这也从一个侧面反映了采用传统方法控制钢轨矫直噪声的难度。只是这位老师哪里知道笔者是用化学材料巧解了机械振动的难题。

当年年底，那位参与钢轨矫直噪声控制研究的学生组长在公开毕业答辩会上宣读论文时，昆明工学院一间新建的大型阶梯学术报告厅座无虚席，笔者的导师屈维德教授和机械系领导及全体专业课教师都出席了答辩会。屈维德教授评价：“取得了突破性成果。”

对于笔者而言，这只是碰到了一次极好的机会。当然，如果没有先前在广州机床研究所将近一年的爬行课题研究基础，如果不是敢于将导轨爬行与钢轨矫直两个看似毫不相干的事物联系到一起，那么即使遇到好的机会也无法获得好运。

二、汽车钢板弹簧中的摩擦问题

最先听到“职业神经”一词很不以为然，后来亲身体验才知果然不谬。

一次，笔者与同事们一起乘坐校车外出，有段路面坑洼不平，汽车左右摇摆。忽然传来“吱嘎”声响，笔者随即询问同行的车辆专业同事：“这是不是板弹簧内部摩擦发声?”得到肯定回答后，笔者决定指导年轻教师或学生做些实验研究。

（一）汽车钢板弹簧的结构与特性

钢板弹簧是汽车悬挂系统中的重要弹性元件，由多片等宽、基本等厚但不等长的条形扁钢板叠合而成（见图 1-39）。它以汽车前（后）桥为支座并采用 U 形螺栓与之相固联，其两端卷耳通过圆柱销与车厢底相铰接。受到载荷作用时，弹簧片仅发生垂直于弹簧板面方向的弯曲变形，而且其变形量远小于弹簧片的长度。由于其储存能量的能力很强，因而能吸收来自车轮的冲击与振动；在动载荷作用下，弹簧钢板各片之间将发生相对位移而产生可起阻尼作用的相对滑动摩擦。正是系统内的吸振与阻尼功能维系了汽车的乘坐舒适性。

但是技术发展到现在，钢板弹簧内部板间的摩擦状态对系统的刚度、固有动态特性以及疲劳寿命的影响程度等问题，仍然具有研究的价值。

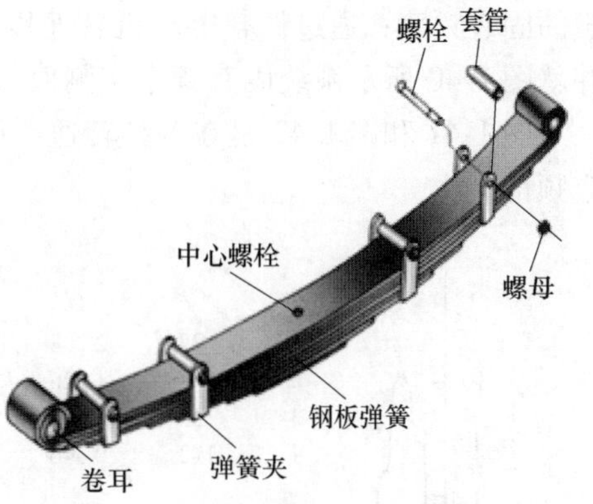

图 1-39　一种汽车钢板弹簧的结构

（二）实验装置与实验准备

在笔者指导下，一名 2012 级硕士研究生利用实验室条件，搭建了以汽车钢板弹簧为研究对象的模拟实验台；在给定外部激励工况下，重点研究钢板间不同摩擦状态对钢板弹簧动态特性的影响。

根据汽车钢板弹簧的振动测试实验规范要求，模拟汽车在运行时承受冲击载荷的实际，设计安装的实验装置如图 1-40 所示。材质为65Mn、横截面 $b \times h = 24 \times 9$ 的两片扁钢板相重叠，其一端被压紧固定在工作台上，另一端用独立的螺纹紧固器夹紧；上置的弹簧板末端固联一额定功率为 10W 的微型调速电动机；压电式加速度传感器 A 和 B 上下对齐分别粘接于钢板的适当位置；整体构成悬臂状。

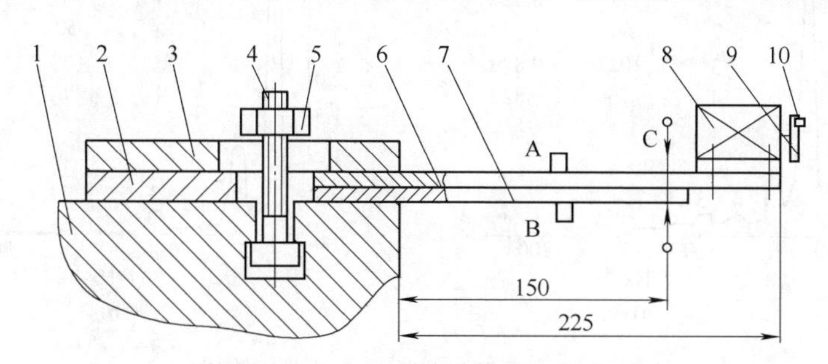

图 1-40　一种钢板弹簧实验装置

1—工作台；2—垫板；3—压板；4—T 形槽螺栓；5—螺母；6—下弹簧片；7—上弹簧片；8—调速电机；9—圆盘；10—偏心块；A，B—传感器；C—螺纹紧固器

实际应用的钢板弹簧各板间接触面一般不进行处理而处于常规摩擦状态。不同于常，实验中特意在钢板接触面上涂刷极薄增摩涂层，以对比存在明显差异的两种摩擦工况条件的实验结果。

（三）实验内容与主要结果

笔者的这位学生在其所搭建的实验台上利用通常的敲击法测定了悬臂钢板弹

簧的固有频率；通过调整电动机转速以测定激振力与钢板弹簧动态特性的关系；并就图 1-40 所示系统固有频率实测值与理论计算值进行对比。

图 1-41 和图 1-42 是在两种转速条件下，分别测得两种摩擦状态时的振动响应频谱。

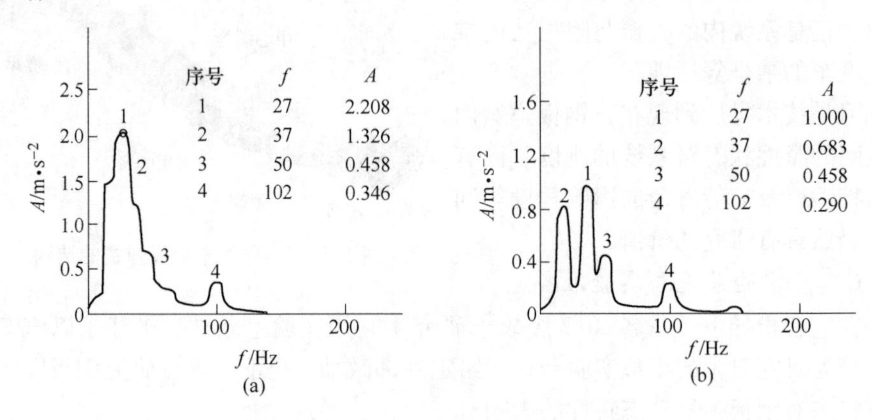

图 1-41　悬臂板弹簧的振动响应频谱

（电动机转速 700r/min）

（a）弹簧片间未处理；（b）弹簧片涂增摩剂

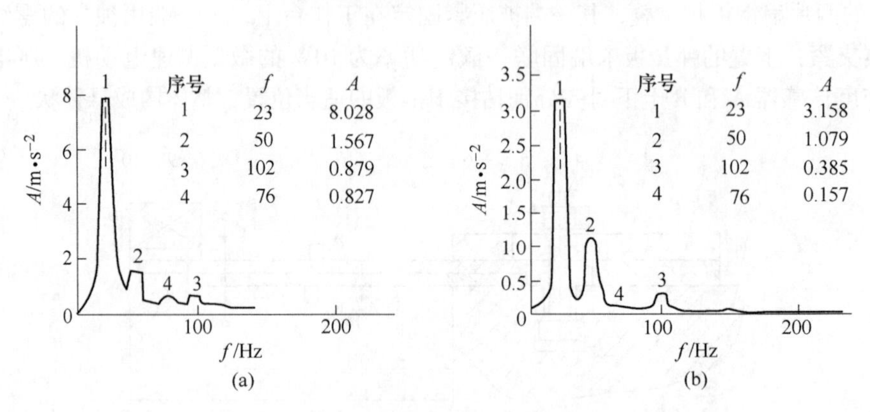

图 1-42　悬臂板弹簧的振动响应频谱

（电动机转速 1100r/min）

（a）弹簧片间未处理；（b）弹簧片涂增摩剂

在图 1-40 中，位于悬臂梁一端的电动机等可视为一个具有集中质量的刚性块。直接从理论上计算该系统横向振动固有频率存在一定难度，为此将带有集中质量块的悬臂梁横向振动转化为棱柱形杆的纵向振动不失为间接求解的上策，因为文献［19］恰好有完整的推导过程可供借用。该文献

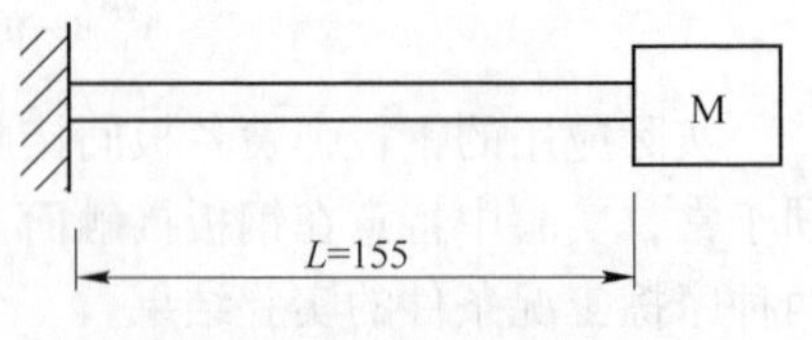

图 1-43　梁及其集中质量块

讨论的一个纵向振动棱柱形杆如图 1-43 所示，其第一阶固有频率 f_1 计算式为：

$$\begin{cases} \xi_1 \tan\xi_1 = \eta \\ \xi_1 = 2\pi f_1 L \sqrt{\dfrac{\rho}{E}} \end{cases} \tag{1-31}$$

式中，η 为长度 L 之悬臂与悬臂端 M 的质量比；ρ 为悬臂梁密度；E 同前。

最低阶频率或基本频率 f_1 是振动系统中最重要的参数，随后的各阶谐波频率理论上都是其整数倍。

需要指出的是，虽然式（1-31）是用于计算杆纵向振动基频的，但由于频率方程推导的相似性，因此也可用来计算悬臂梁的横向振动频率值，只是必须对式（1-31）中的第二部分修改为：

$$\xi_1 = 2\pi f_1 L \sqrt{\frac{\rho A}{EI}} \tag{1-32}$$

由实验装置的实际尺寸求得 $\eta = 0.987$，用一维搜索法求解，可得 $\xi_1 = 0.8563$。将其代入式（1-32），并由 $I = \dfrac{bh^3}{12}$ 以及 $\rho = 7850\text{kg/m}^3$、$E = 2.05 \times 10^{11}\text{Pa}$，求得 $f_1 = 23.3474$，与敲击实验所测结果的 $f_1 = 23.3906$ [20,21]相差无几。

（四）讨论与分析

尽管计算时，材料常数 E 和 ρ 的取值合乎常理，但悬臂梁横向振动基本频率的理论计算值与敲击实验测试结果如此接近难免让人怀疑有拼凑之嫌。不可否认，质量比 η 会存在某些误差。但是针对图 1-43 系统的弯曲振动固有频率的计算困难，转而借用前人已经获得的成果，并将抗弯刚度而不是抗拉刚度代入类似模型的纵向振动频率计算公式，如此求解图 1-40 或图 1-43 系统横向振动问题是极为简捷与正确的。

由于实验中调速电机引起的外部激励频率都在系统基本频率以下，因此激励频率的增加不会太多改变系统的振动响应效果。只是当激励频率（$n = 1100\text{r/min}$，$f_j = 18.33\text{Hz}$）较为接近系统基频时，图 1-42 所示的 23Hz 处的振动幅值便特别突出。

在一般情况下，人们的传统观念都是设法减少钢板弹簧片间的摩擦，至今尚未见有关增大摩擦的报道。现在笔者指导研究生在弹簧片间涂抹极薄层增摩剂，实验结果表明，系统的频率特性没有因此发生大的变化，但响应幅值却大幅降低（见图 1-42（b））。受反向思维引导的增加摩擦行为使钢板弹簧产生了出乎意料的减振效果。

综上所述可以获得不少有益的启示。首先，设计或改进汽车悬挂系统前，准确计算出系统的基频很有意义；其次，钢板弹簧片的表面处理将直接影响车辆的乘坐舒适性，因而具有重要的实用价值；此外，汽车悬挂系统内部的增摩是一个新的概念，其理论与技术的研究将有着很大的空间。

三、机械制造中的摩擦实例

机械制造中，任何一种零件的制造成型都需要摩擦的参与，但又都不可避免地为摩擦所困扰。例如借助模具压力成型汽车大梁，摩擦就充当了非常重要的角色，但也因此常常在大梁表面出现皱褶而影响产品质量等问题。

金属切削加工仍然是当前机械制造的重要手段，但是切削又会引起烦人的噪声。即使环境优美、厂房内清洁明亮的大连机床股份公司，其切削加工区的噪声也在 95dB(A) 左右。重型制造企业的噪声由此就可想而知了。

许多国家的科技工作者致力于切削颤振及噪声的研究已超过半个世纪，并且提出了多种阐述颤振和噪声形成机理的理论或模型。但令人大为费解的是，未见任何权威学者发表过将切削颤振和噪声与刀具和工件间的摩擦紧密联系到一起的论著。

虽然有学者将金属切削加工噪声分类为切削噪声与摩擦噪声两部分，并且认为当摩擦系数增大到某一范围时，尖啸的摩擦噪声就会形成[22]。但是在现实的金属切削加工中，严格区分切削与摩擦将具有极大的困难。

按照英国物理学家鲍登的观点，金属切削其实就应该属于一种摩擦行为[7]。因为切屑形成的本质就是典型的犁沟效应。而且切削力随切削速度增加而减少、稳定的尖啸噪声的频率基本都由切削系统的固有频率和 2000Hz 以上频率所组成、噪声随切削停止而立即消失等等都具有典型摩擦自激振动的表现。由此笔者认为，除冲击以及机床等本身噪声外，所谓的切削噪声就是摩擦或切削摩擦噪声。

在笔者所主持的一系列切削实验中，主要选择钢筒作切削试件。对比同等条件下钢筒内外表面的车削可以发现，车内孔表面的噪声明显高出很多，其原因就在于车削时刀具后面产生了更大的摩擦力。如图 1-44 所示，对孔内车刀而言，内表面内凹，车刀后角减小，当车刀在切削阻力作用下下移时，后角将减小得更多。反之，外圆车刀情况恰好相反。因此车削外圆较之车削内孔易于获得较高的表面精度。

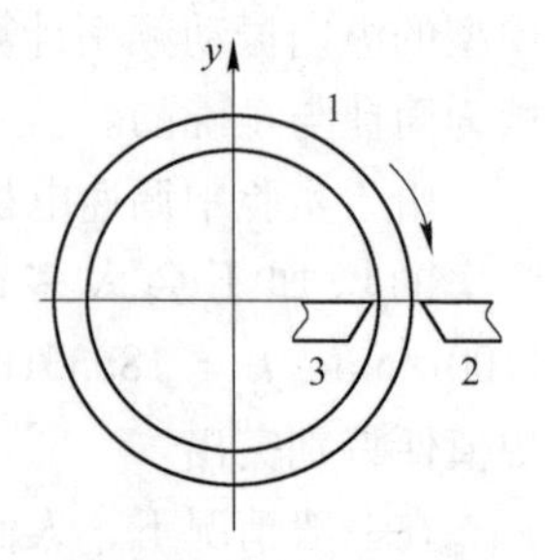

图 1-44　内外圆切削
1—筒状切削实验工件；
2—外圆刀；3—内孔刀

采用切断刀自动走刀切断工件时，常常会产生强烈的噪声。若在刀具尺寸和形状都不变的前提下，改用图 1-45 所示的鹅颈刀杆，强烈的高频噪声就可能完全消失。这是因为刀杆的刚度被大幅降低后，切断刀的各个表面受阻力作用会产生较大位移而脱离恶劣的摩擦环境，从源头上有效降低了摩擦激励。

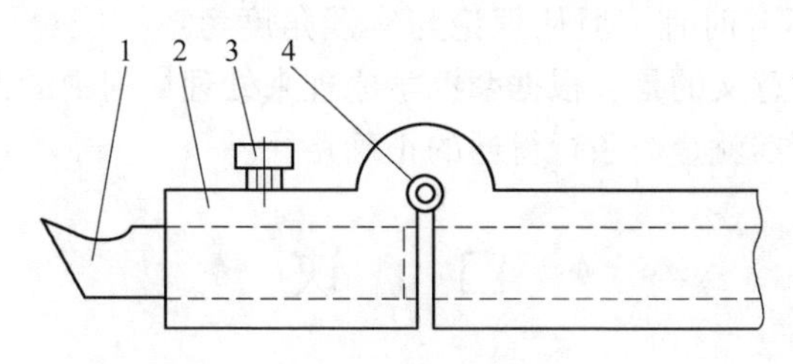

图1-45 鹅颈刀杆

1—切断刀片；2—刀杆；3—螺钉；4—钢套

既然切削的本质是摩擦，那么通过控制刀具与工件接触副间的摩擦状态就应该能够控制切削噪声。事实正是如此。如图1-46所示，工件钢筒在车床上的夹持方式极大地提高了系统刚度，从而有利于排除装卡刚度不足对切削过程的不利影响。

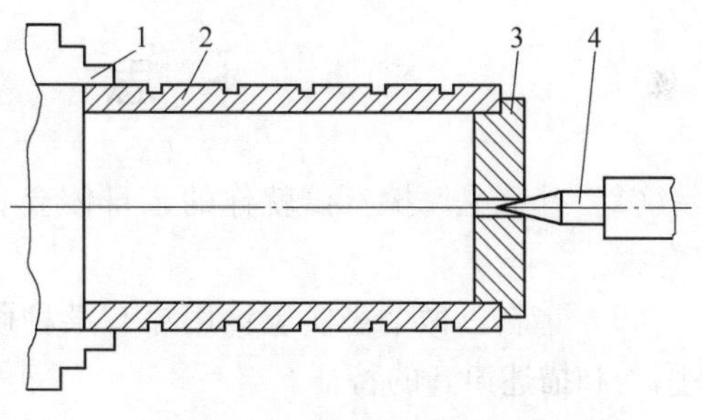

图1-46 钢筒及其夹持方式

1—三爪卡盘；2—钢筒；3—挡盘；4—顶尖

通过切槽，人为将钢筒分成若干待切削的区段，并且分别对其做不涂油，涂普通机油和涂自行配制降噪油等处理。用于实验的车刀经特别刃磨能自行产生很大的摩擦阻力，以人为制造切削颤振环境。用此同一车刀和相同切削用量多轮分段进行外圆车削对比实验。

结果显示，一般情况下车削噪声最高可达104dB(A)，而当刀具切入涂有降噪油的区段，就只能测量到如同车床空转时的实验室本底噪声84dB(A)。此外，相对于未涂油区段的表面粗糙度为 *Ra*12.5 以上，涂降噪油区段则提高到了 *Ra*1.6，切削力则减少了一半之多。这就意味着强烈的切削噪声可以通过合理的润滑得以完全控制。

与滑动副中摩擦力所表现的普遍规律一样，切削力也随切削速度的增加而下降(见图1-47)。一般车削时，切削速度很难超过6m/s，而在较低功率消耗情况下的磨削，不仅切削速度可超过50m/s，而且表面精度可达镜面水平。与此异曲同工的是，高速切削开始大行其道，例如高速车削、高速铣削和高速钻削等几乎都能实现镜面加工。这就进一步说明，切削的本质就是

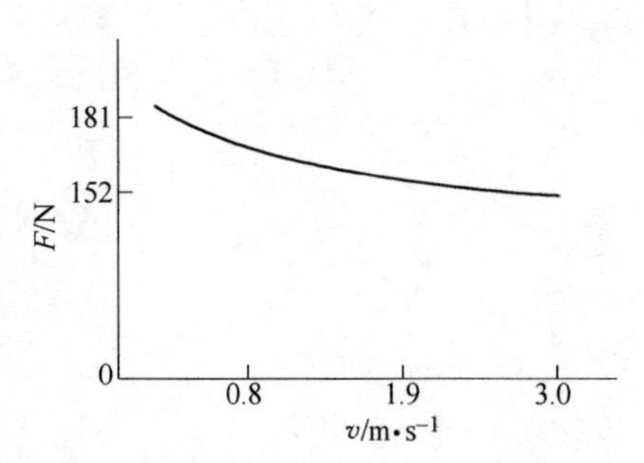

图1-47 切削力-速度关系实测曲线

摩擦。由于习惯使然，工程或者日常中的“切削”已具有特定的含义，改称其为“摩擦”显然不合时宜。但从理论与实践角度考虑，完全可以将其列入广义摩擦范围。特别有意义的是，根据摩擦学原理来处理切削中的振动与噪声问题不是另辟蹊径，而原本就是一条行得通的正确路径。

✦ 口　诀 ✦

摩擦现象隐秘深，趋利避害在于人；
噪音若因滑动起，科学润滑降其声。

✦ 思　考 ✦

（1）什么是摩擦？试就你的亲身体会各举三例指出哪些摩擦有利，哪些摩擦有害？

（2）请自己做个小实验：用穿有某种硬底鞋的脚后跟擦过光滑的瓷砖地板并感受和描述声音的特征。

（3）请回忆物理、力学和机械原理课程中所介绍的摩擦问题并自行整理与归纳之。由此你受何启发？

［案例 1-4］　企业生产中的机械零件异常磨损失效分析

✦ 目　　的 ✦

通过笔者亲身经历的三类重要机械零件异常磨损失效实例的介绍、分析或处理，以使机械工程专业学生在机械设计课程群学习的基础上，能更多地认识和了解企业生产中的磨损起因与类型；通过案例的介绍帮助学生树立敢于担当的信念，使他们今后面临工程实际中的机械零件异常磨损问题时，善于灵活运用所学理论进行分析与验证，逐步养成敢于科学地处理这类棘手问题的能力。

✦ 背　　景 ✦

一、发电机组传动轴推力环端面的磨损

1972 年 4 月底，在贵州长顺县农机厂当了三年多工人的笔者，随厂领导参加县里的增产节约会议，得知整个县城的生产生活用电全靠发电容量仅有 400kW 的水电站供应。就在电力供应相当紧张的情况下，电站一台 200kW 水轮发电机组又长期带病作业而不能满负荷工作。因此县电力部门希望县领导出面组织人力攻关。主持会议的县领导当即要求农机厂克服困难，尽快派人参与水轮发电机组的修复。

很快，笔者与一位同期大学毕业分配到农机厂当工人的同事一道前往水电站考察。原来，这个水电站离县城不到 2km，其规模很小。发电厂房建在山腰，人们只能沿小路爬坡步行上山。

笔者等与电站同志一起走进发电厂房发现，一字排开的两台同型号水轮机发电机组中，那台有故障的机组已经停产，传动轴前端的轴承盖被打开，推力滑动轴瓦被卸下，传动轴推力环的工作端面显示较清晰的划伤痕迹且部分颜色变为深蓝。

电站工人师傅反映：近几年，发电机组传动轴的前轴承附近温度超过 110℃，操作师傅们担心出事故而不敢让水轮机满负荷运转，致使发电机不能在 200kW 额定功率条件下发电，近来情况恶化，正拆开检查等待领导指示。

工人师傅还反映，多年前这台发电机组的传动轴也曾修理过。那时为了将轴

送往贵阳的工厂，数位工人耗时一个多星期才把重约 1t 的飞轮从轴上拆下来。前后历时近两个月，机组才恢复发电。这次如果还照过去的办法进行修理，费钱、费力、费时不说，人手可是真正的大问题，因为原来有经验的师傅早已调离本单位。最后几位师傅问笔者：能不能让你们农机厂的车床给这根轴的推力环端面车上一刀？笔者答复不可能，理由在于：首先拆卸飞轮已几乎不可能，其次传动轴长度超过 2000mm，县农机厂的设备条件太差，送农机厂修复根本不现实。

二、钢轨辊式矫直机上排辊辊圈表面的异常磨损

本书案例 1-3 引申介绍了钢轨矫直噪声及涂油控制的方法。这里需要补充介绍的是，矫直辊的异常磨损具有直接强化噪声的作用。

1983 年 4 月，根据教研室的安排，笔者为昆明工学院设在攀枝花钢铁公司的函授站冶金机械专业班学员讲授“机械原理”。其间，来自轨梁厂的两位学员陪同笔者前往车间观看重型钢轨的矫直过程。被矫钢轨的三维结构如图 1-37 所示，图 1-38 则反映了钢轨通过辊式矫直机的情形。图中 2、4、6、8 为上排矫直辊，其余 4 个为下排辊。

现场发现，每逢钢轨通过矫直机，就会连续发出尖声啸叫。学员们介绍，上排矫直辊需经常更换或修复。每次使用新矫直辊的头十多个小时，矫直钢轨噪声一般不超过 90dB(A)，但随着矫直辊的磨损，噪声便与日俱增，随即产生的强烈尖啸噪声，严重破坏环境，损害周边工作人员的身体健康。

在 1300 八辊矫直机中，明显的磨损总是出现在上排 4 个辊圆周表面。矫直时钢轨表面氧化皮的大量脱落与粘焊堆集进一步加剧了上矫直辊表面的破坏。

当矫直噪声达到 120dB(A) 以上时，可在上排矫直辊圆周面上看到连续波浪状的堆积物与辊表面金属剥落而形成的凹坑。堆积物最高可达 3mm，而凹坑沿辊圆周方向可达 50mm，沿辊轴向宽度可达 15mm，其深度则可超过 3mm。

三、螺旋齿轮副的异常磨损

2009 年 4 月，五菱柳机质控部技术负责人等一行，带着磨损失效的凸轮轴齿轮前来学校向笔者介绍：自 2008 年至 2009 年 3 月，共有 61 台配装在微型汽车上的 LJ491Q 发动机螺旋齿轮副早期磨损而被退货。尤其令人吃惊的是，在产品出厂前的台架试验中，有时仅试运转 5 小时即可发现齿轮副中较软的凸轮轴齿轮表面的明显磨损痕迹；行车约 2000km 就有可能发生该齿轮轮齿几乎完全被磨掉的现象。

原来，这对圆柱螺旋齿轮用于实现发动机凸轮轴与机油泵轴间的运动与动力传递。一旦螺旋齿轮磨损失效，机油泵的正常工作状态就立即被破坏，从而导致发动机许多零部件因缺油而损坏，造成十分严重的后果。为此企业同志希望笔者

能给他们提出某些避免齿轮过早磨损失效的建议。

✦ 修 复 ✦

对于发电机组传动轴推力环端面的磨损，观察发电机组的周边情况后，笔者与同伴很快决定因简就陋，自己动手修复这根传动轴。

一、方案制定

（一）基本情况

水轮机发电机组传动轴基本结构如图 1-48 所示。其轴身直径为 200mm，轴颈支点跨距超过 1800mm，推力环外径超过 250mm。对于仅有 200kW 额定发电功率的机组而言，采用这么大的传动轴，是 20 世纪 50 年代机械设计中常有的事情。该轴的两端通过凸缘联轴节分别与水轮机输出轴和发电机轴相连。由于水轮机叶轮转子的不对称结构，工作时便产生相当大且指向水轮机方向的轴向力。为平衡此轴向力而设计了如图所示的推力环。

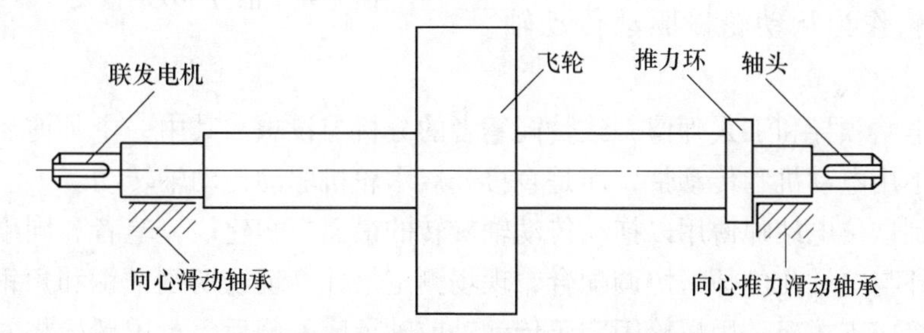

图 1-48 卧式水轮机发电机组传动轴基本结构

从外表看，传动轴整体无异常，轴颈部位光滑无明显磨损痕迹，只要能够恢复推力环工作端面的几何精度与表面粗糙度，该传动轴就应该可以正常工作了。

（二）原因分析

从磨损痕迹方面考虑，传动轴前轴承处的过高温升应该由推力环端面摩擦引起。由于水轮机转子叶片数量的限制，水轮被水流冲击而形成的轴向力便呈现明显的周期变化特性。此外，推力环工作端面硬度相对较低，在较高频率的脉动变应力作用下，一旦润滑油混入硬颗粒杂质，工作端面就很容易被划伤。特别是推力环工作端面各处线速度都大于轴颈圆周线速度，加上其环形面积较大，与推力轴瓦摩擦发热量比轴颈处大得多并且难以散失，如果润滑油供应不充分，其温升自然迅速升高。

归纳起来就是：变应力、表面硬度、清洁度与润滑油四者是水轮机发电机组推力环端轴承座温升过高及推力端面过早磨损失效的关键因素。

对于发电机组的用户而言，除变应力和推力环端面硬度难以或者无法改变外，在环境清洁和润滑油使用方面是可以有所作为的。现在面对县领导的期盼，尽快修复传动轴推力环端面，使发电机组早日满负荷发电是农机厂及水电站两个单位的首要任务。

（三）修复方案

了解水电站的现场情况后，笔者提出了一个让众人大为惊喜的方案。那就是利用前端轴承盖及推力轴瓦已被拆卸的轴承座，将一个用型钢焊接的支撑架安装其上，再去农机厂借用带有四方刀架的车床小拖板，无需对传动轴系统做其他任何处理，就可如图1-49所示直接车削被磨损的推力环承载端面。至于轴的转动，笔者建议找一台配有平皮带轮的小电动机，用轴上飞轮作为从动轮以驱动传动轴旋转。

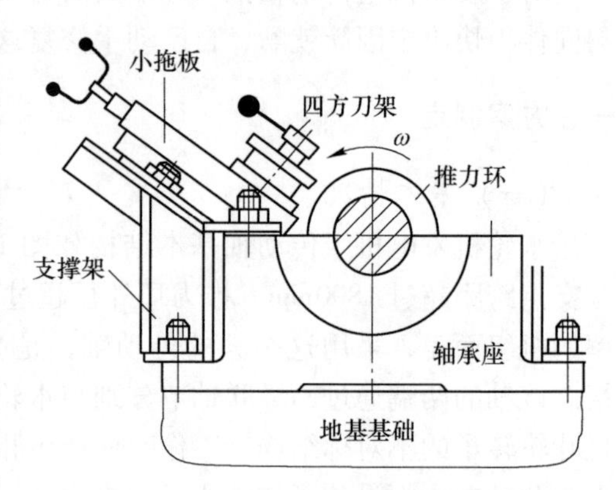

图1-49　推力环现场修复方案

水电站领导和工人师傅一致赞同笔者的分析与设想，其中一个师傅还马上表态，先不用电动机和传动带，而是直接开启水轮机驱动传动轴转动。

听到这位电站师傅用以拖动传动轴旋转的最简方案建议，笔者和同事很受鼓舞，当即与电站几位师傅协调配合，现场测定尺寸、现场切割槽钢和角钢，将其组合焊接成支撑架，用螺栓固定于传动轴前轴承座一侧后，再用螺栓将农机厂金工车间主任及时送来的车床小拖板底盘固定在支撑架斜板上。一切安装到位后，再用百分表校正小拖板移动方向，以使四方刀架的位移相对传动轴轴线的垂直度误差不超过0.01mm。

为防止水轮机转子附加轴向力对切削过程造成不利影响，决定在传动轴后轴承座发挥正常功能前提下，用螺栓将传动轴与发电机轴上的两个半联轴节紧固为一体，以确保车削时轴系无轴向位移。

二、修复效果

修复开始，笔者选用高速钢车刀，自己刃磨、自己上机操作。首先调整车刀位置，以使切削厚度控制在0.3mm以内，然后凭手感缓慢均匀转动车床小拖板手柄来控制进给量，以期尽可能保证被加工表面平整光滑。一刀行程走完，推力环承载面的磨损层被完全去除。事后启动水轮机以较高转速驱动传动轴，由笔者的那位同事用细砂布仔细打磨并不时用百分表检测。前后不到两天，传动轴的修复工作全部结束。

紧接着，水电站工人师傅连夜加班加点，重新给滑动轴承瓦背熔敷巴氏合金轴承衬并反复刮配。组装后一次试车，发电机即能满负荷供电。

在水轮机发电机组寿命周期内，对其滑动轴承系统进行数次维修是很正常的。但其异常之处在于过度磨损的部位主要是传动轴推力环的推力端面，今后很可能还会因为温升超标再次出现类似问题。为此笔者建议，现场使用的润滑油一定要具有很高的清洁度。如若温升居高不降，一定要对传动轴前端轴承座进行简单而实用的改造，使轴承座内的润滑油实现循环润滑。只要推力端面处有润滑油不断流过，摩擦副间的热量就会随时被带走而不会再积蓄下来，轴承座温升超标的现状就可完全根除。

✦ 分　析 ✦

相对于水轮机发电机组传动轴推力环端面的磨损而言，矫直辊辊圈表面及发动机凸轮轴螺旋齿轮齿面的磨损机理则要复杂得多。通过摩擦副间的接触应力分析计算结果来寻找控制磨损的途径很有现实意义。

一、矫直辊异常磨损分析

为什么辊圈表面的过早磨损失效只发生在上排矫直辊？这是因为，重型钢轨的轨底宽度约为轨顶宽度的3倍（见图1-50）；同时由于最初热轧成型的钢轨顶面并非为完整平面，致使上排辊圈表面与轨顶的接触处于局部线接触甚至点接触状态。相对于钢轨底面与下排辊圈总是维持完整线接触而言，上排矫直辊圈抗接触疲劳的能力就明显低于下排辊。

另一方面，矫直时产生的大量摩擦热将使上排辊的局部区域具有高得多的温度，在使其表面金属极易剥落的同时，从钢轨表面脱落的氧化皮也极易粘焊在上排辊面而出现连续堆积现象。

由以上分析可知，降低上排矫直辊圈的接触应力是提高其使用寿命、附带获得良好降噪效果的关键。但问题是，钢轨顶面的几何尺寸与形状不能变更，上排矫直辊所受径向反作用力也不可能减小，因此削减上排辊圈接触应力的有效途径，集中到一点就是，通过成型或仿型车削方式改变上排辊圈回转廓线的形状。

根据赫兹应力计算式[17]：

$$\sigma_{\mathrm{H}} = \sqrt{\frac{\dfrac{F_{\mathrm{n}}}{b}\left(\dfrac{1}{\rho_1} \pm \dfrac{1}{\rho_2}\right)}{\pi\left(\dfrac{1-\mu_1^2}{E_1} + \dfrac{1-\mu_2^2}{E_2}\right)}} \tag{1-33}$$

不妨将上排 4 个矫直辊统一加工成图 1-51 所示的形状，其辊外廓线上的内凹圆弧半径 R 应稍大于钢轨轨顶横截面两侧的外凸圆弧半径，而挡圈间距 H 则应稍大于钢轨轨顶宽度。这样既增大了式（1-33）中的接触线长度 b，而且将式中的“±”改写为“-”，这就有效地减小了辊面的赫兹接触应力 σ_H。

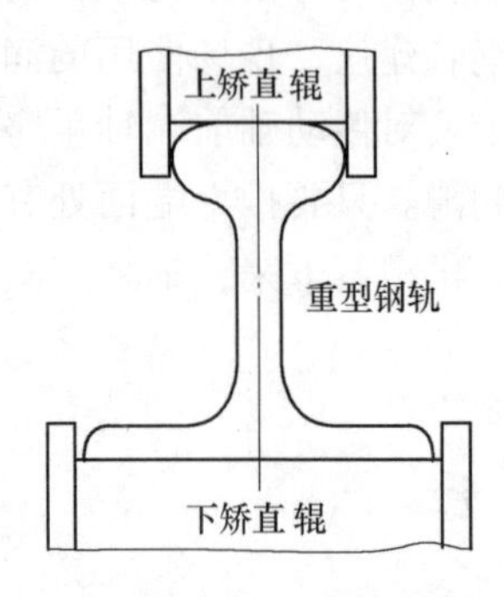

图 1-50　钢轨立式矫直图

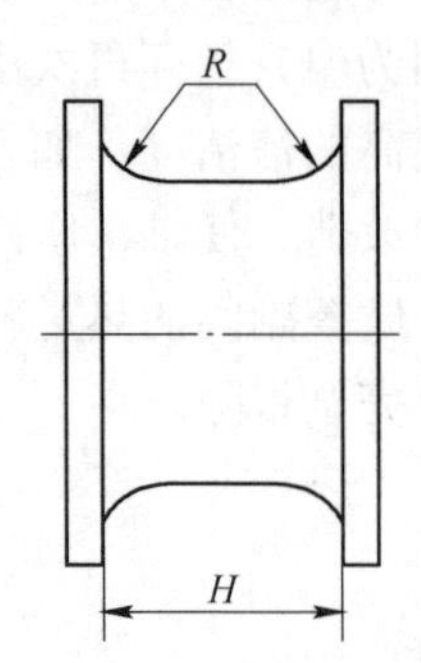

图 1-51　抗磨矫直辊

为了支持上述设想，笔者设计了模拟磨损实验和摩擦副试件。

实验装置为 M200 型磨损试验机，试件材料有 45 优质钢和 40Cr 合金钢两种，上、下试件配对如图 1-52 所示。其中长条形的上试件固定于试验机的加载臂上，而下试件由试验机主轴带动做单向匀速转动，两试件间的法向载荷通过调整加载臂上的弹簧系统而获得。借助精密天平称量试件实验前后的质量，即可求出上、下试件相互摩擦期间各自的磨损量。表 1-7 给出了在普通机油润滑条件下几种试件配对实验的磨损量测定值。实验结果表明，按图 1-51 加工上排矫直辊“孔型”廓线，将具有极高的经济价值。

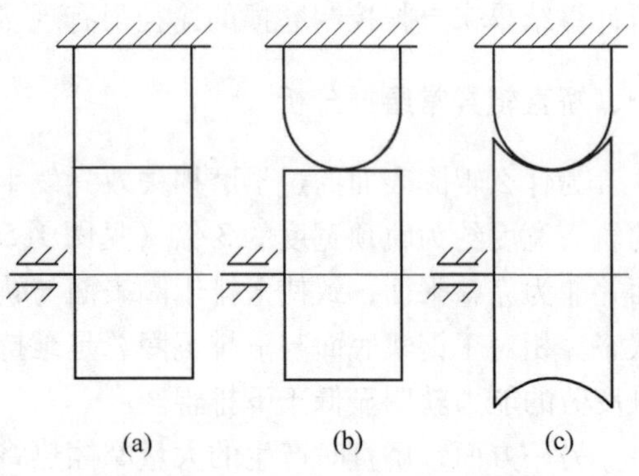

图 1-52　磨损实验试件配对

（a）线接触；（b）点线接触；（c）点弧接触

表 1-7　辊-轨模拟磨损实验数据[23]

试件配对类型	法向载荷/N	材　料	试件转动总转数	上试件磨损量/g	下试件磨损量/g
a	1000	45	142170	0.0549	0.0361
b	380	45	4699	0.0387	0.1189
	380	40Cr	38	0.1006	0.2864
c	380	40Cr	142969	0.0018	0.0049

二、螺旋齿轮副的异常磨损分析

最初，笔者所见五菱柳机发动机凸轮轴齿轮异常磨损状况如图 1-53 所示。为获得更多信息以利于分析，首先必须深入现场进行实地考察。

与企业约定后，笔者在教研室一位同事的陪同下带上几个学生到五菱柳机质检部的检测陈列室，与厂方技术人员进行现场交流。

（一）基本情况

实地观察圆柱螺旋齿轮副的安装状况并测量其几何参数。

原来，为了尽可能不使机油泵及其传动系统占用过多空间，设计者便采用螺旋齿轮副将相错角为90°的发动机凸轮轴和机油泵驱动轴直接联接到一起（见图 1-54）。图中，凸轮轴齿轮材料为灰口铸铁或球墨铸铁，在其工作早期，齿面沿啮合方向即出现严重的刮削伤痕与深沟（见图 1-54）；而当汽车行驶总里程接近 5000km 时，轮齿的整个工作齿高甚至被完全磨损掉。机油泵驱动轴齿轮材料为 20Cr，轮齿表面硬度为 HRC62，其磨损程度则相对轻微。

图 1-53 凸轮轴齿轮早期磨损

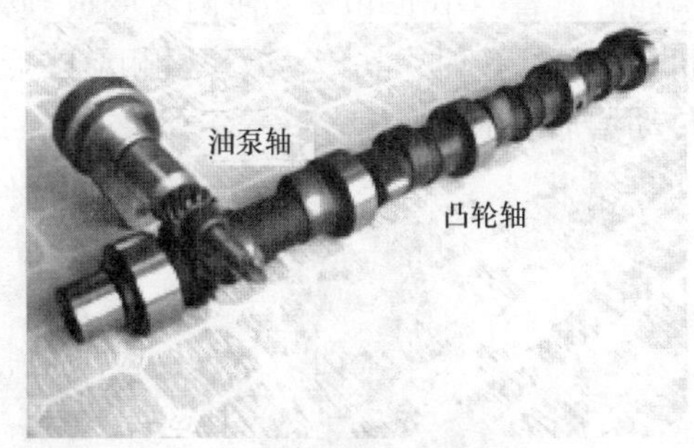

图 1-54 491Q 发动机中螺旋齿轮

根据厂方提供的数据并结合现场测量，得知圆柱螺旋齿轮副的参数为 $m_n = 1.5875\text{mm}$、$\alpha = 14.5°$、$z_1 = z_2 = 13$、$\beta_1 = 60°$、$\beta_2 = 30°$、$d_1 = 41.28\text{mm}$、$d_2 = 23.83\text{mm}$、$a = 32.5\text{mm}$，参数代号中的脚注 1 代表凸轮轴齿轮，2 代表机油泵驱动轴齿轮。其中，齿轮模数和压力角都不符合 GB 标准。据五菱柳机质控部主管介绍，该传动结构是加拿大籍工程师设计的，显然采用的是径节制标准。其径节 $D_P = 16$，换算成模数即变成非标准值。而机油泵的动力参数则为：转速 $n = 2300\text{r/min}$、机油的出口压力 $p = 490\text{kPa}$、相应的油流量 $Q = 21\text{L/min}$。由此求得作用在机油泵驱动轴上的转矩 $T = 830\text{N}\cdot\text{mm}$，而在啮合节点处，计算出凸轮轴齿轮轮齿所受法向力为[23]：

$$F_n = \frac{2T_1}{d_1\cos\alpha_{t1}\cos\beta_{b1}} = 83\text{N}$$

（二）初步判断

从外观上看，LJ491Q 发动机凸轮轴-机油泵圆柱螺旋齿轮副中单个齿轮与斜齿圆柱齿轮无异。无论是齿廓曲面的形成原理还是几何尺寸的计算方式，斜齿圆柱齿轮与螺旋圆柱齿轮完全相同。正确啮合传动时，两种齿轮副间的法面模数和法面压力角都应当分别相等；唯一的差别在于螺旋角之和的大小。当 $\beta_1 + \beta_2 = 0(\beta_1 = -\beta_2 \neq 0)$ 时，两齿轮构成斜齿圆柱齿轮副；若 $\beta_1 + \beta_2 \neq 0$，则构成螺旋齿轮副。

螺旋齿轮副可以实现交错轴间的运动与动力的传递。在工程实际中，交错轴间夹角多为 $\Sigma = \beta_1 + \beta_2 = 90°$。但在这种情况下，齿轮啮合的每一瞬时，齿面呈点接触状态，因此会产生较大的接触应力。

有人或许会问：蜗杆蜗轮两轴间不也是相错 90° 吗，为何其磨损并不剧烈？理由很简单。首先如图 1-55 所示，两者接触状况存在明显差异，蜗轮外圆加工成喉圆状，大幅增加了蜗杆蜗轮齿的线接触长度。其次，前人系统完整的经验可供蜗杆蜗轮机构设计者参考，两者材料的选择可确保蜗杆齿面硬而蜗轮软，绝对不会出现相反的情形。但是，实际的 LJ491Q 发动机螺旋齿轮副则不然。虽然其传动比等于 1，但主动的凸轮轴齿轮直径明显较大，而作为从动的机油泵驱动轴齿轮，其直径小了 40%，使两者变成理论上的增速传动机构。不难证明，同一机构用于增速时，其传动效率会相应降低，即主动轮轮齿会受到更大的阻力，给传动增加了困难。

(a)

(b)

图 1-55　螺旋齿轮副与蜗轮副对比

（a）螺旋齿轮副；（b）蜗轮副

（三）理论计算

为找出发动机螺旋齿轮副早期异常磨损的原因，针对该齿轮副的实际啮合状况，从理论上计算齿轮啮合节点处的齿面接触应力是十分必要的。

根据企业提供的灰铸铁-合金钢材料配对信息，有相应的泊松比和弹性模量分别为：

$$\mu_1 = 0.25, E_1 = 1.4 \times 10^5 \text{MPa}; \mu_2 = 0.30, E_2 = 2.0 \times 10^5 \text{MPa}$$

在螺旋齿轮副的局部接触区域，可近似将两齿廓视为一对椭球如图 1-56 所示[24]。图中 R_i 和 R_i' $(i = 1,2)$ 分别为两椭球的主曲率半径，其中 $R_i(i = 1,2)$ 可从位于齿廓的法面上量取。按文献［25］所给的计算公式有：

$$R_i = \frac{d_i \sin\alpha_{ti}}{2\cos\beta_{bi}} \quad (i = 1,2) \tag{1-34}$$

而 $R_i'(i = 1,2)$ 则应在与法面相垂直的平面上量取。为获得更精确的 R_i' 计算值，笔者通过渐开线螺旋齿廓曲面与过节点的切平面相交关系求解确定之。

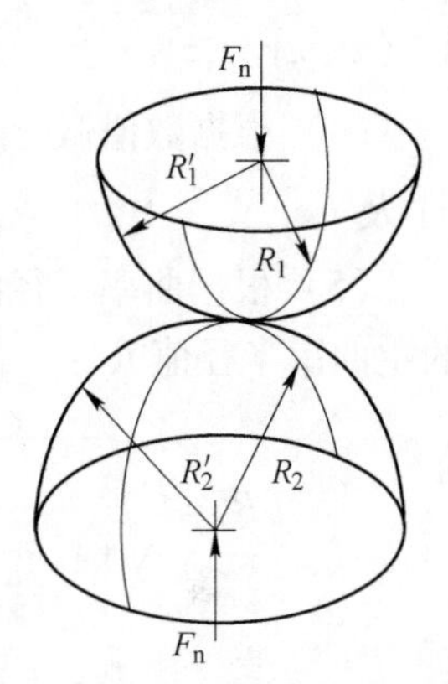

图 1-56　两半椭球接触

圆柱齿轮渐开线螺旋面方程为[26]：

$$\begin{cases} x_i = r_{bi}[\cos(\theta_i + \varphi_i) + \varphi_i \sin(\theta_i + \varphi_i)] \\ y_i = r_{bi}[\sin(\theta_i + \varphi_i) - \varphi_i \cos(\theta_i + \varphi_i)] \\ z_i = \dfrac{h_i}{2\pi}\theta_i \end{cases} \quad (i = 1,2) \tag{1-35}$$

式中，h 为螺旋线导程；θ 和 φ 为两个以弧度为单位的角度参数，并且 θ 和 φ 的取值范围分别为：

$$\begin{cases} \theta_i \in \left(0, \dfrac{2b_i \tan\beta_i}{d_i}\right) \\ \varphi_i \in (0, \tan\alpha_{ati}) \end{cases} \quad (i = 1,2)$$

式中　b——齿轮宽度，且有 $b_1 = b_2 = 12\text{mm}$；

β——齿轮分度圆柱螺旋角；

d——齿轮分度圆柱直径；

α_{at}——齿轮齿顶圆端面压力角。

设想过圆柱螺旋齿轮副节点，并与某一齿轮基圆柱相切的切平面方程可以表示为：

$$a_i x_i + b_i y_i + c_i z_i + s_i = 0 \quad (i = 1,2) \tag{1-36}$$

联立方程并应用数值法，可求出齿廓渐开线螺旋面（式（1-35））与切平面（式（1-36））交线上任一点处的曲率半径。其求解步骤一般为：

（1）根据已知条件确定交线上某点 A_j 的坐标 $A_i(x_j, y_j, z_j)$，由此计算出该点在渐开线螺旋面上的角度 θ_j。

（2）取适当步长 $\Delta\theta$，得到当 θ_j 前进两个及后退两个步长后的 θ_{j-2}、θ_{j-1}、θ_{j+1} 和 θ_{j+2}（$\theta_{j-2} = \theta - 2\Delta\theta$、$\theta_{j-1} = \theta - \Delta\theta$、$\theta_{j+1} = \theta + \Delta\theta$、$\theta_{j+2} = \theta + 2\Delta\theta$）。

（3）分别由 θ_{j-2}、θ_{j-1}、θ_{j+1} 和 θ_{j+2} 确定其所对应的渐开线螺旋面与平面交线上点的坐标 $A_{j-2}(x_{j-2},y_{j-2},z_{j-2})$、$A_{j-1}(x_{j-1},y_{j-1},z_{j-1})$、$A_{j+1}(x_{j+1},y_{j+1},z_{j+1})$ 和 $A_{j+2}(x_{j+2},y_{j+2},z_{j+2})$。

（4）根据数值微分五点公式[27]，可计算出 A_j 点以 θ_j 为参数变化的（$\dot{x}_j,\dot{y}_j,\dot{z}_j$）及（$\ddot{x}_j,\ddot{y}_j,\ddot{z}_j$）。

（5）根据曲率半径的表达式[26]求出齿廓渐开线螺旋面和切平面交线上点 A_i 的主曲率半径值 R_i'：

$$R_i' = \sqrt{\frac{(\dot{x}_i^2 + \dot{y}_i^2 + \dot{z}_i^2)^3}{(\dot{x}_i^2 + \dot{y}_i^2 + \dot{z}_i^2)(\ddot{x}_i^2 + \ddot{y}_i^2 + \ddot{z}_i^2) - (\dot{x}_i\ddot{x}_i + \dot{y}_i\ddot{y}_i + \dot{z}_i\ddot{z}_i)^2}} \tag{1-37}$$

按上述步骤编出相应计算程序后，根据齿轮副实际参数可由式（1-34）和式（1-37）求得轮齿节点处的主曲率半径为：

$$R_1 = 17.40,\quad R_1' = 352.50$$

$$R_2 = 3.90,\quad R_2' = 211.00$$

在获得相关力能参数和几何参数之后，笔者以文献［24］为依据，在不考虑摩擦情况下求得 LJ491Q 发动机圆柱螺旋齿轮副齿面的接触应力为[23]：

$$\sigma_{\text{Hmax}} = 1130\text{MPa}$$

如果考虑齿轮副啮合时的实际摩擦状态，这一计算结果应至少增加 25%[28]。显然，如此恶劣的啮合条件绝对不是极限疲劳接触应力仅为 $\sigma_{\text{Hlim}} = 860\text{MPa}$[25]的灰铸铁-合金钢配对材料所能承受的。

（四）改进设想

1. 了解原因

LJ491Q 发动机凸轮轴齿轮严重磨损失效的一个重要原因是设计者考虑问题似欠周全。首先是螺旋角分配不甚合理，其次是材料搭配不当。

在要求凸轮轴-机油泵驱动轴传动比 $i = 1$ 的前提下，选定 $z_1 = z_2 = 13$ 基本符合设计原则，但将两轮螺旋角分别定为 60° 和 30° 就未必合理。这不仅使两轮直径相差较大，形成了理论上效率更低的增速传动；而且会在传动起始之初，齿面间产生很大的相对滑动加速度，软齿面来不及被冷作硬化就会被刮擦而出现伤痕。由此可以有把握地断定，小齿轮的材质与硬度都要优于大齿轮的传统观念就不适于此处的螺旋齿轮传动。当然，如果两轮不仅传动比为 1，而且其直径、材质以及齿面硬度都相等或接近相等，那么就不会发生如此严重的主动轮轮齿磨损问题。

或许设计者会说，凸轮轴齿轮螺旋角取为 60°，可较多增大其直径以利于滚齿。但是，减小螺旋角同样利于滚刀避让凸轮或凸轮轴的其他部位。

此外，制造精度方面的问题也值得重视。例如有关单位实际测得多个机油泵驱动轴齿轮螺旋角β_2在$58°50' \sim 60°$的范围内波动。这就意味着，两个齿轮组成的螺旋齿轮副的理论交错角就很难等于$90°$。

据五菱柳机质控部梁部长介绍，凸轮轴齿轮与机油泵驱动轴齿轮由两家供应商分别生产，由此导致$\beta_1 + \beta_2 \neq 90°$的结果只会雪上加霜。这一无法避免的两轴相错角安装误差一定会加剧齿面的磨损。

2. 改进建议

（1）重新计算齿轮尺寸。如果有必要采用现有结构，最好按公制标准重新设计齿轮副。例如齿数不变而取模数$m_n = 1.75\text{mm}$、压力角$\alpha_n = 20°$、螺旋角$\beta_1 = \beta_2 = 45°$，则两轮分度圆直径完全相等且为：

$$d_1 = d_2 = 32.17\text{mm}$$

然后正变位确保实际中心距$a' = 32.5\text{mm}$。

另外一个取值方案的依据是：

$$a = \frac{m_n}{2}\left(\frac{z_1}{\cos\beta} + \frac{z_2}{\sin\beta}\right) \tag{1-38}$$

当取$m_n = 1.75\text{mm}$，$\alpha_n = 20°$，$z_1 = z_2 = 13$时，只需使$\beta_1 = 49°41'20''$、$\beta_2 = 40°18'40''$就可在不变位情况下保持中心距仍为$a = 32.5\text{mm}$。主、从动齿轮分度圆直径分别为：

$$d_1 = 35.17$$

$$d_2 = 29.83$$

两者尺寸相差不大，有利于人们选择材料配对并使两轮使用寿命接近相等。

（2）正确选择材料配对。当$\beta_1 = \beta_2 = 45°$且分度圆直径相等时，两轮材料及热处理方式应完全相同，齿面硬度不低于HRC50；当$\beta_2 = 40°18'40''$时，两轮材料及热处理方式可以有些差别，凸轮轴齿轮的齿面硬度可适当高于机油泵驱动轴齿轮，即以略高于HRC55为限。例如按文献［29］的建议，选择硼化钢-硼化钢或者淬硬钢-淬硬钢的材料配对，其接触疲劳强度就有一定的安全裕度。

（3）控制齿轮加工质量。首先，应尽可能实现螺旋齿轮副的配套滚齿与整体供货，以确保$\beta_1 + \beta_2 = 90°$；或者尽可能根据螺旋齿轮副的成对选配结果进行装配。其次，齿面硬度与粗糙度不应低于图纸要求。

（4）改善螺旋齿轮副的润滑条件。与蜗杆蜗轮副一样，螺旋齿轮副传动时，齿面间的相对滑动速度大，极易发热和磨损，因此科学润滑极为重要。润滑不仅仅是单纯的加油，润滑是一门高深的学问。如能按文献［7］所介绍的方法解决好润滑设计问题，就可在一定程度上降低齿面的实际接触应力，有效减少摩擦并提高传动的效率，进而大幅减少磨损。

✦ 点　评 ✦

自然界摩擦无处不在，人类社会中的一切机械都存在摩擦问题。摩擦必然导致磨损。磨损是相互接触且做相对运动物体的表面部分材料所发生的一种迁移现象。人类社会中各种人造材料的损耗主要源于磨损。

组成运动副的机械构件或零件会因为磨损而失去原有的理想形状，从而降低运动传递的精度，降低其抵抗外力的能力，造成机器的整体失效，更多地消耗大量宝贵的材料和能源。

尽管上述三例重要零件的磨损事件发生在不同地区、不同年代并且具有明显不同的磨损背景，但其磨损状况的严重性都是一样的。此外，经过人们的主观努力，严重的磨损都是有可能大幅减少的。例如，对水轮机发电机组传动轴推力环端面，只要保证清洁油液循环润滑地足够通畅，就一定能有效延长其使用寿命。而控制矫直辊或螺旋齿轮副的超常磨损，则必须重点控制摩擦副的表面接触应力。以赫兹应力计算式为理论依据，结合重型钢轨矫直实际或螺旋齿轮副的工作环境，分别采取措施改变矫直辊的回转廓线形状或螺旋齿轮副的部分参数并调整其材料配对，就可较大幅度降低两者的接触应力。对于钢轨矫直而言，不仅利于矫直辊使用寿命的延长，还能附带控制严重的噪声污染；对于螺旋齿轮副，不仅能大幅减少用户退货的可能性，而且能确保行车安全。无疑，这都是设计技巧与工艺技术的创新。

表 1-7 所列数据清楚地显示，改变相互接触构件两表面的几何形状具有重要的实用价值。表中还显示，在同样条件下，合金钢的抗磨损能力不及优质碳素钢。用 40Cr 合金钢制作的点线接触摩擦副试件，仅仅运转 38 圈就发生剧烈磨损与强烈振动，以致被迫立即停止磨损实验。这是因为合金钢对接触表面局部区域的高峰值应力更为敏感，因而易于发生表面金属的剥落磨损。这也就意味着，材质为 9CrSi 合金钢的矫直辊圈表面受局部高峰值应力作用时也就同样易于发生表层金属的剥落。事实上，上排矫直辊的接触应力远大于下排矫直辊，故此必然导致上排矫直辊圈的提前磨损失效。

当然，合金钢的抗接触疲劳强度极限超过优质碳素钢，在正常应力条件下，合金钢具有更大的承载能力。但需注意的是，如若在极端恶劣的承载环境中工作，必须通过合理的热处理以提高合金钢构件的综合机械性能。这些数据和观点对今后改进螺旋齿轮副的设计同样很有借鉴作用。

现代企业生产中仍然会发生出乎设计人员意料的零件过早磨损失效问题。发生这种事故性磨损的原因多是选材不当、润滑设计不合理、对零件工作时载荷分布恶化状况估计不足或者某种突如其来的事故让人无法预先防范等等。尽可能延长机械零件稳定磨损阶段的时间、减少甚至消除人类生产活动中的各种异常磨损，是现在和将来机械工程师们义不容辞的重要任务。

“机械设计”课程教材介绍了机械零件磨损的类型与一般规律，但这不是今后足以解决和处理机器磨损问题的万能钥匙。从上述案例可知，有效减缓磨损或攻克涉及磨损问题的技术难关，必须重点了解摩擦副的几何尺寸、几何形态、材料配对以及力能传递方式等关键信息，然后在正确理论，即经实践检验为正确的前人导出的计算公式或准则指导下，大胆提出自己的见解；必要时设计可行的实验来验证自己的设想，为自己及团队实现攻关目标或为他人实施减磨技术改造提供可靠的依据与借鉴。

✦ 口　诀 ✦

摩擦磨损两相连，表层材料易移迁；
接触挤压控形貌，限制应力在事先。

✦ 思　考 ✦

（1）磨损分为哪几个阶段？LJ491Q 发动机螺旋齿轮副的异常磨损过程是否仍然经历这几个阶段，如何用图线描述？

（2）为什么说控制接触应力是控制磨损的最佳途径？

（3）圆柱斜齿轮副与圆柱螺旋齿轮副有何异同？当模数 m、齿数 z_1 和齿数比 u 都相同时，圆柱斜齿轮副与圆柱螺旋齿轮副中的主从动轮大小是否一样，为什么？

［案例 1-5］ 企业生产中的机械设备润滑问题

◆ 目 的 ◆

润滑是工程界的一项重要技术措施，是摩擦学的重要研究内容之一。现代社会的一切机器都离不开润滑，因为这是减少摩擦、散放热量、控制磨损、吸收振动与冲击、降低噪声和防止锈蚀的有效途径。特别是高速运转的机械设备或重型机械准备，润滑更是确保其稳定运转的关键。此案例旨在帮助同学们认识和全面了解润滑及润滑剂的基本功能；切实懂得机械设备的维护要从润滑开始，充分利用现代润滑技术以显著提高机器的使用性能、工作寿命并减少能源消耗[30]；同时通过实例强调，机械工程学科的摩擦与润滑分支尚有许多未知领域等待有识之士深入探索与研究。

◆ 背 景 ◆

一、空气锤气缸内活塞环被卡

1969 年新年刚过，笔者大学毕业后被分配到贵州省的长顺县农机厂当工人。负责接待的县委组织部和农机厂领导都对笔者寄予厚望。

笔者很快获知，长顺农机厂于 1958 年组建，最初称作农具厂，仅有一套手动搬转俗称“猴子炉”的化铁炉、两台简易皮带车床和几盘红炉，以生产锄头、镰刀和犁铧等小农具为主业。直到 1960 年，锻工车间才进了一台 60 公斤空气锤。这就极大地减轻了工人们抡大锤打铁的劳动强度，领导和工人如获至宝，锻工师傅们轮流负责加油润滑并细心维护保养。

轮到一位基本不识字的锻工负责维护保养时，竟然未给位于空气锤气缸体上方的油箱加油，致使空气锤连续使用后缸体发热超过限度，活塞环被卡，严重拉伤气缸内壁表面，锤头无法继续正常击打工件。

空气锤气缸等受损而被迫停止使用，锻工师傅们只得重新手抡大锤打制小型农具，偶遇稍大些的锻件，就基本无能为力或者过多地延误工期。

后来报请上级批准，将空气锤主体运往贵阳，重新镗缸、重新配装活塞环，才使这台空气锤重新发挥作用。

这位锻工造成较大经济损失的错误从反面“教育”了全厂职工，每个工人都由此懂得应该如何认真擦拭机器，细致地做好各种机器设备的涂油、注油等润滑工作。

二、龙门刨铣床导轨发热损坏

20世纪70年代中期，在长顺农机厂金工车间的一次会上，笔者的一位贵州惠水籍同事以其亲自了解的事例来强调疏于润滑后果的严重性。

原来，事件发生在险峰机床厂。该厂距贵阳52km，位于惠水县城之北3km处，主要产品为无心磨床，其规模与名气都很大，是当时国家第一机械工业部的部属企业。

当时该厂新进的一台龙门刨铣床，由来自无锡的一位老师傅操作，不久领导指定一位新工人跟其当学徒。

当时，龙门刨铣床是国有大型机械制造工厂才有资格拥有的大型装备。对于国家部委所属的企业，这种装备通常属于部管设备，涉及该设备的技术文件资料等都要在相应部委存档。

能开这类重要机床，在那时是很值得自豪的事。可是不久却发现机床导轨有明显烧损痕迹，初步判断由润滑不良引起。该机床导轨局部被烧损，工厂根据规定，立即封存设备并报告第一机械工业部并等待处理，厂保卫部门也随即按程序开展调查工作。

三、微型汽车差速器异响

2011年5月，位于柳州的上汽通用五菱公司技术中心张主任邀请笔者参与会诊微型汽车行驶中的异响问题。教研室同事罗玉军老师和机械系实验室申主任陪同笔者多次前往考察。

其实，汽车发生异响的部位主要是差速器。在倒挡或下坡行驶挂空挡时，异响就有可能形成。虽然汽车倒车出现异响不是该公司产品极为普遍的现象，但因用户为异响投诉并要求退换事件时有发生，给企业造成了很大压力。为此，企业一再强调提高差速器零部件的加工及整体装配质量，无形中增加了生产成本。对此笔者建议，无须超标准提高零部件加工精度，而是应该考虑把改进重点放在差速器润滑上。

企业质检部门将笔者配制的润滑油按比例加入一辆汽车的差速器中，路试时请来两位专门负责“听声”的技师一起同行，两位技师反映“的确有一些降噪效果”。但笔者认为，这台实验车辆的异响并不突出，并且又无仪器提供可量化的测试数据，只凭人为主观感觉下结论是不科学的。

笔者与申主任等先后数次进入五菱公司的相关车间，观察差速器的装配、检测与调试过程，发现少数被更换的差速器第一级减速齿轮非常规工作齿面有较多的磨损痕迹，说明这就是某些差速器发生异响的关键。

✦ 分　析 ✦

一、滑动副缺油磨损失效分析

空气锤是在压缩空气作用下实现锤头的提升、下压、空转、击打甚至快速击打的。在其工作过程中，锤头上方的活塞与缸体组成圆柱状移动副，为保证气密性，活塞上套有多个活塞环。

龙门刨铣床工作台的往复运动也是受移动副约束的结果。只是其行程更长、承载能力更大、精度也更高。

从图 1-57 可以看出机床床身静导轨的基本形式：其一侧为槽面、另一侧为矩形凹平面。工作台底面的动导轨则由一侧的 V 形凸起和另一侧的长条窄矩形凸平面组成。静、动导轨面通过直接接触组成滑动导轨副。只有使静、动导轨具有足够高的几何精度，才能确保工作台的运动精度。

机械原理教材指出，槽面摩擦大于平面摩擦。就图 1-57 所示的工作台导轨副而言，如果设槽形静、动导轨的槽形角 $2\beta = 90°$，那么槽面摩擦系数就是平面摩擦系数的 1.4 倍以上[4,5]。由此可知，一旦槽面导轨缺油，就会产生远大于平面导轨的摩擦，在巨大的工作载荷作用下，导轨副所集聚的大量摩擦热会使局部接触区域发生熔焊，随后受强大动力驱动而撕裂，这就是导轨副所形成的烧损。

图 1-57　龙门刨铣床及床身静导轨

险峰机床厂操纵龙门刨铣床的师徒二人，在机床润滑方面心存麻痹，特别是徒弟更加缺乏对有关摩擦理论的理解，在需要重点加油润滑的部位未能及时加注充足的润滑油，最终引发导轨烧损事故。

空气锤中圆柱形立式移动副不存在来自外部的径向力作用。活塞-锤头上下运动时，活塞环的张力对摩擦系数的增加会有一定影响，但由于其自然收缩性使得摩擦系数不会比平面摩擦大很多。但是由于往复运动速度远远超过龙门刨铣床工作台，润滑油的供应中断会使摩擦热迅速聚集，致使移动摩擦副温度急剧上升，整体尺寸最小的活塞环的体积因此膨胀最快，气缸壁作用于活塞环的法向反力也会迅速增加，移动副的当量摩擦系数将远大于平面摩擦。此时推动活塞运动的压缩空气驱动力，已经无法克服活塞环与气缸内壁之间的摩擦阻力。继续强行驱动，活塞的微动只会造成活塞环的断裂或者缸体内壁的严重损伤。

过去，机床静、动导轨面往往通过人工刮研来获得很高的接触精度，由此以降低导轨面的局部高峰接触应力、提高表面储油能力，改善润滑条件。

可是，那时的设计人员不太重视大型机械设备的润滑设计问题，致使不少重要装备的开式传动部位都以人工定期注油方式为主要润滑手段。

随着中国社会和科学技术的不断迅速进步，润滑及润滑设计越来越受到设计者的关注。即使是非封闭甚至完全开放型的传动系统，如塑料机械中的肘杆机构、工程机械中的连杆机构等都很重视自动供油系统设计。现在，大型机床的滑动导轨副基本都是通过循环润滑系统实现自动供油的。这就基本排除了出现人为疏忽或过错的可能性。今后，在新技术的支撑下，对重要机械设备润滑系统的实时监测与管理将会更加科学与合理。

二、差速器异响分析

现场感觉到，差速器主减速齿轮副是异响的最主要根源。该对齿轮多为图1-58所示的格里森齿轮。图中小齿轮1通过传动轴与汽车变速箱输出轴相连，大齿轮2则与差速器行星轮架固联为一个整体。汽车前进时，减速齿轮副的转动方向如图所示。这一转向就是所谓的正转方向，即小齿轮曲齿的凹侧齿廓与大齿轮的凸侧齿廓共轭，两者均为常规工作齿廓。

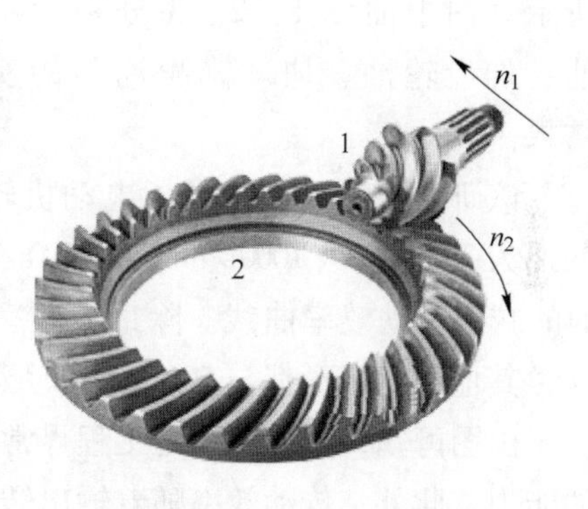

图1-58　曲齿伞齿轮副及正转方向

汽车倒车时，主动小齿轮1和从动大齿轮2的转向都会相反，工作齿廓变为小齿轮的凸侧和大齿轮的凹侧，即为非常规工作齿廓。由于制造方面的原因，格里森齿轮的非常规工作齿廓间的啮合精度相对较低。传动时不仅效率低，而且容易出现较多的不正常现象。

若汽车在较长距离的下坡路段挂空挡滑行，那么图1-58中齿轮的主、从关系就会发生颠倒。齿轮2会在惯性的作用下，成为顺时针转动的主动轮，其凹侧齿廓将驱动小齿轮的凸侧齿廓转动。此时，与汽车倒车一样，都是非常规齿廓工作，因而就有可能出现异响或齿面发生异常磨损等问题。

✦ 试　　验 ✦

笔者曾向五菱技术中心张主任建议："无须超标准提高差速器主减速齿轮副

的加工精度，而是应该考虑把改进重点放在润滑上”。为了验证这一观点，笔者指导自己的研究生开展了系统的实验研究。

一、圆柱齿轮副传动效率测试实验[31]

为验证降噪油在提升齿轮传动效率中所起的作用，并为改善格里森齿轮非常规工作齿廓间的摩擦性质选配几种合适的降噪润滑油，笔者一位 2011 级研究生利用实验室现成的效率测试装置进行了反复的测试实验。

先期的实验对象是一台圆柱齿轮减速箱，其传动比为 1.5，齿轮用塑料制成。按照电动机的不同转速、输出转矩和齿轮副润滑状态等条件安排实验。在电动机转速为 500r/min 时，所测得的传动效率随转矩变化的规律如图 1-59 所示。图中曲线 1、2、3 分别为不加油、加齿轮油、加“降噪油”的实验结果。

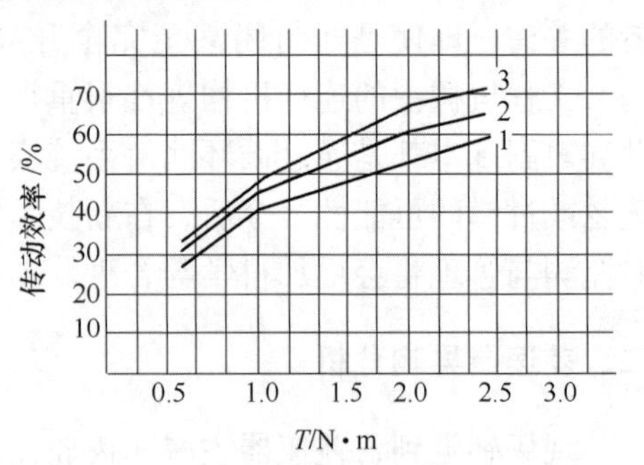

图 1-59　圆柱齿轮效率测试结果

(n = 500r/min)

1—未加油；2—齿轮油；3—降噪油

该研究生还测试记录了电动机转速分别为 750r/min 、1000r/min 和 1500r/min 时的减速传动效率曲线。除最大效率值随转速增加而相应增加的幅度有所减缓外，其他变化情形都与 500r/min 时大体相同。为节省篇幅而不在此列出。

由图可知，降噪油较之工程界常用的齿轮油具有更强的改善齿轮副摩擦状态的能力。此外，传动效率随着输出转矩的增加而增大。由于实验中的电动机和制动器功率都较小，加上齿轮减速箱主要为本科学生教学演示服务，其零件制造质量不会太高，因此其机械效率很难达到 80% 。但降噪油的增效功能还是基本得到了验证。

二、曲齿伞齿轮副传动效率测试实验

既然实际应用中的格里森齿轮两侧齿廓存在较大差异，那么能否通过润滑来改善其非常规工作齿廓的啮合状况或提高其传动效率呢？笔者决定以此问题作为该研究生的主要研究课题。

在学习了格里森齿轮的啮合、设计和制造原理方面的知识后，这位研究生根据笔者建议搭建了如图 1-60 所示的实验台。实验测试的对象是一对曲齿伞齿轮，因此测试装置成 90° 布置。

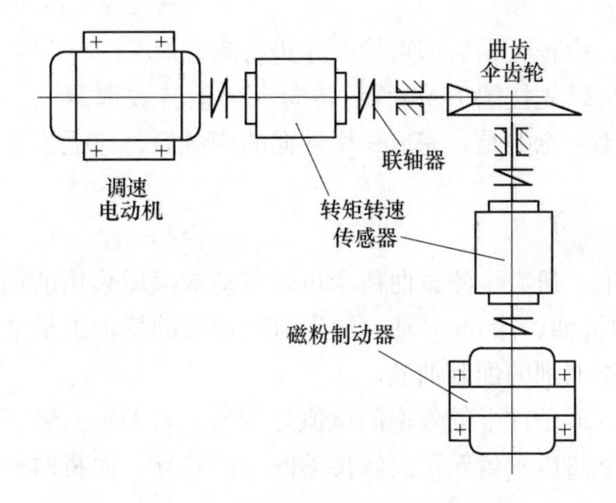

图 1-60 曲齿伞齿轮传动效率测试装置

（一）实验台参数

1. 测试对象-齿轮参数

曲齿伞齿轮副的参数主要是：模数 m 、齿数 z 、压力角 α 、分度圆直径 d 、锥顶距 R 、齿顶圆直径 d_a 、圆锥角 δ 和齿宽中点螺旋角 β_m ，其值分别为：$m = 1mm$, $z_1 = 14$, $z_2 = 35$, $\alpha_m = 20°$, $d_1 = 14$, $d_2 = 35$, $R = 18.85$, $d_{a1} = 15.58$, $d_{a2} = 35.87$, $\delta_1 = 21.8014°$, $\delta_2 = 68.1986°$, $\beta_m = 35°$ 。

由于该齿轮副是学生从其家中带来的，故其所用钢材种类不详。

2. 测试装置参数

电动机：YVF80M1-4 型变频调速三相异步电动机，额定功率 1.0kW，恒转矩和恒功率调速范围分别为 5 ~ 50Hz 和 50 ~ 100Hz。

转矩转速传感器：ZJ10 型，额定转矩 10N · m，0.2 级精度，转速范围 0 ~ 6000r/min。

磁粉制动器：法兰式 FZ-5 型，额定转矩 50N · m。

（二）实验方法与结果[32]

1. 实验中的润滑方法

图 1-60 中的曲齿伞齿轮因条件限制始终处于开式传动状态，因而不能采用浸油润滑方法。为防止油液四处污染，不宜让润滑油过多飞溅。故此采用涂油润滑方式较为合理。

由于实验期间需使用多种油液，为避免油液之间的相互渗透影响，每涂油一次并完成一组实验之后，在更换一种新的油液之前，都必须先用 97 号汽油仔细清洗齿轮副的全部轮齿，待齿轮干燥后再用无水酒精清洗一遍，最后用丙酮仔细清洗，直到齿轮干燥后再涂抹测试所用的新润滑油。

每次涂油后最好手动或启动电动机极低速转动，以使所涂润滑油能均匀分布到整个工作齿面。检查无误后即可按顺序进行实验。

实验时，既可以先按图1-58所示转向进行正转效率测试，也可以先做反转效率测试。但需要注意的是，完成一个转向的测试后，应适当补充涂油以进行换向的效率测试。

2. 实验结果

在笔者指导下，研究生测试曲齿伞齿轮传动效率所采用的润滑方式有：不涂油、涂20号普通机油、涂68号油、涂来自新加坡的特加力机油以及在上述各基础油中分别加入添加剂的配制油液。

每一种润滑方式条件下的效率测试值分别列于表1-8～表1-14中。为便于比较同一工况条件下曲齿伞齿轮正反转传动效率的差异，而将两种测试结果列于同一表中。

表1-8给出了不涂油时，曲齿伞齿轮正反转传动的效率对比值。

表1-8　不涂油时的传动效率——正转/反转　（%）

负载	电动机转速/r·min^{-1}				
T/N·m	500	750	1000	1250	1500
0.5	64.8/56.3	65.1/58.1	66.4/59.8	67.8/60.9	70.2/63.5
1.0	76.9/70.2	78.6/70.7	80.1/71.4	81.3/72.7	82.8/73.8
1.5	84.0/74.4	85.3/74.9	84.3/75.4	85.6/77.6	87.1/78.9
2.0	86.1/76.3	88.2/78.2	89.7/79.3	90.1/80.7	90.5/81.4

表1-9给出了涂20号机油时，曲齿伞齿轮正反转传动的效率对比值。

表1-9　涂20号油时的传动效率——正转/反转　（%）

负载	电动机转速/r·min^{-1}				
T/N·m	500	750	1000	1250	1500
0.5	65.7/58.1	66.4/59.3	67.5/60.8	68.9/61.9	71.4/64.6
1.0	78.2/71.4	79.7/71.9	81.2/72.7	82.6/73.7	83.9/74.9
1.5	85.8/76.2	86.4/76.8	86.6/77.6	86.7/78.5	88.5/80.1
2.0	87.5/77.8	88.9/79.5	90.6/80.4	90.8/81.1	91.2/82.5

表1-10给出了涂68号油，正反转传动的效率对比值。

表1-10　涂68号油时的传动效率——正转/反转　（%）

负载	电动机转速/r·min^{-1}				
T/N·m	500	750	1000	1250	1500
0.5	67.1/59.3	67.8/60.4	68.9/62.0	70.1/63.1	72.3/65.4
1.0	79.4/72.5	80.6/72.6	82.3/73.5	83.5/74.8	85.4/76.0
1.5	86.3/77.9	87.2/78.5	87.1/79.1	87.8/80.2	89.2/81.3
2.0	88.9/79.1	89.5/81.7	90.9/81.9	91.3/81.9	91.7/83.7

表 1-11 给出了涂特加力机油，正反转传动的效率对比值。

表 1-11 涂特加力机油时的传动效率——正转/反转 （%）

负载 T/N · m	电动机转速/r · min^{-1}				
	500	750	1000	1250	1500
0.5	68.3/60.9	69.1/61.5	70.1/63.1	71.4/64.2	73.8/66.2
1.0	81.7/73.4	82.3/73.7	83.4/74.8	84.7/76.1	86.8/77.1
1.5	87.4/79.1	88.1/79.3	88.4/79.9	88.6/81.0	90.5/82.2
2.0	90.3/80.2	90.4/81.8	91.2/82.1	91.7/82.5	92.4/84.6

表 1-12 所给为涂 20 号油 + 添加剂的配制油液，正反转传动的效率对比值。

表 1-12 涂 20 号油 + 添加剂时的传动效率——正转/反转 （%）

负载 T/N · m	电动机转速/r · min^{-1}				
	500	750	1000	1250	1500
0.5	68.4/60.7	68.8/61.6	69.5/62.9	70.9/63.3	72.6/65.4
1.0	79.9/74.3	80.7/75.8	82.3/76.2	83.7/77.1	85.1/79.9
1.5	86.5/78.9	87.1/79.4	87.4/80.3	87.9/81.4	89.4/82.5
2.0	88.6/80.2	89.4/81.5	90.8/82.1	91.3/82.8	91.8/83.4

表 1-13 所给为涂 68 号油 + 添加剂配制油液，正反转传动的效率对比值。

表 1-13 涂 68 号油 + 添加剂时的传动效率——正转/反转 （%）

负载 T/N · m	电动机转速/r · min^{-1}				
	500	750	1000	1250	1500
0.5	70.2/62.8	70.6/64.1	71.3/64.5	72.6/65.6	74.1/67.9
1.0	81.3/76.5	82.5/78.6	83.6/78.9	85.5/79.7	86.3/82.0
1.5	87.4/80.1	87.9/81.2	88.7/82.0	89.2/83.1	90.0/84.3
2.0	89.2/82.3	89.8/83.7	91.2/84.2	91.7/84.9	92.4/85.8

表 1-14 给出了涂特加力机油 + 添加剂配制油液，正反转传动的效率对比值。

表 1-14 涂特加力机油 + 添加剂时的传动效率——正转/反转 （%）

负载 T/N · m	电动机转速/r · min^{-1}				
	500	750	1000	1250	1500
0.5	72.1/65.8	72.8/66.8	73.2/67.1	74.1/69.1	76.3/70.8
1.0	83.9/81.0	84.3/81.2	85.0/82.1	86.2/83.2	87.4/84.4
1.5	88.2/83.2	88.8/83.6	90.1/84.7	90.7/85.5	91.5/86.8
2.0	90.2/86.1	90.9/86.6	91.5/86.9	92.4/87.7	93.5/89.2

（三）关于曲齿伞齿轮传动效率的讨论

综合观察上述7个表格可知，曲齿伞齿轮反转的传动效率普遍低于正转传动效率，这一现象可从图1-58中得到相应解释。由图可知，曲线轮齿两侧齿廓曲率半径存在天然差异，这就势必造成正、反转啮合传动时，两侧啮合区域的综合几何形状有较多不同，用常规机油润滑时的传动效率也就不可避免地存在较大差值。由此可以设想，从曲齿伞齿轮的啮合理论和加工原理两方面进行深入研究，一定有可能使其任一侧共轭齿廓啮合区域的综合几何曲率接近相同。

实验数据表明，曲齿伞齿轮的传动效率随传递功率的增加而相应增加。由于受实验台条件的限制，所测出的最高效率并非处于该齿轮副所应具有的真正最高效率工况点。

为便于评价润滑剂的优劣，现将7个表中所列最高效率值汇集于表1-15。表中润滑油代号或名称之后附“+”者代表此油加入了添加剂。

表1-15　不同润滑状态下的最高效率值对比　（%）

转　向	润滑状态						
	不涂油	20号	20号+	68号	68号+	特加力	特加力+
正　转	90.5	91.2	91.8	91.7	92.4	92.4	93.5
反　转	81.4	82.5	83.4	83.7	85.8	84.6	89.2
正反效率差	9.1	8.7	8.4	8.0	6.6	7.8	4.3

尽管曲齿伞齿轮的非常规工作齿廓间的啮合传动效率低，但是仍然可以通过施加性能良好的润滑剂来提高其传动效率。并且，只要润滑剂配制得当，就有可能使其正反转传动效率接近相等。由此可见，润滑剂领域一定存在很大的科学研究空间。

合理选择添加剂是配制高效率齿轮润滑剂的关键，但基础油的选用也非常重要。例如从表1-15可知，单独使用20号机油或用其作基础油都达不到有效减小正反转传动效率差的良好效果。使用特加力油作基础油，其效果便相当突出。这也从一个方面证明，本篇案例1-2～案例1-4分别介绍的某类润滑油大幅降低齿轮啮合传动、钢轨矫直、金属切削颤振等强烈高频噪声以及极端恶劣接触应力工况条件下的磨损等实例是可信的。因此，将特加力油作基础油的润滑剂应用于汽车差速器，其异响现象就有可能得到基本控制，系统传动效率也会相应有较大幅度提高。采用这种润滑措施较之不断提高齿轮副制造精度将经济合理得多。

不难想象，人们今后一定能研发出性能更优良的基础油及其添加剂产品。到那时，机构运动副中的非正常摩擦与磨损，以及由此引发的强烈振动和噪声等系列难题都有可能容易得到有效解决。

✦ 点　　评 ✦

几乎所有机器中看似光滑平整的金属零件表面，其实都是凹凸不平的。例如，许多零件的某些工作表面都要求按图纸所标记的一种相对较高的表面精度即*Ra*1.6加工。当两个微观表面谷底到峰顶平均高度约为0.0032mm的零件直接配合并做相对运动时，两者间相互嵌入或啮合的微凸体和凹谷就会形成摩擦阻力，或者局部微凸体被犁削而发生微观金属剥离的磨损现象。

如果在两表面间施加一薄层能与被浸润金属材料良好相融的油液并静置数分钟，那么油液所具有的较强吸附能力或化学反应能力就会使零件表面凹谷处形成一定的吸附膜或反应膜，致使谷底处油膜厚度明显增加而产生填充效应。这不仅大幅降低了凸峰的相对高度，而且使绝大多数凸峰有了良好的弹性支承。当凸峰受外力挤压时，其根部即凹谷处的油液不仅可以有效支承凸峰抵抗外力，而且可以吸收凸峰的振动能量，因而减少了凸峰受损的机会。这就是能有效抗磨与降噪的“微凸体油膜弹性支承效应”[7]。在某些情况下，施加某些固态（如二硫化钼）或半固态（如多种润滑脂）润滑剂，则有可能获得更好的填充效应或弹性支承效应。

至此，笔者根据自己的亲身经历以及所见所闻，多方位地介绍了企业生产第一线出现的摩擦、磨损和润滑问题。这三者恰好是摩擦学的重要组成部分。

由摩擦（frication）、磨损（wear）与润滑（lubrication）三者综合所构成的摩擦学（tribology）理论和方法与机械制造或机器生产息息相关。掌握摩擦学理论，灵活运用摩擦学的方法具有极为重要的理论意义和实践价值。

✦ 口　　诀 ✦

缺油摩擦出烧伤，责任在人应担当；
设备维护重润滑，免除故障早预防。

✦ 思　　考 ✦

（1）如何由构词学分析“tribology”的内涵?

（2）何谓添加剂，添加剂主要有哪些类型?

（3）在图1-60所示的实验系统中，是否可采用滴油润滑，如何防止油的飞溅污染环境?

[案例1-6]　企业生产中的转子平衡理论与实践

✦ 目　　的 ✦

机器中的转子都会产生离心力，在高速重型机器中，离心力的不利影响尤为突出。平衡转子的离心惯性力和离心惯性力偶矩对提高机器的运转精度，产品性能和机器整体寿命具有十分重要的意义。本案例目的在于帮助学生熟悉和掌握机器转子基本概念，了解和认识转子不平衡的危害，系统掌握转子静、动平衡的相关理论与实验方法。

✦ 背　　景 ✦

一切机器中的转动构件都具有质量（m），而任何转子的支承系统（如机座）也都具有刚度（k）。每一转子的质量 m 和支承刚度 k 为该转子系统所固有，所有与 m 和 k 相关的转子特性便称为固有特性，如固有振动周期、固有振动频率等。

但是，机器转子的某些概念却不完全取决于其固有特性，而是取决于实际工作状态。例如，任一转子既可能是刚性转子也可能是柔性转子，其判据就是该转子的实际工作转速及转速所处的区段位置。

对于图1-61所示的转子系统，设圆盘集中质量为 m(kg)，支座支承刚度为 k(N/m)，由此便有 $\omega_n = \sqrt{\dfrac{k}{m}}$(rad/s)，人们称其为固有圆频率；相应地则称 $n_{cr} = \dfrac{30}{\pi}\sqrt{\dfrac{k}{m}}$(r/min) 为临界转速。

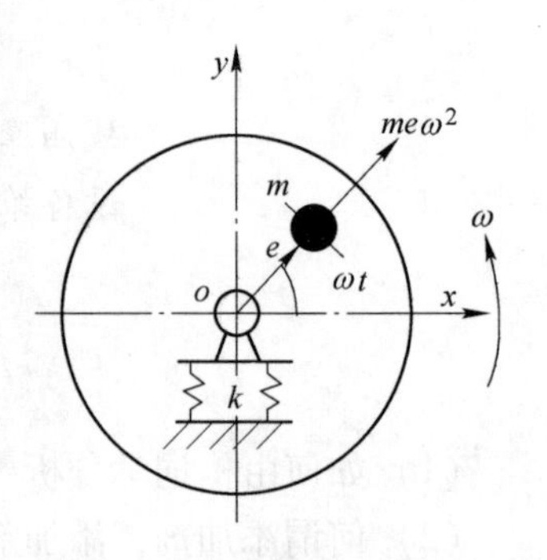

图1-61　质量偏心转子

任何机器转子都有各自的临界转速。当某个转子有多个临界转速时，可由小到大依次排列为 n_{cr1}，n_{cr2}，n_{cr3}，…。其中 n_{cr1} 被称为一阶临界转速。若某转子的实际工作转速 $n < n_{cr1}$，则该转子即为刚性转子；反之若 $n > n_{cr1}$，则该转子便是柔性转子。大学本科学生所学的机械原理课本，一般主要讨论刚性转子的平衡。

若转子的回转轴线不通过而是偏离其质心（偏心距记作 e），则以 ω 角速度旋转时，该转子偏心质量产生的离心惯性力 $P_i = me\omega^2$ 。该离心力在图示 y 方向产生的周期性激励为 $me\omega^2\sin\omega t$ 。由牛顿第二定律即可推导出转子系统在 y 方向的运动微分方程为：

$$m\ddot{y} + ky = me\omega^2\sin\omega t \tag{1-39}$$

求解此方程得其全解为：

$$y = C_1\cos\omega_n t + C_2\sin\omega_n t + \frac{e\omega^2}{\omega_n^2 - \omega^2}\sin\omega t \tag{1-40}$$

式（1-40）的前两部分表示系统按其固有频率作自由振动。随着时间的推移，这一振动最终将完全衰减。而第三部分则表示系统按转子的转动圆频率作受迫振动。只要转子不停止转动，该系统就会一直被迫振动下去。特别危险的是，一旦转子转动的圆频率等于系统的固有圆频率（即 $\omega = \omega_n$ ）时，系统就会发生剧烈的振动，从而造成严重后果。

由图1-61可知，如果设法去掉偏心质量，或者在偏心质量产生离心惯性力的对方位置增加一个大小相等、方向相反且共线的离心惯性力，实质上就是如果能设法使回转轴线通过转子质心，那么就可克服偏心质量 m 的不利影响，从而实现转子的平衡。凡是一切不希望出现离心惯性力的转子系统，都需要进行平衡校正。

✦ 实 验 ✦

一、离心水泵叶轮的静平衡

（一）必要性

20世纪70年代初，笔者作为所在长顺县农机厂的生产技术组负责人，主持改造了农用离心水泵的原有结构，由此形成了一定的生产规模，工厂也因此在贵州和西南地区的水泵行业获得了一定的知名度。

叶轮是离心水泵的核心零件，其毛坯由砂模铸造而成，因此叶片及流道的表面质量完全取决于手工制作的砂芯。此外，叶轮的全部6个叶片为两侧盖板所封闭，因而无法通过机械加工来提高叶片及两侧盖板内壁的表面精度，叶轮的质量分布不均便成为必然事实。水泵机组工作时，叶轮质量偏心所产生的离心力有可能使机组底盘移位，造成输水管道的拉扯，增大事故发生机率，降低系统工作寿命，增加能源消耗。

为克服潜在危害并使水泵产品质量进入地区行业前列，对工作转速达3000r/min的水泵叶轮进行静平衡处理便成为生产工艺中的重要一环。

（二）基本装置

严格说来，静平衡水泵叶轮一类的转子并无多少技术含量。但是笔者的某些现场处理经验对于青年学生还是具有一定启发作用的。

叶轮静平衡的方法如图 1-62 所示。其中支座由铸造车间加工出毛坯并作退火处理，之后送金工车间刨削并加工出两个平行 V 形槽。通过支座 V 形槽定位以放置起导轨作用的两根光轴，光轴表面淬硬并经外圆磨床磨削。套入叶轮的光滑心轴在导轨上形成点接触，其所受摩擦阻力极小。

心轴表面亦经淬硬，其两端在外圆磨床上按照同一尺寸磨削，心轴中段则磨削成圆锥形。其一端尺寸为 $\phi25_{-0.05}^{-0.02}$ 以便叶轮中心孔通过；另一端尺寸为 $\phi25_{+0.03}^{+0.05}$ 以防止叶轮穿出（见图 1-63）。该心轴一次装夹完成磨削加工，以确保心轴三段的较高同轴度。

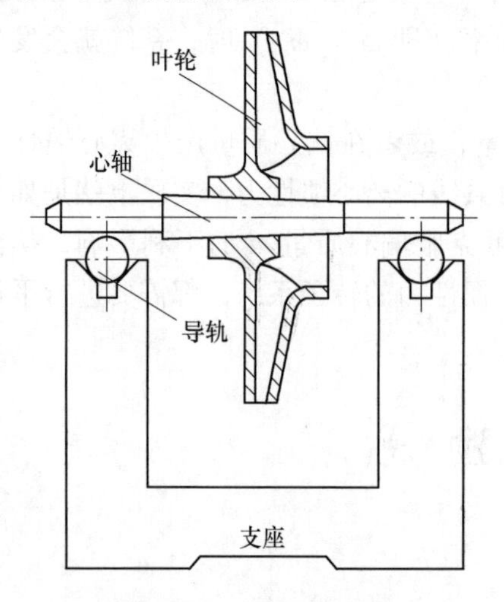

图 1-62　叶轮的静平衡

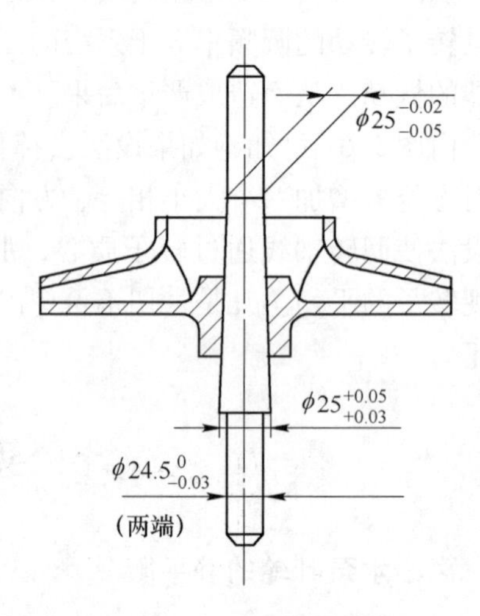

图 1-63　叶轮与心轴的配合

叶轮的不平衡质量借助磁铁块的平衡原理测定。木工师傅为此制作了一个分割成若干小格的轻便型木盒，每一小格内放入一块用天平称出重量的小磁铁，并在各小格边框处贴上写有磁铁重量的标签。

（三）静平衡方法

实验前，将叶轮套入呈铅垂状放置的心轴（见图 1-63），然后手持心轴适当敲击木质工作台面，叶轮即在惯性力作用下被心轴楔紧而成一体。实验结束，只需反向敲击心轴小端，叶轮就会自动与心轴脱离。如果手持心轴而用木槌轴向敲击其一端，也可获得同样效果。

实验时，将套入叶轮的心轴置于静平衡架的导轨上，用手稍微带动，心轴与叶轮一体随即转动。静止后，叶轮的偏心质量必位于轴心线正下方，操作者即可从小木盒中取一块磁铁放到叶轮上方任一侧端面外缘处。由于叶轮是用典型的磁性材料灰口铸铁制成，因而能将磁铁吸牢。然后使心轴继续转动并更换调整磁铁大小，待心轴叶轮转子能在任意位置静止，便可得知叶轮的不平衡质径积数值。

取下叶轮后，在其吸住磁铁的对方做出偏心重量标记，并由钳工师傅在有记号处钻相应盲孔以确保叶轮的静平衡。

为方便钳工师傅钻孔去重，笔者制作了一份表格，分别针对磨成平头的 $\phi12$ 和 $\phi8$ 两种麻花钻头，列出了钻孔深度为2mm 条件下的偏心重量与钻孔个数的对照关系。例如，平衡偏心质量的磁铁块为5g 时，用 $\phi12$ 麻花钻在接近叶轮盖板外缘处同一圆弧段上钻3 个盲孔即可。

虽然这种钻孔去重的方法较为简单，但有损叶轮整体外观。为此以后便按照地区行业系统约定，采用铣削或偏心夹持车削方法来代替钻孔去重，使叶轮外观大为改善。当然，一次去重后还需再次甚至多次上架检查其静平衡是否达标。

由于叶轮中心孔尺寸为 $\phi25_{0}^{+0.021}$，其尺寸精度和表面质量要求都较高，车工师傅稍有不慎，就会造成废品。为提高工效，保证加工质量，笔者特此设计了一把推刀。与拉削工艺相反，采用手动螺旋压力机将推刀推过叶轮粗加工孔即完成该孔的精准加工（见图1-64）。

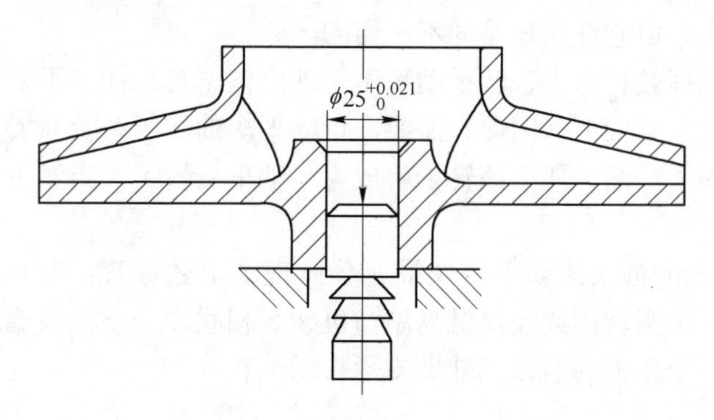

图1-64 推刀精整叶轮孔

推削前，叶轮中心孔的预加工及其他重要部位的精加工在一次装夹中完成，以确保其同轴度。叶轮孔的预加工尺寸定为 $\phi25_{-0.20}^{-0.10}$，其公差带较宽，一般车工都能胜任。

立足工厂条件，由三段组成的推刀用T10 工具钢制造，其相关尺寸规定为：导入段尺寸取为 $\phi25_{-0.22}^{-0.20}$，校准段取为 $\phi25_{+0.005}^{+0.020}$，中间的推削段做成三环可以满足要求。

二、关于转子动平衡的讨论

（一）基本情况

许多动力机械中的高速转子如汽轮机转子等都必须经过严格的动平衡处理。

而一般通用机械如离心机与压缩机等，当转子转速较高且宽径比较大时，也都需要较高的动平衡精度。

笔者从一位大学同学处得知，药品生产设备中的多种转子都应进行动平衡校正。但是以往个别企业对转子系统进行动平衡实验前，总要先做静平衡实验。笔者认为，凡需要做动平衡实验的转子，事先无须进行静平衡校正。

(二) 原理分析

众所周知，一个静平衡的转子有可能仍然是动不平衡的。如图 1-65 所示，当两个偏心质量块的向径 r_1 及 r_2 与转轴共面且 $m_1r_1 = m_2r_2$ 时，该转子在静平衡架上一定能静止于任意位置，即满足静平衡条件。但若该转子以 ω 角速度旋转，则两偏心质量产生的惯性力偶矩必给转子支承带来周期变化的动载荷，从而加速转子及支承的磨损和失效。换言之，图 1-65 所示的静平衡转子是动不平衡的。顾名思义，转子是否动平衡必须在转动工作状态下进行检验。

设想图 1-65 所示转子只有一个不平衡质径积 m_1r_1，那么先做静平衡处理时，任何有经验的操作者都无法准确找到不平衡质径积的准确方位，因此与 m_1r_1 相等的人为附加平衡质径积 m_br_b 就只能随机连接到转子的某一位置。该转子虽然易于实现静平衡，但它往往还是动不平衡的。

大学机械原理教材指出，转子动平衡的理论依据是，任一不平衡质径积都可分解到任选的两个平面上。因此，需要进行动平衡的转子系统只要在任选的两个平面上分别实现了平衡，那么该转子就成为了动平衡转子，当然也就自动满足了静平衡条件。

图 1-66 所示的框架式动平衡仪最充分体现了上述原理。支承待平衡转子 1 的框架 2 通过一个回转副或线接触高副与机架 5 相联。为使框架稳定而在框架与机架之间安置一个压缩弹簧以起辅助支承作用。

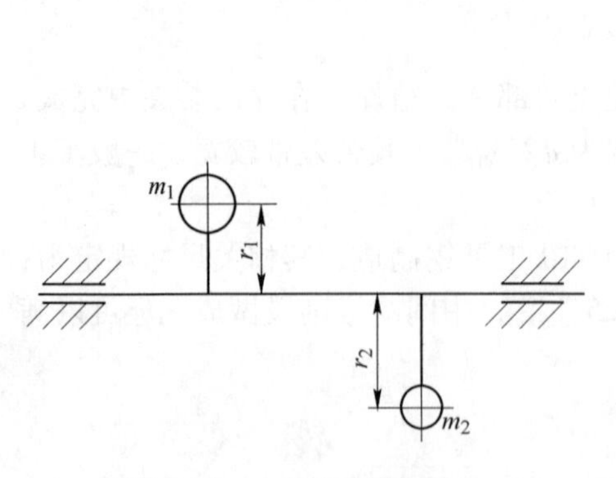

图 1-65　一个静平衡的转子

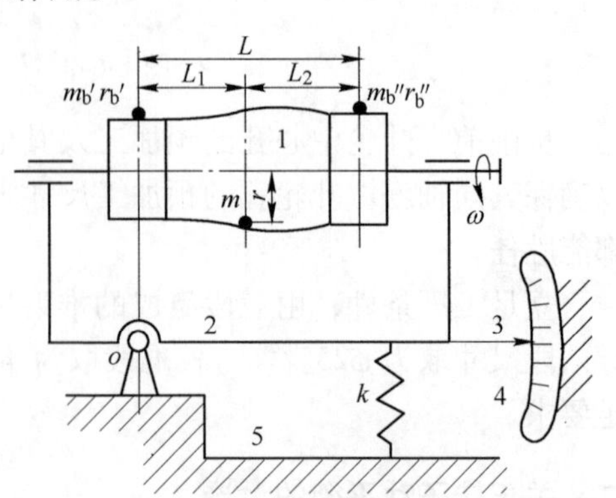

图 1-66　动平衡原理图

1—转子；2—动平衡框架；3—指针；4—刻度牌；5—机架

设想通过理论上完全平衡的传动系统来驱动转子 1 按角速度 ω 匀速旋转，而位于转子中部的不平衡质径积 mr 产生的离心惯性力必定迫使框架整体绕回转副中心 o 作周期性摆动。

如果存在不平衡质径积的部位不宜通过去重或增重以实现平衡，或者人们不可能事先了解不平衡质径积所在方位，那么就可以借助图 1-66 所示装置解决转子的动平衡问题。

如图 1-66 所示，首先在转子 1 上允许增减质量的部位选准两个平面 T_1 和 T_2，每次将转子安装到框架 2 上时，都必须使其中一个平面准确通过框架转动副中心 o。

设想转子平面 T_1 恰好通过轴线 o，那么该平面上的任何不平衡离心力都不会使框架摆动。但是转子上偏离中心 o 的偏心质量产生的离心惯性力偶矩 $L_1(mr\omega^2)$，势必成为框架及转子系统受迫摆动的周期性激励。此时如果在 T_2 平面上人为增加一平衡质径积 $m''_b r''_b$，并使：

$$L(m''_b t''_b \omega^2) + L_1(mr\omega^2) = 0 \tag{1-41}$$

那么框架及转子系统就会处于静止状态，固联于框架 2 上的指针 3 与刻度牌 4 之间也就不存在相对摆动。但这只是一个平面的平衡，随后须将转子掉头安装，并使 T_2 平面通过回转中心 o，然后重复上述步骤并且准确地在 T_1 平面上人为增加质径积 $m'_b r'_b$，并使：

$$L(m'_b t'_b \omega^2) + L_2(mr\omega^2) = 0 \tag{1-42}$$

合并两个单面平衡条件即式（1-41）和式（1-42），必有：

$$m'_b r'_b + m''_b r''_b = -mr$$

由此推广到一般情形，当图 1-66 转子 1 的多个截面的不同方位都分别存在不平衡质径积 $m_i r_i$ 时，改写式（1-41）和式（1-42）即可相应得到两个单面平衡条件。略去推导过程，同样必有：

$$m'_b r'_b + m''_b r''_b = -\sum_{i=1}^{n} m_i r_i \tag{1-43}$$

此式即为双面平衡条件或动平衡条件。

三、六缸发动机曲轴的动平衡分析

（一）基本情况

曲轴是多种机器，特别是内燃机的重要零件，其运转中的平衡精度是一项重要的质量指标。由于其形状和结构较复杂，使加工后的成品通常存在较大的初始不平衡量，因而在动平衡实验中会因附加离心力而产生挠曲变形，进而反过来影响动平衡精度。图 1-67 为六缸直排式发动机曲轴。其上Ⅰ~Ⅶ为 7 个主轴颈，而 1~6 为 6 个连杆轴颈。其中 1 和 6、2 和 5、3 和 4 三对连杆轴颈各居一平面且互夹120°角。处于工作状态时，7个主轴颈都由轴承支承，因此其跨距小、刚度大。但在动平衡实验中，情况便起了很大变化。因为曲轴动平衡实验时，一般多将Ⅰ和Ⅶ两道主轴颈支承在平衡机的两个V形滚动支承架上，其弯曲刚度就比实际工作时小得多，因而实验运转中有可能产生较大的挠曲变形，使平衡机检测系统生成附加的不平衡量，从而给其平衡带来不利影响，不仅增加了校正工作量，而且容易使校正失准。

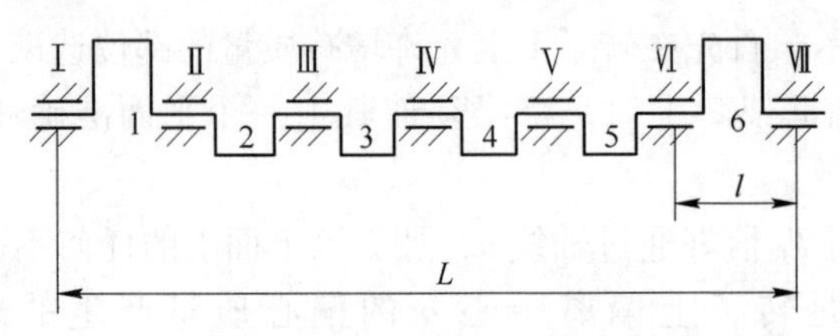

图1-67　六缸内燃机曲轴结构

（二）修正设想

柳州电视大学一位老师曾与笔者讨论曲轴动平衡问题。该老师提出，如果先从理论上求出已知曲轴在简支条件下的挠度，就可为动平衡测量值作出修正。笔者当即建议，将曲轴处理为当量直轴，同时向他介绍了笔者在《机械振动手册》中所编写的第14章[6]。因为其中“曲轴的扭转振动”一节就有公式可供参考。

1. 曲轴的当量化计算

曲轴的主轴颈和连杆轴颈之间通过带有配重块的曲柄相连。现取一个单元段曲轴示于图1-68，其单元长 $l=L/6$（L 为总长，见图1-67）。曲轴当量化处理的依据是扭转刚度相等。

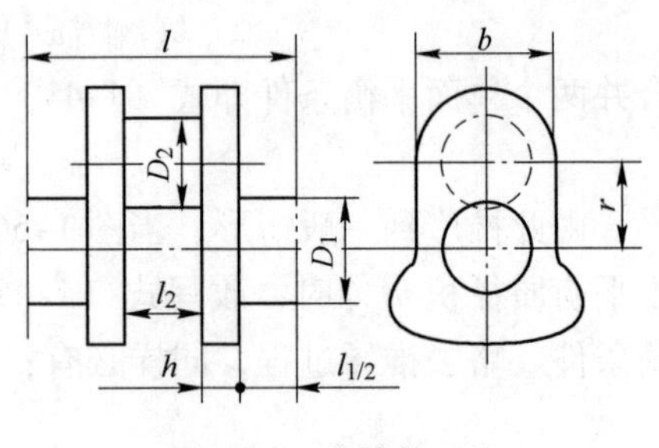

图1-68　曲轴单元段

已知等径实心直轴的扭转刚度为[33]：

$$K_{\theta}=\frac{T}{\theta}=\frac{\pi GD^{4}}{32l} \tag{1-44}$$

式中　T——曲轴转矩 N·mm；

θ——扭转角 rad；

G——材料切变模量 N/mm²；

l——轴段自由扭转长度 mm；

D——等径直轴直径 mm。

而对图1-68所示曲轴轴段结构，其扭转刚度计算式为：

$$K_{\theta}=\frac{\pi G}{32}\left(\frac{l_{1}+0.6hD_{1}/l_{1}}{D_{1}^{4}}+\frac{0.8l_{2}+0.2bD_{2}/r}{D_{2}^{4}}+\frac{r\sqrt{r}}{\sqrt{D_{2}}hb^{3}}\right)^{-1} \tag{1-45}$$

式中，D_1 为主轴颈直径；D_2 为连杆轴颈直径；L_1 和 L_2 分别为主轴颈和连杆轴颈的长度。

令式（1-44）与式（1-45）相等，即可求出图1-68所示曲轴简化为当量直轴后的轴径为：

$$D = l^{1/4} \Big/ \left(\frac{l_1 + 0.6hD_1/l_1}{D_1^4} + \frac{0.8l_2 + 0.2bD_2/r}{D_2^4} + \frac{r\sqrt{r}}{\sqrt{D_2}hb^3} \right)^{1/4} \tag{1-46}$$

2. 挠度计算与分析

设 $P_1 \sim P_6$ 为各曲轴段的初始不平衡质量在回转中产生的离心力，其中 P_1 与 P_6、P_2 与 P_5、P_3 与 P_4 各对力共面，且互夹120°角。为方便计算，假设各初始不平衡质量所产生的离心力近似相等，即 $P_1 = P_2 = \cdots = P_6 = P$。

现画出各共面离心力作用的分解图（见图1-69），由材料力学知识求得图中等径直轴在共面离心力作用下各面轴中点处的挠度 y_a、y_b 和 y_c 分别为：

$$\begin{cases} y_a = \dfrac{2.23Pl^3}{EI} \\ y_b = \dfrac{6.19Pl^3}{EI} \\ y_c = \dfrac{8.65Pl^3}{EI} \end{cases} \tag{1-47}$$

在曲轴的中点（即 $L/2$ 处），轴的挠度应为式（1-47）所给结果的向量和。作出图1-70后，可以直接从图中量取线段，也可以借助余弦定理或正弦定理求出在三面离心力作用下，曲轴中点挠度 y 的大小及其方位。图中显示：

$$y = \overline{y_a} + \overline{y_b} + \overline{y_c} \tag{1-48}$$

对图中 $OABCO$ 四边形，应用初等数学方法能准确地求得解析结果：

$$y = \frac{5.49Pl^3}{EI} \tag{1-49}$$

而决定挠度 y 方位的角度则有 $\angle AOC = 39.9288°$。

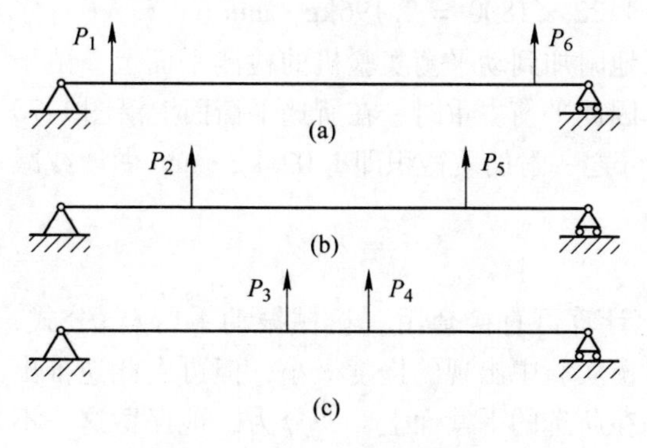

图1-69 离心力作用分解图

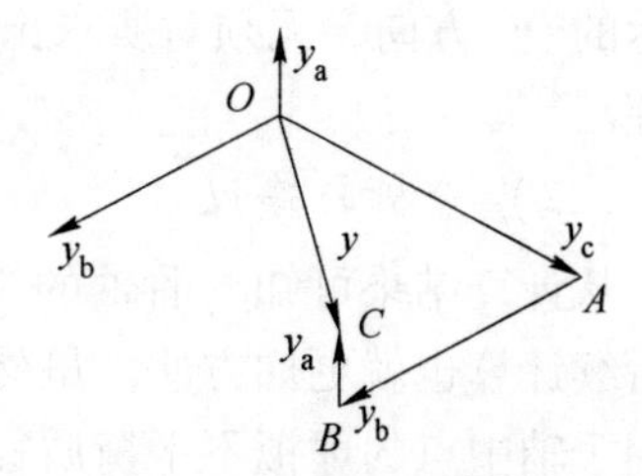

图1-70 曲轴中点挠度合成

3. 曲轴中点的等效质径积计算

式（1-49）给出了当量轴中点的挠度计算结果。设想该挠度由作用于轴中点的离心惯性力 P' 所为，那么必有：

$$4.5\frac{P'l^3}{EI} = 5.49\frac{Pl^3}{EI} \tag{1-50}$$

由此可知，作用于轴中点的虚拟离心惯性力 P' 与实际作用的 6 个离心惯性力 P 的共同作用等效，并且有关系为 $P' = 1.22P$ 。与此同时，位于轴中点的虚拟不平衡质径积与实际值之间也有同样的关系即 $(me)' = 1.22(me)$ 。

4. 挠度计算实例

现以汽车发动机厂生产的6105QB型曲轴为例，讨论其动平衡实验时产生挠度的理论计算值。

按图1-68 所给代号，量得该曲轴各尺寸（单位为 mm）为：$L=801$，$l=133.5$，$D_1=85$，$D_2=70$，$l_1=37$，$l_2=40.5$，$h=28$，$b=130$，$r=60$。

将其代入式（1-46），求得该曲轴当量化处理后的轴径 $D=72\text{mm}$。

图纸规定曲轴每个曲柄臂上的不平衡质径积不得超过900g · mm，故以此为依据取各曲轴的初始不平衡质径积下限为 $me=900\text{g}\cdot\text{mm}\times 2=1800\text{g}\cdot\text{mm}$。由于该曲轴的平衡实验转速 $n=700\text{r/min}$，故求得离心力为：

$$P=P_i=1.8\times10^{-3}\times\left(\frac{700\pi}{30}\right)^2=9.67\text{N}\quad (i=1,\ 2,\ \cdots,\ 6)$$

该曲轴所用材料为 QT80-2，查得其弹性模量 $E=1.55\times10^5\text{MPa}$，$I=\pi D^4/64$。故由式（1-49），求得曲轴中点挠度为：

$$y = 5.49\times\frac{9.67\times133.5^3\times64}{1.55\times10^5\times72^4\pi} = 6.18\times10^{-4}\text{mm}$$

虽然此挠度值小到可以略去不计，但作用于轴中点的虚拟不平衡质径积却值得重视，即：

$$(me)' = 1.22(me) = 1.22\times1800 = 2.196\text{kg}\cdot\text{mm}$$

这一等效不平衡质径积可以一分为二地附加到动平衡实验机的检测平面上。由于该不平衡质径积没有超出图纸要求，因此平衡去重时，在所选平衡面上沿图1-70所示的 OC 方向，无须对所求出的二分之一附加质径积即 1.098kg · mm 做增或减处理。

（三）分析与建议

从计算结果可知，曲轴的当量化计算可直接套用《机械振动手册》[6] 公式，其后续计算也就更加方便。虽然动平衡实验中出现的挠度极小，但可由此逆推出作用于轴中点的虚拟不平衡质径积。在所选的平衡面上，一分为二地保留这一不平衡质径积，并不降低曲轴的平衡精度。同时，实验时也需要注意以下问题：

（1）曲轴动平衡的实验转速以控制在600～800r/min 范围为宜。在此转速范围，曲轴不平衡质径积所产生的离心惯性力不会使轴出现过大挠度。

（2）在动平衡机上安放轴线较长的曲轴时，其支承跨距以取小些为宜。

（3）在曲轴动平衡实验前，宜事先按图1-70估计出允许的不平衡质径积 OC 方位即 $\angle AOC$ 大小，如此可使曲轴动平衡检测更为经济合理。

✦ 点　评 ✦

机器转子系统的平衡理论并不深奥，机械原理教材对刚性转子的静、动平衡原理与方法都进行了较为详细的阐述，但是实际操作时未必总是得心应手。例如，对水泵叶轮做静平衡试验时，所用导轨无须强调其刀口形状，采用两根圆柱形光轴做导轨就很方便。支承待平衡转子的心轴做成适当的锥度也不会有任何加工与装卸方面的麻烦，尤其是不会产生装配偏心误差。

《机械原理（第3版）》教材[5]指出，宽径比 $B/d<0.2$ 的转子一般只要求静平衡。如果该类转子也必须要求动平衡的话，那么在静平衡基础上再进行动平衡校正也许能减少动平衡实验的时间。但是，对于宽径比 $B/d\geqslant 0.2$ 的转子，如果也先进行静平衡实验，那就失去了任何意义。某些企业的操作人员在对一些离心机转子做动平衡校正前，先安排静平衡实验显然是一种误解。

对于某些难以保证铸造质量的多缸直排式曲轴，可在静平衡试验机上先做静平衡检测而无需校正。若发现该轴静不平衡质径积明显偏大，那么动平衡实验时应当尽可能选择更低转速和更小的支承跨距。

✦ 口　诀 ✦

单盘套紧光轴横，斜削切除静偏心；
宽厚转子取双面，反复配得动平衡。

✦ 思　考 ✦

（1）为什么称静平衡为单面平衡，而称动平衡为双面平衡？

（2）进行动平衡实验时，用于校正平衡的两个平面为什么可以任意选择？

（3）为什么说静平衡的转子未必动平衡，而动平衡的转子一定静平衡？

（4）试用一般数学表达式描述转子静平衡和动平衡的条件。

［案例1-7］ 铁路道岔螺栓断裂故障诊断与分析

◆ 目 的 ◆

结合《机械设计》螺纹联接教学内容介绍此案例；帮助学生深刻认识螺纹联接设计计算理论与工程实际应用的紧密联系；使同学们进一步懂得，螺纹联接是整个机械系统不可缺少的部分，与其相关的设计、制造、安装与维护都是非常重要的。

◆ 背 景 ◆

众所周知，铁路是我国国民经济的大动脉，是关系国家政治、经济、文化和国防建设与发展的重要基础设施。与水路、公路、航空和管道等运输方式相比较，铁路运输具有速度快、运量大、成本低、适应性强等优点。目前，我国内地大宗货物的运输和每年数以十亿计人次的流动，主要依靠铁路来承担。

目前，随着多次提速与动车组的开行，特别是高速铁路的不断延伸，我国铁路网络纵横交错、四通八达，其宏大规模在全球首屈一指，使国人深感骄傲与自豪。但是安全第一的观念一点也不能松懈，铁路运输安全的关键因素之一是线路的安全。

每条铁路进出车站，都通过道岔实现铁路的分岔与列车的转轨。图1-71所示即为最常见的尖轨道岔系统，前行的列车到此即拐弯向左。如将道岔搬向左侧，左（内）侧尖轨即与主轨贴合，而右（外）侧尖轨分离，列车便直接前行。按此模式，一条铁路可以分岔出许多条线路。

图1-71 铁路尖轨道岔

道岔机构本质上是一个空间多杆机构。其中尖轨部分相当于摆杆，与其同一水平面的方形截面连杆称为方钢，是一个十分重要的传力构件。

如图 1-72 所示，方钢通过螺栓联接形成的回转副与丁字铁相铰接，每一尖轨都通过两个螺栓与丁字铁固联为一体。由于绝缘的需要，尖轨与丁字铁及其他被联接件间垫有环氧树脂绝缘板。与信号杆相联的 L 铁还具有确保两尖轨轨距维持不变的重要功能。

图 1-72　道岔尖轨的固定
1—方钢；2—螺栓；3—丁字铁；4—尖轨；5—L 铁

不难发现，道岔机构失灵会带来何等严重后果！一般说来，螺栓联接的失效是道岔机构失灵的主要原因。国内就曾有多处铁路道岔出现联接螺栓断裂事件，好在各地铁路工务段及时处置才未造成安全事故。可见，为了确保铁路运输的安全，必须有效提高铁路全线道岔及各个部位螺栓联接的可靠度。

✦ 现　场 ✦

2012 年 7 月初，广西科技大学职教学院一位老师邀请笔者前往柳州铁路车务段了解有关刹车噪声问题。其间传闻南宁铁路局所属路段发生多起道岔联接螺栓断裂事件，南宁铁路局相关部门即希望笔者亲自或推荐相关同志前往现场考察。

笔者推荐机械设计教研室的同事罗玉军副教授会同职教院那位老师一道前往南宁，于 2012 年 7 月 26 日分别到达南宁铁路局所属的隆安站和三塘站进行现场考察。车站人员反映，一年来南宁铁路局内除发生 L 铁断裂事故外，还先后 5 次发生道岔联接螺栓断裂事故。螺栓断裂状况如图 1-73 所示，并且断裂者都是如图 1-72 所指部位 2 处的螺栓。

图 1-73　螺栓断裂状况

罗玉军老师等一行在现场了解到，断裂的螺栓为 M20 普通螺栓，其原有强度等级为 4. 8 级，出现断裂故障后改用 8. 8 级螺栓，但仍有断裂事故发生。

罗玉军老师的“南铁段道岔故障现场勘查报告”，从三个方面对螺栓断裂面特点进行了描述：首先，断裂面与螺栓轴线垂直；其次，断面附近无明显塑性变形；第三，断面明显分为光滑和粗糙两个区域。

由此可以初步推断：螺栓断面的粗糙区是旧裂纹的积累，是交变应力反复多次作用导致裂纹扩展与相互连通而形成的疲劳破坏面；光滑区域则是该截面的有效面积减少到临界值时突然整体断裂所表现的结果。可见，提高螺栓寿命的关键就应该是减小螺栓所受交变应力的绝对值，同时通过改善螺纹表面质量以减少螺牙根部出现初始裂纹的机会。

✦ 分　析 ✦

由螺栓联接结构及断裂面形貌可以认为，造成断裂的外部原因是其最大总轴向力 F_{max} 过大，该力的计算式为：

$$F_{max} = F_0 + C_e F \tag{1-51}$$

式中，F_0 为螺栓预紧力；C_e 和 F 分别为联接系统相对刚度和螺栓所受最大轴向工作载荷。

由机械设计教材[17]可知：

$$C_e = \frac{C_b}{C_b + C_m} \tag{1-52}$$

其中，C_b 和 C_m 分别为螺栓和被联接件的刚度。

在道岔尖轨机构中，被联接件包括丁字铁、尖轨腹板及其两侧绝缘板以及支承螺栓头的垫板。设想没有绝缘板的参与，那么刚度 C_m 就会和 C_b 不相上下，相对刚度 C_e 也就不会超过0.5，但实际上这是不可能的。环氧树脂绝缘板的加入必使 C_m 较大幅度减小而导致 C_e 增大到0.7～0.8甚至更多，从而大幅加重了螺栓的负担。

当道岔处于工作位置，即其外侧尖轨引导列车转轨时，丁字铁联接螺栓危险截面上的最大拉应力为：

$$\sigma_{max} = \frac{5.2F_{max}}{\pi d_1^2} \tag{1-53}$$

而其应力幅为：

$$\sigma_a = \frac{2.6C_e F_{max}}{\pi d_1^2} \tag{1-54}$$

作用在丁字铁联接螺栓上的最大轴向载荷来自多个方面甚至由若干力叠加而成。这些力主要是：搬动道岔的（推）拉力、受外侧尖轨引导而转轨时车轮轮缘的反作用力、经过弯道尖轨时列车产生的离心力、气温升高引起的热胀力、道岔安装精度不达标导致的附加作用力等。显然，列车车轮对外侧尖轨的反作用力与离心力是螺栓轴向工作载荷的最主要成分。特别需要指出的是，螺栓所受这两种作用力是通过一系列车轮轮缘轮番施加到外侧尖轨的，属于脉动循环变载荷。车速越快、载重越大，这些作用力也越大，联接螺栓也就更容易疲劳。

另一方面，列车通过时的轮轨摩擦激励必然引发尖轨的高频振动，由此产生的严重动载荷对螺栓联接最为有害。

在道岔搬动过程中，往往是起始时刻所施加的驱动力为最大。如果此时相当于连杆的方钢施力作用线与丁字铁铰链中心的摆转向径不垂直，就会形成一个作用于丁字铁的倾覆力矩（见图1-74），从而对图1-72中序号2所指螺栓产生另一种类型的轴向力，进而有可能通过叠加相应增大联接螺栓的轴向工作载荷。

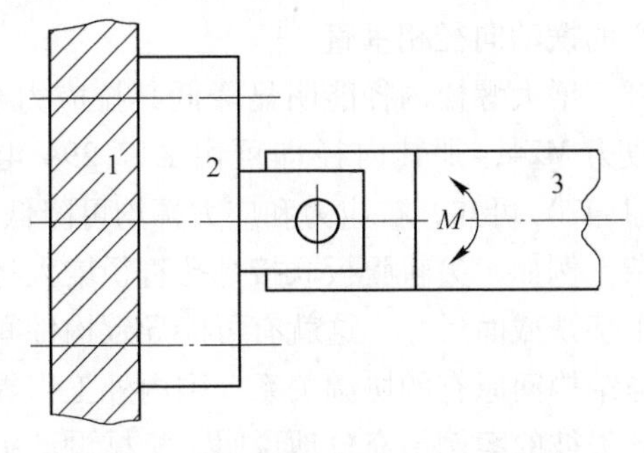

图1-74 丁字铁与可能的倾覆力矩

1—尖轨腹板；2—丁字铁；3—方钢

对于螺栓而言，螺纹具有天然的初始裂纹特征，在频繁的脉动轴向工作载荷作用下，螺纹牙根部的初始裂纹当然就会最先扩张、延伸并会合，致使抗拉面积不断缩小，最后导致突然断裂。

由式（1-53）和式（1-54）可知，减小螺栓所受的最大轴向应力及应力幅是防止螺栓过早疲劳断裂的关键。由于车轮轮缘施加到外侧尖轨的作用力是脉动循环变化的，因此减小应力幅也同样十分必要。

图1-72所示L铁的过早断裂部位在其截面突变处。导致其失效的外部原因与丁字铁螺栓基本相同，其截面尺寸突变所引起的应力集中现象是此处断裂的最直接结果。虽然其失效几率明显小于丁字铁联接螺栓，但仍然不可忽视。

✦ 建 议 ✦

前面分析指出，螺栓危险截面上的最大拉应力和应力幅都与相对刚度 C_e 及总轴向力 F_{max} 的一次方成正比，而与螺栓内径平方成反比。

对于铁路道岔机构来说，人们显然不能通过减小 C_b 来达到减小 C_e 的目的，因为在道岔尖轨系统中，联接螺栓的强度和刚度都必须足够大。但是在确保绝缘的条件下，可以通过增大绝缘板刚度来增加被联接件刚度 C_m，进而使相对刚度 C_e 有一定程度的减小。

通常，环氧树脂绝缘板位于尖轨腹板两侧，具有一定的吸收尖轨高频振动的能力。如果改用刚度较大的绝缘板，虽然能由此减小 C_e，但其吸收尖轨高频振动的能力却会因此降低，利弊相互抵消而无利可图。

与减小 C_e 相比，设法减小作用在螺栓上的最大总轴向载荷 F_{max} 要现实得多。为此首先遵循操作规范并且控制螺母的拧紧力矩，而不是随意使大力搬紧螺母；其次在设置道岔的地方，特别是在运输繁忙的路段，尽可能使道岔具有足够大的弯道曲率半径；第三，对通过弯道道岔的列车实施较严格的限速规定；最后，在外侧尖轨与主轨处于分离的位置，认真校正并使方钢力作用线与丁字铁铰接孔中心的摆动向径相垂直。

增大螺栓内径能明显降低其拉应力与应力幅。设想将目前所用的M20螺栓改为M24，则其内径即可由ϕ17.294增大至ϕ20.752，那么由式（1-53）和（1-47）可知，拉应力和应力幅均可降低30%。但是随之而来的问题可能更加复杂。例如，尖轨腹板联接光孔直径增大将降低其强度；螺栓尺寸增大须相应增大丁字铁截面尺寸，这就有可能导致构件间的相互干涉，从而破坏零件或构件强度与结构间原有的协调关系。国内外工程界曾经发生的尺寸计算与结构设计之间顾此失彼的案例最充分地说明，机械设计中的强度计算与结构设计是卓越工程师们应该始终兼顾的两个方面。

现在我国有轨交通总里程全球第一，并且正在走向世界。为切实保障铁路安全运行，设计人员必须从细微之处开始强调强度计算与结构设计的高度统一。既使设计计算的零件尺寸满足强度要求，在预定的寿命期间内不发生破坏；又使各类零件符合结构设计规范，即零件装拆与维修方便，无任何干涉事故发生。要达到这一水平，设计者不仅应具有高度的责任感和事业心，而且应具有很强的业务能力。

✦ 结　论 ✦

铁路线上的螺栓联接事关人民生命财产安全，避免螺栓的过早断裂失效具有极为重要的政治、社会及经济意义。

综合罗玉军副教授的现场考察及判断，确保铁路道岔尖轨螺栓安全联接的措施应该有：

（1）当情况允许时，尽量增大道岔外侧尖轨的曲率半径。

（2）在繁忙或极重要路段，尽可能采用更高强度等级和更高制造精度的螺栓。

（3）选用刚度较大的绝缘板材，以提高被联接件的整体刚度。

（4）严格控制道岔机构中方钢与外侧尖轨在搬动初始时刻的位置精度。

（5）更严格控制丁字铁联接螺栓的拧紧力矩。

（6）增大L铁截面突变处的过度圆角以防过早断裂。

✦ 口　诀 ✦

螺纹本自斜面来，波动重载易脱开；
材料预紧双严控，关键时刻可免灾。

✦ 思　考 ✦

（1）如何理解螺纹是斜面的演化？

（2）请就自己家中情况介绍几种螺钉的应用场合及亲自遇到的问题与相关处理方法。

（3）螺栓所用材料的强度等级如何标记，其标记各代号有何物理意义？

[案例 1-8] 装载机装配总厂噪声诊断与分析

✦ 目 的 ✦

装配与调整是机械产品生产中的重要环节。通过此案例使学生懂得，机械产品性能在相当大的程度上取决于装配方法与装配质量，由此了解和掌握装配方法应用和分析的理论依据；进而希望同学们明白，在当代绿色理念影响下，机械产品的文明装配、清洁生产的更高标准必将推动机械设计与制造整体技术水平的不断发展与提高。

✦ 背 景 ✦

2010 年春节前，柳工集团装载机装配总厂厂长与两位技术人员到学校找笔者咨询。他们反映，装配总厂车间内噪声偏大，现已立项进行噪声控制，希望笔者能前往现场考察，并给他们提供某些降低噪声的参考意见。

当年春季学期开学后，笔者即带领教研室两位副教授和三个研究生前往柳工集团装配总厂。厂领导向笔者一行介绍了总体情况后并陪同到车间各个装配工位现场观察装配过程并感受噪声的强度。

装载机装配车间为 4 跨建筑，宽度超过 50m，具有典型大企业的规模，但因产品体积较大而颇显拥挤。路经地面或二楼参观通道，都感到多种声响混杂，使人们之间的语言交流变得相当困难。平时，车间办公室必须关闭门窗，否则业务人员难以静心进行相关工作。

经观察，车间装配噪声主要包括：轴承及销轴安装时的锤击声、风动扳手拧紧螺母时的空气动力性噪声、叉车往返运送零部件时的发动机声、装配线末端发动机运转声响等。正常工作日的上午 11 点 30 分以前，噪声似乎最为严重。

据厂领导介绍，在柳工其他产品的装配车间也存在类似情况，最高噪声都达 110dB(A) 左右。显然，人们在这种噪声环境下工作，不仅会引发心血管系统和消化系统功能紊乱，而且会降低工作效率和注意力，从而诱发安全事故。

在强调环保理念的新世纪，柳工装载机装配总厂领导的确在噪声控制问题上下过一番工夫。例如，厂方就曾采用温差法装配轴承，将其放入液氮中冷却即可很轻松地装入车架轴承孔。但问题是，液氮温度极低，操作不小心便会对操作者造成伤害。其次，采用这种装配法，轴承的意外断裂事故时有发生。于是，工人们又重新采用锤击方法来装配轴承或销轴。

重锤猛击的装配方法与文明、清洁、精益生产的理念很不相符，不仅导致机体振动甚至变形，而且会使周围环境中更多的硬颗粒杂物落入轴承孔。笔者曾在现场触摸多个即将装配轴承的机座孔内表面，发现每个孔都被含有不少粗糙颗粒的杂物所污染。显然，车架的变形与孔内杂物的黏附只能使装配更加困难，进一步加大了工人师傅抡锤击打轴承的劳动强度。

✦ 测　定 ✦

笔者带领与指导机械振动与噪声控制方向的三名硕士研究生，使用笔者实验室的测试仪器与软件，依次到与厂方商定选择的 4 个测量点测试、记录噪声，并运用互谱分析等方法进行频谱分析。

噪声测量的第一点位于车架轴承装配工位。该工位的任务是将轴承装配到由钢板焊接而成的框形车架座孔中。一个工人手持质量超过 5kg 的带柄圆柱形铜块击打垫于轴承外圈的钢套，一般须经 10 余次重力打击方可将轴承打入座孔。

由于轴承座孔直接在钢板框形结构车架上加工，通过击打方式安装轴承，必定激起钢板振动，并向四周辐射噪声。三位研究生用 ND2 精密声级计测得的噪声范围为 110 ~ 103dB(A)，7dB 的噪声波动幅度主要与击打间歇相关联。

随后现场对采样记录的噪声进行了频谱分析，其结果如图 1-75 所示。图中列出了排在前面的 4 个噪声频率。其中 270Hz 应该与车架钢板固有振动有关。如果在装配过程中采用辅助装置以临时提高结构的刚度，噪声的强烈程度将会有所降低。

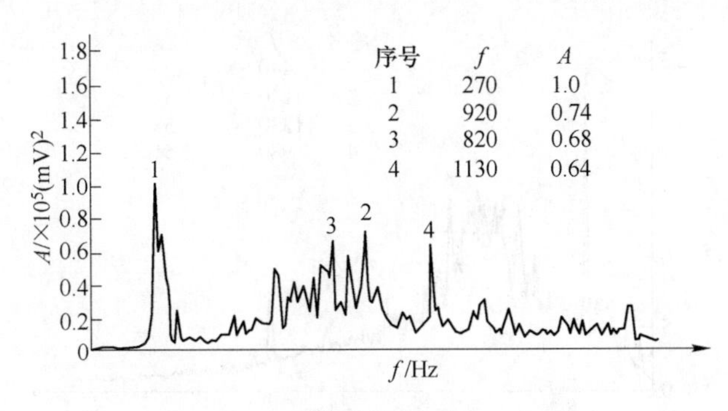

图 1-75　第 1 测点噪声频谱分析结果

噪声测试的第二点选在车架尾部配重装配工位。这里由两个工人站在台架上轮番使用大锤直接击打定位销轴。每装配一个定位销都须击打近 20 次，可想而知其劳动强度之大。

该工位的噪声范围是 103 ~ 100dB(A)。由于两个工人轮番抡大锤，其击打频率高于一人作业，故此噪声波动幅度相应较小。图 1-76 给出了此处噪声的频谱分析结果。其中位列前 5 位的噪声成分都在 1000Hz 以上。这种高频率的噪声对人们的听力损伤最大。之所以出现如此高频率的噪声，是因为随着装配工序的进展，板框式车架的整体刚度有了一定程度的提高。故此，该测试点的噪声最高值也就相应有所下降。

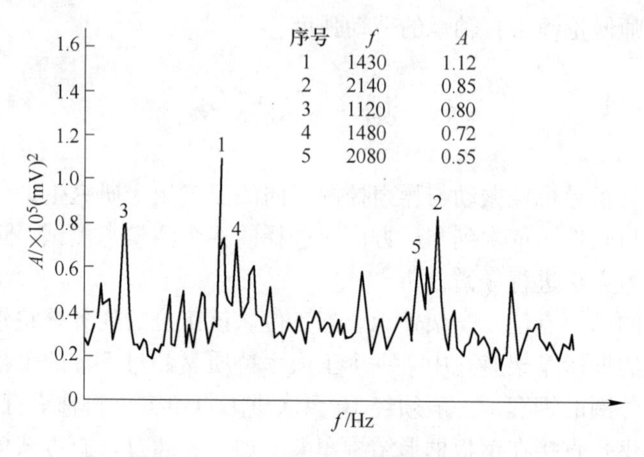

图 1-76 第 2 测点噪声频谱分析结果

在装载机工作臂前端装配铰链销轴套的工位，进行了第三次噪声测试。与前述工作情况相同，工人师傅也是用大锤直接击打完成安装，其噪声声级范围为 111 ~ 105dB(A)。在此工位，柴油发动机已安装到装载机底盘上，并以 750r/min 怠速运转，需要时即可驱动车轮使主机能在装配线上独立行走。记录的噪声频谱分析结果如图 1-77 所示。

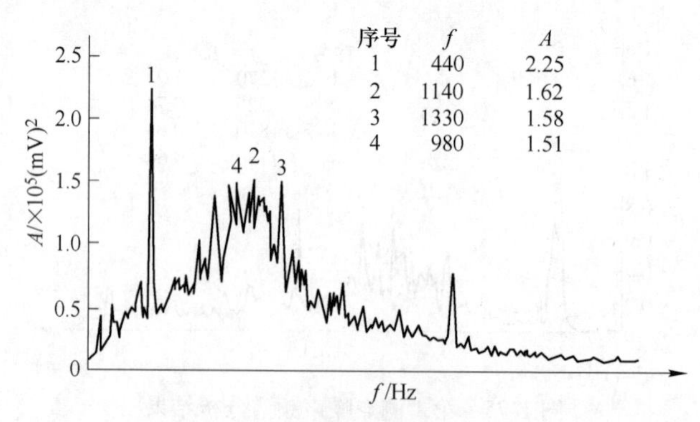

图 1-77 第 3 测点噪声频谱分析结果

噪声测量的最后一个测点位于装载机基本完成装配，即铲斗与工作臂相联接的销轴装配工位。很显然，工人在这里仍然依靠大锤直接击打，其噪声波动范围为 110 ~ 106dB(A)。由于铲斗刚度相对较大，在连续击打情况下，噪声的起伏波动幅度相对较低，噪声频谱如图1-78所示。

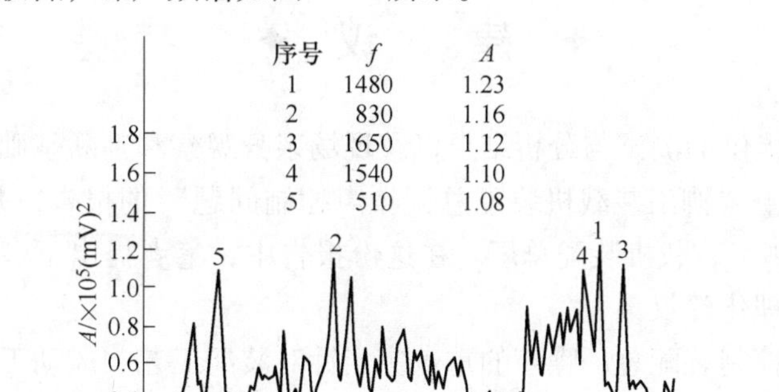

图1-78　第4测点噪声频谱分析结果

上述4个工位的噪声是在整个厂房各个工位同时工作情况下测得的，因而肯定存在多声源的相互干扰现象。例如，其他工位工作的风动扳手、处于启动状态的发动机、运送零部件的天车和叉车等，都会从各个方向传播到所选的测试点，以致所得噪声频谱分析结果出现频率杂乱现象。

由于每个测量点所记录的最高噪声值都与厂方过去多次测量的结果相一致，这就有力地说明笔者所指导研究生们的测试和分析是可信的。

现在，装载机整个装配环节噪声的严重超标已经不仅仅是污染环境和影响人们健康的问题。用铜质重块和大锤重力击打实施装配，势必使零部件产生有害的装配应力，降低甚至破坏车架和轴承的原有精度，从而增加机械工作时的能源消耗、降低其工作寿命，最终降低企业在国内外市场的竞争力。

装载机属于较大型（或所谓“粗蛮”型）工程机械，某些不文明的装配方式也许能为人们所理解。但是在今天的潮流下，如果一个大型企业继续沿用过去的“野蛮”作业习惯，那将明显有悖于今天公认的人文理念、环境意识和国际惯例。实行文明装配与文明生产可以根除过去野蛮作业的诸多弊端，一举而得多项红利，值得强力推行。

随着社会和技术的进步，国内知名的工程机械大企业加强对厂内噪声的治理不仅是必要的，也是可行的。

例如，每个锤击装配作业点的噪声都超过105dB(A)，故此可以肯定，禁止装配中的锤击方法就一定能取得良好的降噪效果。

分析表明，柳工装载机装配总厂噪声的频率范围分布很广，特别是第三、第四监测点更为突出，从数百到两千多赫兹不等。这主要是风动工具的空气动力性噪声影响所致。由此不难设想，只要今后尽量引进低噪声先进风动工具，就能使厂区很大频率范围内的强烈噪声得到有效控制。

✦ 建　议 ✦

在研究生们提供的测试与分析结果以及现场亲身观察和判断基础上，笔者执笔写出了一份关于“柳工装载机装配总厂噪声控制问题”的报告，并于2012年4月5日传送给柳工装载机装配总厂。在这份报告中，笔者提出了多条主动控制厂房内噪声的合理化建议。

笔者认为，控制装配总厂噪声的重点应当针对装配工艺、风动工具以及发动机噪声排放三个方面。为此建议厂方采取以下措施：

（1）改进装配工艺。目前工人们装配轴承和各种销轴都采用重锤大力锤击方法，这是一种不文明的装配行为。应当尽快禁止锤击装配方法。凡是轴承和销轴类零部件，均可按照配合公差要求，在理论计算所得合理温度条件下冷却后，利用辅助轻便型压力装置装配之。如果一味盲目冷却，其结果将适得其反。

（2）坚持清洁装配。应当明文规定，装配前必须确保配合件内外表面的清洁度，并涂以清洁润滑油以降低配合面的摩擦系数。

（3）选用先进风动工具。工厂长期使用噪声超标的风动扳手，基本未考虑引进市面上已出现的低噪声风动工具。工厂领导应当转变概念，在引进先进工具方面舍得下本钱。如果一时难以全部采用低噪声风动扳手，则可请有关部门开展控制风动工具噪声的实验研究，以期用低成本来获得对风动工具的较好改进。

（4）控制发动机噪声排放。厂区物流基本依赖柴油动力叉车。不仅噪声大，而且污染厂区环境，严重影响厂区内工作人员的身体健康。为此应当逐步改用电瓶车搬运物料并最终禁止柴油车进出车间。

✦ 技　改 ✦

为切断装载机装配总厂噪声的最重要来源，即从根本上革除大锤击打轴承的“野蛮”装配方式，笔者设计了一款便携式液压装置以装配滚动轴承。将其投入使用，不仅可以极大地改善工作环境，大幅减少零部件的装配应力，提高产品质量与使用寿命，而且可以在显著降低工人劳动强度的同时，提高其工作质量与效率。

一、便携式液压装配装置结构[34]

该装置的主要工作部分为手提式工作油缸（见图1-79）。考虑到装配的实际情况，活塞杆直径取为$\phi40$。油缸筒两端的杠头各通过一根高压软管与油压系统相连。

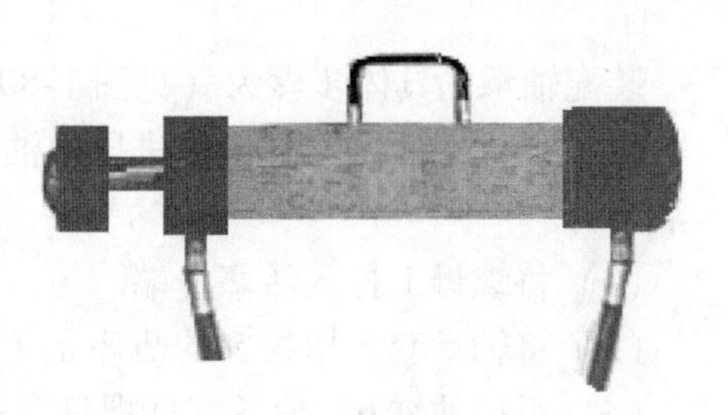

图 1-79 手提式油缸

图 1-80 显示了轴承的基本装配方式，图中各序号所代表的零部件名称已列于图名下方。其中压板 5 应事先套入活塞杆，其结构形式如图 1-81 所示。除压板宽度由用户根据装配条件自行确定外，其余尺寸大小都应与所装配轴承相对应。例如其外径 D 应略小于轴承座孔，内孔 d_0 及凸环 d_1 都须具有较高的同轴度和尺寸精度，以便能够分别与活塞杆外径和所装配轴承内径形成较松的动配合。如此结构有利于轴承装配时的对中。活塞杆端螺母 1 带有定位销，以使带径向槽的垫板 2 能可靠定位而不会掉落。垫板有两种结构形式，图 1-82（a）用于装配，图 1-82（b）用于拆卸。将拆卸用垫板设计成圆筒形，且使圆筒内孔直径稍大于轴承外径，其目的是使被拆下的轴承落入该垫板圆筒内，以免掉落碰伤活塞杆。

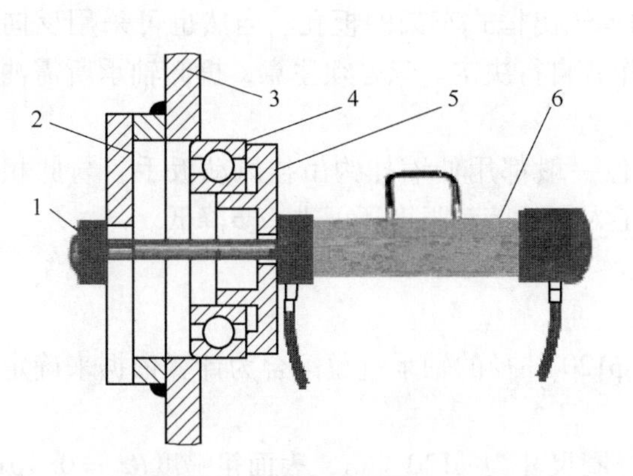

图 1-80 滚动轴承液压装配方式

1—杆端带销螺母；2—垫板；3—板式框形车架；4—滚动轴承；5—压板；6—工作油缸

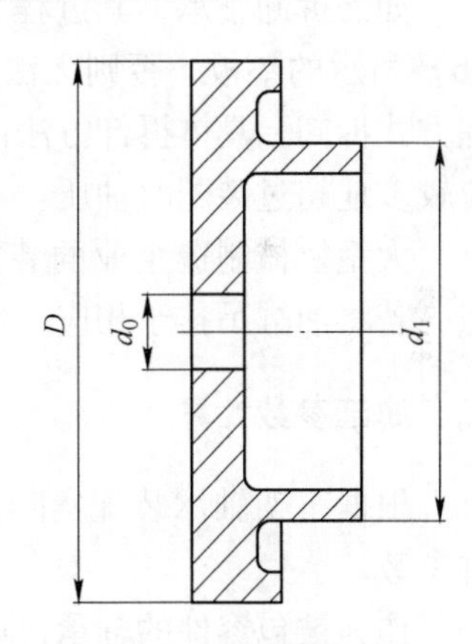

图 1-81 压板结构形式

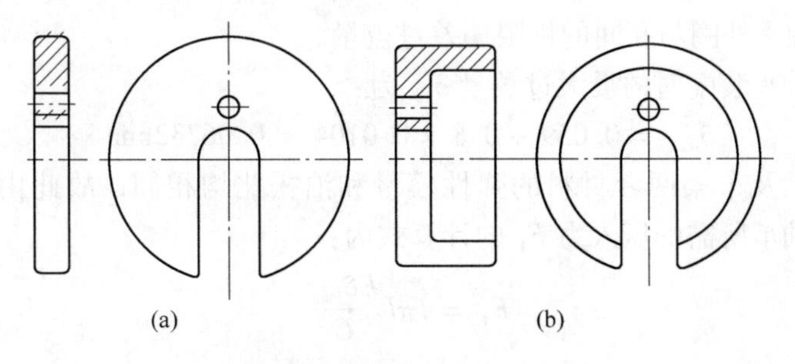

图 1-82 垫板的两种形式

（a）平板式；（b）圆筒式

装配轴承的具体步骤为（见图1-80）：

（1）从油缸6尾端缸头引进压力油，使活塞杆外伸一定长度后，将压板5套入活塞杆。

（2）将螺母1拧入活塞杆端。

（3）将轴承套入压板5的凸环 d_1（待装配轴承内径大于螺母外径）。

（4）手提油缸6，使活塞杆螺母穿过框形车架3的机座孔，并尽可能使轴承对中。

（5）从活塞杆径向套装垫板并使其能被螺母定位销准确定位。

（6）从油缸6前端缸头导入液压油实施装配作业，驱使油缸左移并推动压板5将轴承压入车架3座孔中。

液压油可由厂内压力站直接提供，也可通过脚踏方法从独立的柱塞式油泵系统中获得。

如需拆卸轴承，其过程其实是装配轴承行为的继续，只是必须改用图1-82（b）所示的垫板，否则无法将轴承压出框式车架的板孔。当然也可采用反向行程方式拆卸，具体拆卸方法由操作者自行决定。只是须注意，拆卸轴承所需油压应较多地超过装配时油压。

大型机械制造企业的装配工位一般都用伸缩挂钩吊挂风动扳手。与此相类似，若将油缸吊挂于相应工位，工人们的劳动强度还可进一步降低。

二、油缸参数计算

根据车架轴承装配实际，以 $\phi120$ 外径的轴承过盈配合为计算依据来确定油缸参数。

作为被包容件的轴承，设其外圈尺寸为 $\phi120_{-0.013}^{0}$，表面粗糙度 $Rz_1=0.4\mu m$；装载机一般多处于重载工作状态，故作为包容件的轴承孔尺寸定为 $\phi120_{-0.059}^{-0.024}$，其表面粗糙度 $Rz_2=10\mu m$。由文献［25］，得最大过盈量 δ_{max} 的计算公式为：

$$\delta_{max}=\Delta+0.8(Rz_1+Rz_2) \tag{1-55}$$

其中，Δ 为轴承外圈与孔间的极限偏差过盈量。

由此得轴承装配时的最大过盈量 δ_{max} 为：

$$\delta_{max}=0.059+0.8\times0.0104=0.06732\text{mm}$$

由于轴承及车架两者材料的弹性模量和泊松比均相同，故此由文献［25］得压力装配轴承所需的压入力 F_1 的计算式为：

$$F_1=f\pi l\frac{E\delta_{max}}{C} \tag{1-56}$$

式中 f——摩擦系数，一般取 $f=0.15$（若润滑良好，可取 $f=0.07$）；

l——配合面的长度，取 $l=30\text{mm}$；

E——弹性模量，且 $E = 2.06 \times 10^5$MPa；

C——过盈配合副的刚度系数之和，且：

$$C = \frac{d^2 + d_1^2}{d^2 - d_1^2} + \frac{d_2^2 + d^2}{d_2^2 - d^2} \tag{1-57}$$

式中 d——配合公称直径；

d_1，d_2——被包容件的内径和包容件的外径。

需要指出的是，包容件不是圆形板而是近似的矩形板，故此其外径 d_2 只能偏于保守地作近似计算，即以轴承孔中心到板边缘最近距离为其外圆半径；又由于轴承是以整体而非单独外圈参与装配，故此取轴承滚动体回转中心圆周为其内径；设两者分别取为 $d_2 = 360$ 和 $d_1 = 85$。如此保守的取值会使式（1-56）的计算值偏大。

先由式（1-57）求得刚度系数 C 为：

$$C = 4.2639$$

再由式（1-56）求得装配轴承所需压入力 F_1 为：

$$F_1 = 4.5980 \times 10^4 \text{N}$$

如需将安装到位的轴承从轴承孔中压出，那么压出力应大于压入力的40%，即有：

$$F_0 = 1.4F_1 = 6.437 \times 10^4 \text{N}$$

由此可知油缸额定工作压力 F_e 应为：

$$F_e = 2.5F_0 = 1.609 \times 10^5 \text{N}$$

前面指出，活塞杆直径取为40mm，若初取油缸内径为100mm。只需使油压达到：

$$p = \frac{4F_e}{\pi(100^2 - 40^2)} = 24.4 \text{MPa}$$

此时，该油缸即可完全满足这类轴承的装拆要求。

油缸的有效工作行程可根据图1-80作出判断。由于轴承宽度仅为30mm，故此油缸工作行程取为180mm，即可完全满足滚动轴承的装拆用途。

在实际工作中，油缸基本只用来压入轴承，轴承的拆卸一般不会在装配现场进行，因此便携式手提油缸的工作压力可以小到 $p = 7$MPa。这种压力油由人工手压或脚踏都是易于获得的。

✦ 点 评 ✦

20世纪60、70年代，某些工厂（主要是非机械制造工厂）因维修或技术革新需要而常用大锤击打进行零部件或轴承的装配或拆卸，那都是因条件限制不得已而为之。进入新世纪后，大型机械制造企业成批生产过程中还采用这种“野蛮”作业方式显然就很不适时宜。

对于过盈量并不太大的轴承外圈装配，用重锤撞击或用液氮冷却进行装配都具有较大的盲目性。实际上，只要确保各种配件的清洁度并适当辅以润滑，使用人力驱动的液压系统就可以较方便地装配轴承或其他零部件。

至于销轴的装配，同样可以采用液压装配手段。与图 1-80 稍有不同的是，必须有针对性地设计并应用结构合理，更换方便的夹持、定位和传力辅助配件。

在以往锤击装配装载机的各个环节，一律改用液压手段，厂区内噪声超标的局面即可得到极大程度的改善。如果进一步普遍采用新型风动扳手等工具，长期困扰人们的装载机装配噪声基本就能得到有效控制。由此可见，治理企业内的噪声污染并非不可逾越的难关。

同学们只要掌握了扎实的理论知识基础，并且具备分析工程实际问题的能力，今后遇到类似技术问题就会冷静对待，并合理运用科学实用的而不是盲目采用不得法的方法或手段，从而使自己所从事的事业能够更好地符合“创新、协调与绿色”的发展潮流。

✦ 口　诀 ✦

文明装配忌“野蛮”，革新工艺可克难；
松紧轻重巧施力，和谐环境心最安。

✦ 思　考 ✦

（1）请归纳与轴承配合的轴和机座孔各用哪些优先选用的尺寸公差配合代号，并指出各种配合类型所适用的场合。

（2）试说明盲目采用锤击装配方法的不利影响。

（3）如果将轴承装入铸铁机架座孔中，应如何修正计算式（1-56）？

［案例1-9］　轴的非正常断裂分析与改进

◆ 目　　的 ◆

首先要正确理解轴的概念。轴是一切机械都不可缺少的重要零件。文献［35］给轴下的定义为：支承带毂零件（如齿轮、蜗轮等）并与之一起旋转以传递运动和扭矩或弯矩的机械零件。这个定义虽然足够权威，但也欠圆满。例如从日常生活可知，支承自行车前后轮的心轴就都不与车轮一起旋转。为了避免歧义，以更加符合实际，有必要将轴的上述定义适当修改为：支承带毂的旋转零件（如齿轮、皮带轮等）以能实现运动和动力传递的机械零件。其次注意牢固掌握轴的设计理论与方法。

一切工作在工程技术一线的毕业大学生都有与轴打交道的机会。故借此帮助学生深入认识轴的基本概念；进一步掌握轴的受力分析与强度计算方法；通过对多种轴失效实例的了解逐步积累轴类零部件故障诊断与失效分析经验，进而提高设计水平，增强处理现场技术问题的能力。

◆ 背　　景 ◆

一、水泵轴的非正常断裂

1971年3～5月，天无三日晴的贵州省黔南地区严重干旱。当时笔者所在长顺县农机厂生产的水泵因此大部分销售到各地抗旱，以缓解农田插秧缺水问题。

不料没过多久，厂领导从电话中得知，都匀县墨冲公社的几台水泵轴断裂，急需派人尽快处理。厂领导当即决定以旧换新外，同时派笔者与木模车间一位工人师傅下乡实地考察。

笔者与木工师傅到达都匀，会同黔南自治州农机局有关同志一起赶到墨冲公社抗旱现场，见一处台地上杂乱摆放着三台水泵机组，每台泵的皮带轮连同轴头全都掉落一旁。三根水泵轴的断裂面毫无例外地完全相同。

现场驱动水泵的动力都是12马力单缸柴油机。柴油机-水泵机组用两根长条方木固定，由平皮带传递动力。

同行的自治州农机局同志指出，这很可能是你们厂材料用的不对。水泵轴应该用45钢，这些断裂的轴可能只是A3钢（即现在的Q235钢）。笔者当时表示完全有这种可能性。因为采购与仓库管理人员文化程度很低，一些工人师傅甚至常将 ϕ45 的圆钢认定为 45 钢。加上工厂完全没有正规检测手段，生产中的投料错误是完全有可能发生的。

长顺农机厂当时生产的这些水泵型号为 3K9。即叶轮悬臂式、进出水口径 ϕ80 (3 英寸)、比转数 90 的离心清水泵。其外形“粗笨”，重量大到连两个壮劳力都不能轻松抬动。据说引进的图纸是根据苏联产品测绘而成的。笔者在现场看到农民拆装极不方便，当即就暗下决心改造这一产品。

二、直流电动机轴的非正常断裂

20 世纪 90 年代后期，广西工学院主持了一项广西壮族自治区重点科技攻关项目，即研制开发一套自动化程度很高的食糖糖液离心分离装置。食糖工业是广西的支柱产业之一，这套先进糖液离心分离装置的研发不仅有利于提高广西食糖的品质，而且有助于生产率的提高。当时的项目合作单位是享誉国内外的柳州空压机总厂，该厂十分重视此项目，因而承担了装置全部自制零部件的加工任务。

在柳州空压机总厂的大力协助下，项目研制成功。离心机采用上海电机厂生产的 220kW 直流电动机驱动，在象州石龙糖厂试生产，达到了预期效果。

但是试生产不到两个月，意想不到的事情发生了，即电动机轴整体断裂。与 3K9 水泵轴一样，其断裂面都位于轴头根部的砂轮越程槽并与轴线相垂直，这在电动机中是相当少见的。项目组很快决定，花 5 万元再请上海电机厂尽快发送一台同规格的直流电动机。可是，换装新电动机试生产不到一个月，电机轴再次齐根断裂。笔者获知此消息当即向学校主持该项目的领导建议，应该先分析事故原因，然后有针对性地采取相应措施。否则，只知一味更换电动机，其断轴的危险就始终无法摆脱。

三、装载机取力轴的非正常断裂

2013 年刚放暑假，广西柳工集团装载机研究院院长，特地邀请笔者前往分析会诊异常断轴事故。该院长事先告诉笔者，断轴原因可能与轴的扭转振动有关，希望能听听笔者意见。既然属于振动引起的故障，笔者即与上海交通大学振动与噪声国家重点实验室毕业的博士高尚晗教授等一同前往。

笔者一行到达柳工装载机研究院会议室，首先查看所展示的断轴。该轴一端花键轴段接受变速箱传递的转矩，另一端则将动力传给齿轮泵。奇怪的现象是，断裂部位不在靠近输出端的直径最小且带有环形槽的轴段，而是紧靠动力输入端且直径最大处，其断面与轴线成 45°角。

随后听取院长等技术人员的情况介绍得知，近年来，装载机断轴事故屡有发生，断轴率一般都在5%左右，最高时竟达17%。事故都是在装载作业过程中突然发生的，而且断口位置与形状基本相同。断轴前机器累计工作时间长短不一，有的达数千甚至上万小时，有的则仅工作了300多小时甚至更短。

该轴所用材料为Mn-Cr系中碳合金钢，经调质后作表面高频淬火处理，心部硬度HBS255左右，表面硬度则为HRC56左右。工厂质检部门对断轴各段截面进行金相检查，其微观组织均匀，不存在任何材料组织不合格的问题。

✦ 改　进 ✦

这里有必要着重介绍消除水泵轴异常断裂的技术措施。

那时，抽水抗旱是当务之急。为充分发挥本厂产品在抗旱现场的有效作用，并且不再给农民增添更多麻烦，笔者向厂领导汇报并建议，不能只是简单地让农民以坏换新，因为仍然会一而再、再而三地发生泵轴断裂事故；关键一步是先改进轴的结构，使其不再容易断裂。领导表态完全同意。笔者当即拿出改进方案，工人们立即动手加工，将已装配的泵轴全部作了拆换。农民们用这批泵抽水，再未听说有断轴事故发生。

泵轴的原有结构如图1-83所示。图中轴头1和7公称直径都为ϕ25，砂轮越程槽2和6直径为ϕ24，轴颈3和5为ϕ30，轴身4为ϕ36，8为M16×1.5的螺纹。都匀墨冲公社抗旱水泵泵轴全部在图中砂轮越程槽2断裂，而且断面平整，颜色一致，是突然性的整体断裂结果。

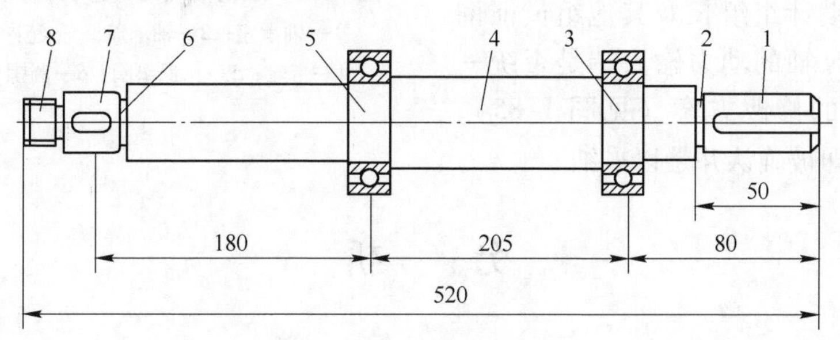

图1-83　离心水泵轴轴向尺寸

其实，当时的农机厂一般还没有外圆磨床。加工出2mm宽的沟槽，既是图纸要求，也便于联轴器或皮带轮安装定位。那时的小县城企业不讲究产品质量监控，加上轴上沟槽都是自由公差尺寸，难免深浅不一，表面精度与槽底圆角也都难以经得起认真检查，此处轴的强度完全有可能因精度问题而进一步被削弱。

针对泵轴原有结构之不足，笔者按图1-84所示作了修改。与原轴相比，总长增加了15mm，以便加工出一段M27×1.5的螺纹1。轴颈3和5的原有尺寸

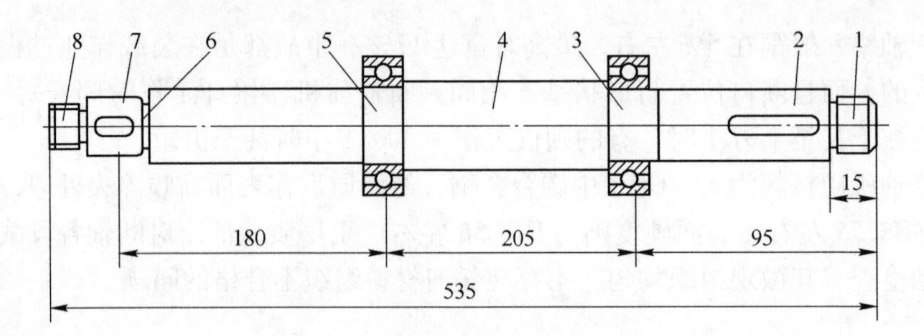

图 1-84 修改后的离心水泵轴

$\phi30\pm0.008$ 保持不变，原来的轴头（即图 1-84 轴段 2）尺寸修改为 $\phi30^{-0.015}_{-0.038}$。为使皮带轮或联轴器准确定位，增加了一个轴套（可用铸铁加工），并通过圆螺母将轴承、定位轴套以及皮带轮紧固于轴上[36]。图中轴头 2 尺寸由 $\phi25$ 仅增大到 $\phi30$，故键槽宽度仍保持原先的 8mm 不变。

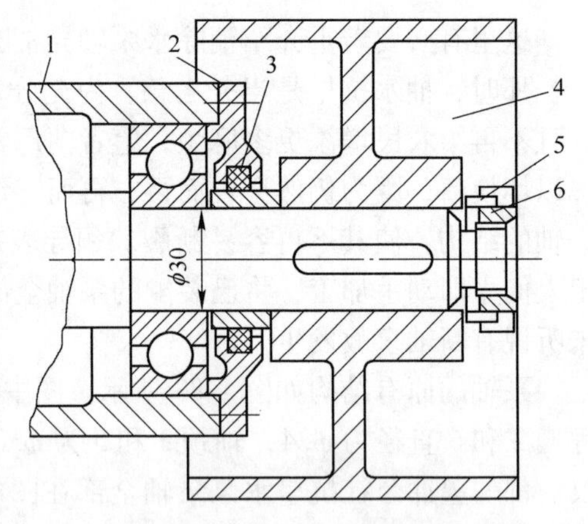

图 1-85 泵轴修改后的部分装配关系

1—轴承座；2—轴承盖；3—毡圈；4—带轮；5—止退垫圈；6—圆螺母

1977 年春节后，笔者被抽调到贵州省黔农系列水泵设计组。具体设计分工明确后，笔者向来自贵州省农机研究所的设计组组长及其他组员征询意见，水泵轴的动力输入端是否统一采用笔者的修改方案（见图 1-85），此建议当即被确认并予以采纳。

✦ 分 析 ✦

一、3K9 水泵轴强度分析

笔者修改泵轴尺寸与结构，并且敢于负此责任，虽然首先是出于个人主观感觉与点滴经验；但最重要的是有领导的充分信任以及理论分析依据的支撑。

（一）按纯扭状态初估泵轴强度

3K9 水泵的额定转速为 $n=2900\text{r/min}$，配套动力为 $P=7.5\text{kW}$ 的三相交流电动机。按轴径初步估算公式[17,25]：

$$d_{\min}=A_0\sqrt[3]{\frac{P_{\text{ca}}}{n}} \tag{1-58}$$

其中，$P_{ca}=K_AP=1.2\times7.5=9\text{kW}$，为计算功率；$K_A=1.2$，为重载启动所取的工况系数；$P$ 为电动机的额定功率；n 为水泵轴的转速（r/min）。

若取材料系数 $A_0=110$，则有：

$$d_{\min}=16\text{mm}$$

当电动机通过联轴节直接与泵轴相连时，砂轮越程槽 $\phi24$ 的尺寸是完全富裕的。即使考虑动力为12马力单缸柴油机，由式（1-58），泵轴最小直径为：

$$d_{\min}=110\times\sqrt[3]{\frac{1.3\times8.8}{2900}}=17.4\text{mm}$$

其中，1.3为柴油机驱动时的工况系数；8.8为12马力换算出的kW数。由此可见，水泵轴的原设计方案并无原则性错误。

问题是，柴油机当时只能通过平皮带传动水泵，因此泵轴不再纯粹受扭。在当地农民自行安装机组的情况下，用力拽紧平皮带而使压轴力偏大是完全可能的，这对轴的安全运转将是一个极大的威胁。

（二）泵轴强度的弯扭合成校核

设离心泵工作状态正常，由此可认为叶轮上不存在水力学方面的径向作用力。于是泵轴所受径向力仅仅来自叶轮质量偏心产生的离心惯性力与平皮带压轴力。

1. 叶轮的离心力计算

有关标准规定，水泵叶轮的平衡精度 A 为6.3mm/s[37]。由此求得叶轮质心的许用偏心量为：

$$[e]=\frac{A}{\omega}=\frac{6.3}{304}=0.0207\text{mm}$$

设叶轮质量为3kg，则许用质径积为：

$$m[e]=62.24\text{g}\cdot\text{mm}$$

这就意味着，做叶轮静平衡实验时，其外径附近所加的不平衡配重质量块不能超过：

$$m_b=\frac{62.24\text{g}\cdot\text{mm}}{123\text{mm}}=0.5\text{g}$$

但是实际上，那时农机厂的水泵叶轮根本不作静平衡处理。后来检测发现，最初不平衡配重可达15g之多，即为规定值的30倍，换言之就是叶轮运转所产生的离心力将可能超过规定值的29倍，即：

$$F_C=30\times62.24\times10^{-6}\times\left(\frac{2900\pi}{30}\right)^2=172\text{N}$$

2. 皮带压轴力计算

皮带压轴力和初拉力计算式分别为：

$$Q = 2F_0\sin\left(\frac{\alpha_1}{2}\right) \tag{1-59}$$

$$F_0 = \frac{F_e}{2}\left(\frac{1 + e^{-f\alpha_1}}{1 - e^{-f\alpha_1}}\right) + qv^2 \tag{1-60}$$

根据贵州都匀墨冲公社用12马力柴油机驱动水泵的实际，假设柴油机仅提供足以驱动水泵的动力7.5kW而不是满负荷运转时的8.8kW，则其计算功率为$P_{ca} = 1.3 \times 7.5 = 9.75\text{kW}$。此外柴油机皮带轮直径$d_1 = 250$、泵轴皮带轮直径$d_2 = 125$、主从动轮中心距$a = 1500$。据此求得小皮带轮包角为：

$$\alpha_1 = 175° = 3.054\text{rad}$$

皮带线速度为：

$$v = 0.0625 \times \left(\frac{2900\pi}{30}\right) = 19\text{m/s}$$

带的有效拉力为：

$$F_e = \frac{1000 \times 9.75}{19} = 513\text{N}$$

当时的农村只用平皮带。因皮带宽度为80mm，取皮带单位长度的质量为：

$$q = 0.4\text{kg/m}$$

平皮带与皮带轮间的摩擦系数$f = 0.175$（与V带传动所反求出的带与轮间当量摩擦系数$f_v = 0.512$相符合），故由式（1-60）求得皮带初拉力：

$$F_0 = 1127\text{N}$$

进而得皮带压轴力：

$$Q = 2252\text{N}$$

3. 水泵轴强度校核

考虑到平皮带轮宽度较多地超出轴头长度，作为集中力的皮带压轴力的作用点就不在轴头宽度中点。根据当时平皮带传动实际画出图1-86（a）所示的泵轴受力简图。

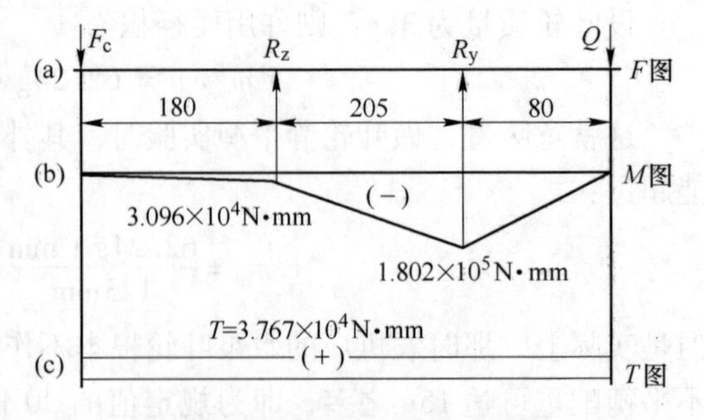

图1-86　离心泵轴强度分析图

由于水泵轴仅在两端轴头处有外力作用，故无需计算支反力便可画出该轴的弯矩图（见图1-86（b））。轴的转矩则如图1-86（c）所示。由轴的弯扭合成强度校核公式：

$$\sigma_{ca} = \frac{M_e}{0.1d^3} \leqslant [\sigma_{-1}] \tag{1-61}$$

得图1-83所示轴颈3中点和越程槽2两截面处的弯矩分别为：

$$M_3 = 80 \times 2252 = 1.802 \times 10^5 \mathrm{N \cdot mm}$$

$$M_2 = 50 \times 2252 = 1.126 \times 10^5 \mathrm{N \cdot mm}$$

两截面的当量弯矩则分别为：

$$M_{ca3} = \sqrt{(1.802 \times 10^5)^2 + (0.6 \times 3.767 \times 10^4)^2} = 1.816 \times 10^5 \mathrm{N \cdot mm}$$

$$M_{ca2} = \sqrt{(1.126 \times 10^5)^2 + (0.6 \times 3.767 \times 10^4)^2} = 1.148 \times 10^5 \mathrm{N \cdot mm}$$

由式（1-61）可知，两截面的强度均不满足要求。计算时取 $[\sigma_{-1}] = 50\mathrm{MPa}$ 是因为当时农机厂直接由热轧圆钢下料加工泵轴，而不做任何热处理的缘故。

$$\sigma_{ca3} = \frac{1.816 \times 10^5}{0.1 \times 30^3} = 67.26 > [\sigma_{-1}] = 50\mathrm{MPa}$$

$$\sigma_{ca2} = \frac{1.148 \times 10^5}{0.1 \times 24^3} = 83.04 > [\sigma_{-1}] = 50\mathrm{MPa}$$

但明显不同的是，2 段砂轮越程槽处尤为危险，在 3 段支点失效之前，槽 2 早已断裂。

在按图 1-84 修改泵轴的同时，如果适当加大带轮直径分别到 $d_1 = 280$ 和 $d_2 = 140$，而且按图 1-85 装配平皮带轮，那么皮带压轴力到轴承宽度中点的距离便可减少到 50mm 左右，即使 12 马力柴油机满负荷工作，并且即使仍然直接用热轧圆钢加工，泵轴也不会发生断裂事故。有兴趣者可自行计算。

二、电动机轴断裂故障分析

220kW 直流电动机外伸轴的各段直径分别为：轴颈 $d_3 = 90$、砂轮越程槽 $d_2 = 83$、轴头 $d_1 = 85$（脚注数字序号代表轴段，可参照图 1-83）。最初，电动机通过凸缘刚性联轴器与糖液离心分离机主轴相连，电动机断轴就发生在槽 d_2 处，而且断面平整。

在一个工作循环中，电动机须经多次重载启动过程。为使其停车时间尽量缩短，在程序设计上，使电动机停车阶段转变为发电机，电机转子切割磁力线而得以快速停转。可见，电动机轴工作时虽然不像洗衣机轴那样频繁正反转，但所受转矩也和一般转轴所受弯矩一样都是对称循环的，轴危险截面的计算应力便增加了许多，从而增加了该轴失效的危效。

此外，在离心机的正常工作状态下，电动机的转速并不总是保持为 1450r/min，而更多的是处于 400～600r/min 的转速范围之内，故此电动机轴就需输出更大的转矩。

即使不考虑弯矩对电动机轴的影响，其危险截面上的切应力计算值也将超过其许用值，即：

$$\tau = \frac{T}{0.2d^3} = \frac{9.55 \times 10^6}{0.2 \times 83^3} \times \frac{1.2 \times 220}{450} = 49\mathrm{MPa} > [\tau_{-1}] = 40\mathrm{MPa}$$

这里有必要指出许用切应力 $[\tau_{-1}] = 40\text{MPa}$ 的由来。许多教材一般仅列出多种材料的抗拉强度极限值 σ_B，而不告知其剪切强度极限值 τ_B。由文献［38］可知，两者之间有如下关系：

$$\tau_B = (0.4 \sim 0.7)\sigma_B$$

同时查文献［25］得知，调质45钢的弯曲疲劳极限、剪切疲劳极限和许用弯曲应力分别为：

$$\sigma_{-1} = 275\text{MPa}, \tau_{-1} = 155\text{MPa}, [\sigma_{-1}] = 60\text{MPa}$$

由此可见，取对称循环许用剪切应力 $[\tau_{-1}] = 40\text{MPa}$ 虽然偏于冒险，但还是位于合理范围之内。

另一方面，由于采用刚性联轴器，只要装配存在少许误差，电动机轴就会产生附加弯矩，发生断裂的可能性就会更大。事实恰好如此。

笔者20世纪70年代初所遇到的断轴事故发生在工作机上；到了90年代末，广西工学院连续发生的类似事件则是原动机出现断轴问题。虽然两者轴功率相差极大，并且断轴所受载荷状况也大不相同，但断轴部位却都位于砂轮越程槽内，因此完全可以用相同的方法加以解决。如果按照笔者如图1-84所示的方法单独加工一根电动机轴，丝毫不会对电动机其他部位产生任何不利影响。即使仍旧采用刚性联轴器也不会造成多大的断轴危险。

三、装载机取力轴断裂故障分析

对于图1-87所示的取力轴断裂轴段，柳工装载机研究院领导和工程师们基本认为，该轴仅仅传递转矩，因此扭振应该是断轴的主要原因，故此希望笔者帮助计算该轴的固有扭振频率。此外研究院方面反映，多数断轴的轴身表面都曾严重磨损，摩擦热使轴表面产生500℃左右高温，导致其高温回火，从而降低了表面硬度与截面屈服强度，最终发生断裂。高尚晗博士当即表示，此轴断裂位置（见图1-88）说明，意外的弯矩与断轴关系极大，找到弯矩形成原因才是解决问题的关键。

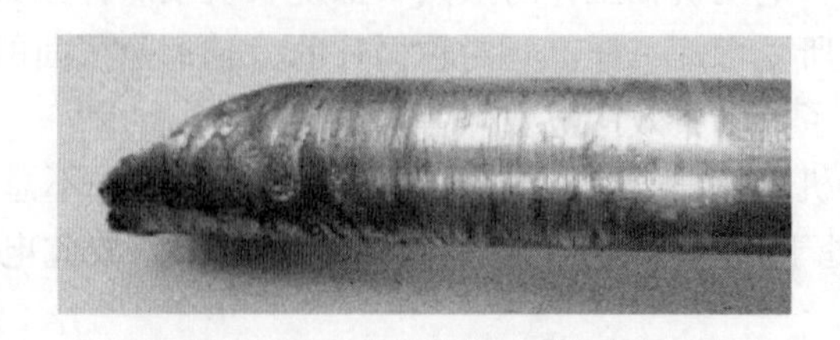

图1-87　轴表面磨损状态

图1-88所示装载机传动轴（柳工称为取力轴）用于连接ZFWG310变速箱和油泵转子，并整体穿过液力变矩器。轴的两端花键1和5分别与油泵转子和接受

变速箱动力的连接套相连；断口所在轴段4相对于轴的位置3而言，其理论上的抗扭强度肯定更高。如果该轴真如理论设计那样仅传递转矩，那么轴的断裂部位就应该发生在图中1附近或者3截面处。实际情况并非如此，就一定存在某种隐性原因。

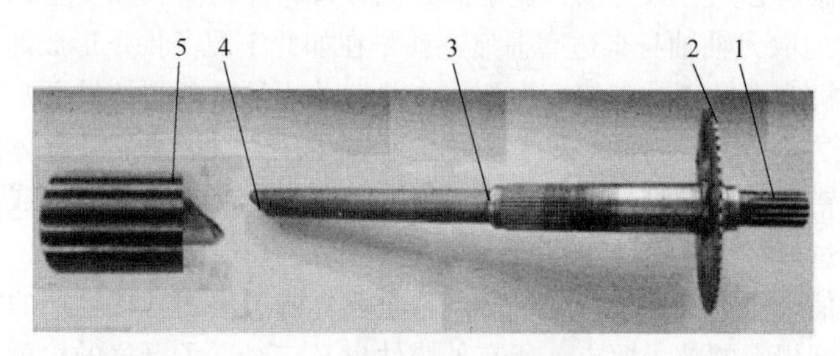

图1-88 非正常断裂的取力轴

1，5—花键；2—记数盘；3—中段；4—断口

笔者最后看到部件装配图才恍然大悟。原来所有断轴都源于装配概念上的误解或者错误。机构简图1-89就大体反映了断轴问题的症结所在。

图1-89显示了取力轴与液力变矩器间的联接关系。图中联接套2的左端通过弹性片与变速箱的输出轴相连（图中未画出），右端则通过花键孔与取力轴形成事实上的刚性联接，中部的法兰盘则通过螺栓与涡轮固联为一个刚性整体。

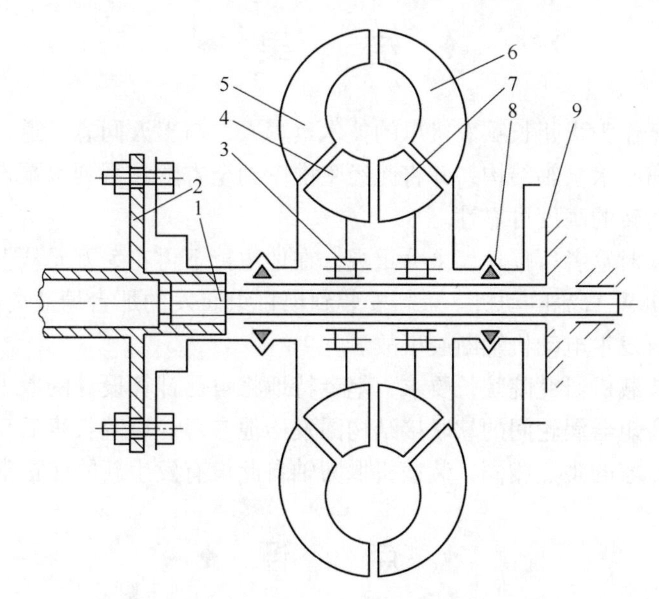

图1-89 取力轴与液力变矩器的装配关系

1—取力轴；2—联接套；3—单向离合器；4—第一导叶；5—涡轮；6—泵轮；7—第二导叶；8—密封；9—固定套筒

由于制造和装配误差的客观存在，液力变矩器运转时，涡轮相对于固定套筒，特别是相对于取力轴一定存在径向相对位移与端面振摆偏差。这些几乎无法避免的相对位移与振摆一定转变为径向作用力和交变弯矩施加到取力轴上。取力轴的不规则振摆必然导致与液力变矩器其他套管零件的内表面发生剧烈摩擦。图1-87所显示的取力轴轴身半边磨损痕迹就是在如此工况条件下形成的。由此可以肯定，装载机取力轴不是因扭振失效，弯曲振动才是其断裂的最主要原因。

图1-89中序号分别为1、2和5的三个构件，被联接成刚性整体的设计肯定是概念性的错误。这种刚性联接产生的附加径向力与交变弯矩所造成的危害，笔者早已进行过模拟计算[36]，故此不再赘述。

笔者相信，作为大型现代化机械制造企业，柳工集团直接生产的零部件精度应该都能达到规定的技术要求，所有外协件也必定经过了严格的检测。但是装配中的不确定性因素较多，不同装载机之间的装配误差就可能存在较大的差异。这就是为什么有的取力轴能够工作上万个小时，而有的工作300来小时就已报废。如果在装配过程中对液力变矩器各转动部件及取力轴的同轴度作出严格规定，并且能百分之百地进行严格验收，那么取力轴的断裂几率就一定会大为减小。

但是这种设想并不现实。为了补偿图1-89中件1与件5之间各种可能出现的相对位移，将件2与件5之间的螺栓刚性联接改为弹性柱销或其他柔性联接肯定是明智之举。

✦ 结　果 ✦

笔者早年作为贵州长顺农机厂的技术负责人，与工人同志一道，在很短时间内成功改进离心水泵轴结构，并将此经验推广到全省黔农系列水泵设计中，从而确保了泵轴运转的高度可靠性。

学校领导对笔者所提建议十分重视。在他主持下再花5万元从上海电机厂购进第三台220kW直流电动机。重新安装到项目组研发的那台糖液离心分离机上，使用至今未再发生电动机轴断裂事故。

应柳工装载机研究院院长要求，笔者特地将自己计算设计的取力轴联接套法兰盘与液力变矩器涡轮间的软联接结构图发给他参考。该院长事后反馈，笔者的建议与德国专家的观点相同，装载机取力轴自此没有发生新的非正常断裂事故。

✦ 点　评 ✦

上面所介绍的三例典型断轴事故，虽然其主机类型、工作方式、动力输入形式与功率大小以及生产厂家技术水平等都存在极大的差异，但都是在动力输出或输入端发生轴的整体断裂，而且断轴原因也有许多相同之处。在40多年的时间跨度内，笔者所经历的多起断轴形式竟如此相似，只能说明：如果忽略动力传递环节的结构设计，这类问题就不仅过去有，现在有，将来还会有。

无论事故发生在何时、何地、何种场合，轴的非正常整体断裂都是其体积应力大幅超过许用值的结果。分析事故时，不仅要充分认识该轴所受到的显性作用力或显性应力，而且更关键的是应当彻底弄清其所受隐性作用力或隐性应力。

笔者认为，隐性作用力往往来自以下方面：

（1）结构设计欠妥引起偏载或派生出新的弯、扭矩。

（2）机器实际运行过程中，力的传递方式发生较大变化，以致设计阶段所设想的理想状态被破坏，无形之中产生了意料之外的交变作用力或力矩。

（3）机器出厂前的装配质量存在较大偏差，并且由于检查上的困难而放弃了必要的检验与调整，不知情的用户依旧满负荷甚至超负荷工作，必然导致轴的提前断裂失效。

遇到轴发生非正常整体断裂事故时，立即更换该轴的做法很不科学。因为简单更换有可能使新的断裂事故来得更快，甚至造成更多损失。只有积极主动利用所学理论查找、分析原因，并以理论分析结果或计算数据为支撑，提出相应改进建议或者直接改进之，才是科技工作者应有的正确态度。

当今现实世界中任何机器都离不开轴的参与。服务于生产第一线或最基层的技术人员，就有更多机会直接处理与轴有关的技术问题，或设计某些轴系结构等；进而就能更快地积累经验、增长才干。

从20世纪60年代末以来的几十年间，笔者常常遇到与轴有关的生产技术问题，既有常规设计计算问题，也有认识上难以统一的技术难题。

面对工程疑难的技术人员当然不能退缩，只要善于运用所学知识，善于将所遇到的问题与周边实际状况结合起来进行综合分析与思考，就一定能较快地找到解决难题的诀窍，并使问题迎刃而解。

推而广之，其他机械零件与轴一样都有可能发生非正常整体断裂事故。机器零部件整体断裂的后果较之其表面损坏要严重得多。因此设计与使用重要零部件时，一定要避免其寿命期间内的过早整体断裂失效。掌握其设计准则，了解其正确使用原则与条件是非常重要的。

✦ 口　诀 ✦

外伸轴段去环槽，加套直抵凸肩高；
螺栓紧固存柔性，重载同转不疲劳。

✦ 思 考 ✦

（1）本案例三个断轴事件各有哪些异同？

（2）在何种情况下，轴所受转矩是对称循环的？

（3）轴的许用应力［σ_{-1}］与［τ_{-1}］是如何确定的，两者之间存在何种关系？

（4）如何正确画出转轴的弯矩和扭矩图，其正、负号如何确定？如何计算最大当量弯矩并确定其所在位置？

［案例 1-10］ 减速箱输入轴调心轴承的失效分析

✦ 目　　的 ✦

通过本案例向同学们扩展介绍有关人字齿轮重型减速箱的结构、简单超静定梁的应用、皮带轮卸荷装置以及滚动轴承布置等知识；借此指导学生基本掌握力平衡方程与变形协调条件联立求解一次超静定梁的方法与技巧；强调指出，通过对一种双列滚子调心轴承的失效分析，得出了长轴结构设计中切实注意调心滚动轴承不应安装在重载支点处的重要结论。

✦ 背　　景 ✦

2014 年 5 月，地处柳州的上汽通用五菱培训部主任，率队到本校机械学院洽谈一线员工培训事宜。协商时，这位培训部主任反映工厂几台人字齿轮减速箱输入轴上的双列滚子调心轴承使用寿命极短。“运气”好时，可以三个月内不出故障；“运气”不好时，则一个多星期就因轴承损坏而停机。

笔者对此事极有兴趣，当即希望能进厂看看现场，以具体了解减速箱及其输入轴的相关情况，争取与厂方技术人员一道对故障发生原因进行分析，尽可能地提出相应改进建议与预防事故再次发生的措施。

✦ 现　　场 ✦

在上汽通用五菱公司底盘大梁冲压厂区，培训部主任等先介绍了情况，然后领笔者一行观看现场。

笔者等发现，减速箱已被拆开，输入轴摆放在临时性的支架上，巨大厂房内的一切生产均因一套轴承的损坏而停止。

原来，该减速箱是用以驱动 2250t 油压机的关键减速装置，模数 $m=8\text{mm}$、直径超过 500mm 的人字齿轮偏置于输入轴的一端。损坏的轴承（见图 1-90）安装在人字齿轮的内侧，基本位于输入轴的中部。该轴承型号为 23264，是一种双列球面滚子调心轴承。由于输入轴相对较长，故采用三支点结构。从图 1-90 可以发现，轴承的铜质保持架已完全被磨损掉落，致使滚动体相互摩擦甚至错位。

如果保持架破损后不及时停机，而是强行使其继续运转，势必产生严重振动与异响，甚至有可能发生十分危险的事故。

厂方有技术人员发问，既然人字齿轮两侧轴向力相互抵消，不受轴向力作用的轴系怎么会使调心轴承“走单边”，致使保持架大部磨损甚至掉落，并且导致人字齿轮轮齿沿齿长方向仅有 1/3 齿面出现较为明显的接触摩擦痕迹？

图 1-90　减速箱输入轴上损坏的调心轴承

针对一连串疑问，笔者认为，该减速箱输入轴的确不可能存在外部轴向力，而且由于轴端皮带轮采用了卸荷装置，该轴自然只有一个集中径向力作用于齿宽中部，导致调心轴承损坏的关键不是外部轴向力，而是结构设计失误造成的后果。笔者当时在现场凭感觉认为，人字齿轮两侧都采用向心轴承为宜，而靠近皮带轮的轴颈则可改装调心轴承。

✦ 分　　析 ✦

减速箱输入轴的结构简图如图 1-91 所示。图中 A 和 D 两处均用双列向心滚子轴承支承，为补偿轴可能发生的变形，而在 C 处采用双列调心滚子轴承。轴的长度尺寸为 $c = 0.5b = 0.25L = 400\text{mm}$。为便于计算，有必要将此阶梯输入轴简化处理为等径光轴。

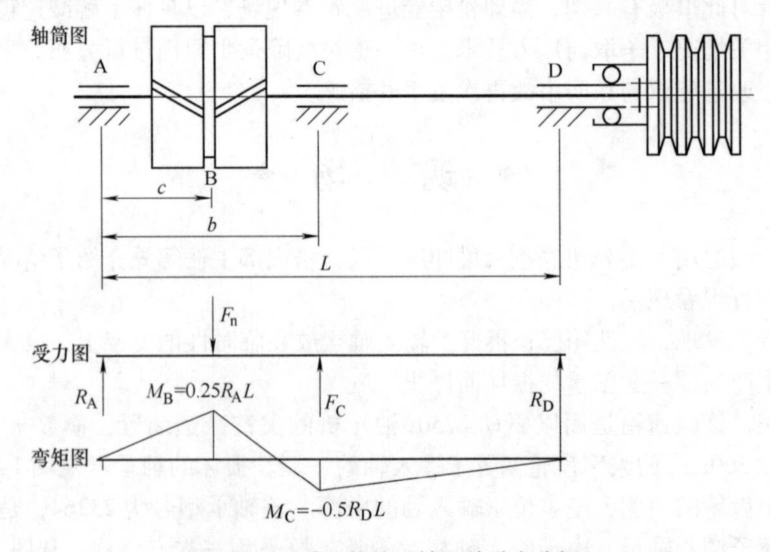

图 1-91　减速箱输入轴及其受力分析

具有三个支承的输入轴毫无疑问属于静不定系统，无法直接运用平面平行力系的平衡方法一次求解出三个约束反作用力。为此只能先解除一处（如 C 处）的多余约束，并将此处反作用力视为外力（记为 F_C ）。由此即可写出该轴系的矩阵形式挠度计算式[40]为：

$$\boldsymbol{Y} = \boldsymbol{RP}$$

或者

$$\begin{bmatrix} y_B \\ y_C \end{bmatrix} = \begin{bmatrix} \alpha_{BB} & \alpha_{BC} \\ \alpha_{CB} & \alpha_{CC} \end{bmatrix} \begin{bmatrix} F \\ F_C \end{bmatrix} \tag{1-62}$$

式中，$\boldsymbol{Y} = \begin{bmatrix} y_B \\ y_C \end{bmatrix}$ 为 B、C 处的挠度列向量；$\boldsymbol{R} = \begin{bmatrix} \alpha_{BB} & \alpha_{BC} \\ \alpha_{CB} & \alpha_{CC} \end{bmatrix}$ 为柔度矩阵，其中系数之一的 α_{BC} 则代表单独作用在 B 处的单位力使 C 处产生的挠度；$\boldsymbol{P} = \begin{bmatrix} F \\ F_C \end{bmatrix}$ 为外部作用力列向量，其中 F 为作用于主动人字齿轮宽度中部 B 处的集中力。

由材料力学教材[39]查得：

$$\alpha_{BB} = \frac{3L^3}{256EI}, \alpha_{BC} = \alpha_{CB} = \frac{11L^3}{768EI}, \alpha_{CC} = -\frac{L^3}{48EI}$$

式中“+”、“-”号确定的原则是，向下的挠度为“+”，反之向上为“-”。

考虑到调心轴承对点 C 处的约束，使之不能产生位移即 $y_C = 0$，故此部分地借助于式（1-62）而有：

$$\frac{L^3}{384EI}\begin{bmatrix} 11 & -16 \end{bmatrix}\begin{bmatrix} F \\ F_C \end{bmatrix} = 0$$

解此方程即可很容易求出多余约束力为：

$$F_C = 0.6875F$$

由图 1-91 受力图，求得轴承支反力分别为：

$$R_A = 0.40625F, R_D = -0.09375F$$

其中，“-”表示力 R_D 方向与原先假定相反。据此即可画出弯矩图如图 1-91 所示。其中 B、C 两截面的弯矩值分别为：

$$M_B = 0.25R_AL = 0.1015625FL, M_C = -0.5R_DL = -0.046875FL$$

以 B、C 两截面所求弯矩值为基础，如图 1-92 所示分段标出轴向坐标 x_1、x_2 和 x_3。由此即可分段写出各段弯矩方程 $M_i(x_i)(i = 1,2,3)$，进而得轴横向变形的近似微分方程为：

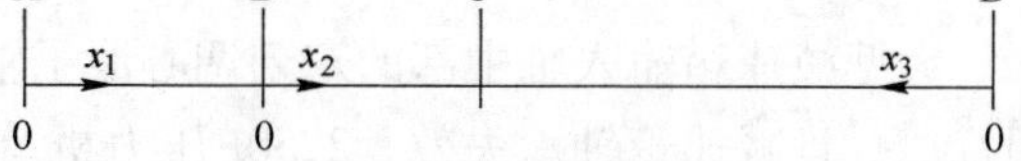

A B C D
x_1 x_2 x_3
0 0 0

图 1-92 轴系的分段坐标

$$EIy''(x_i) = M_i(x_i) \tag{1-63}$$

对其积分一次得：

$$EIy'_i(x_i) = \int M_i(x_i)\,dx_i + C_i \tag{1-64}$$

再积分一次得：

$$EIy_i(x_i) = \int\left[\int M_i(x_i)\,dx_i + C_i\right]dx_i + D_i \tag{1-65}$$

式中积分常数 C_i、$D_i(i = 1,2,3)$ 可以通过边界与变形光滑连续条件求出。例如，对图 1-92 所示轴系就有以下关系：

$$y_1(0) = y_2(L/4) = y_3(L/2) = y_3(0) = 0$$

$$y_1(L/4) = y_2(0)$$

$$y'_1(L/4) = y'_2(0)$$

据此即可求出轴在 C 处左、右两侧的转角表达式分别为：

$$\theta_C^{左} = y'_2(L/4) = \frac{(6R_A - 11R_D)L^2}{192EI} = \frac{FL^2}{7.32\times10^3 EI} \quad (\text{rad})$$

$$\theta_C^{右} = y'_3(L/2) = -\frac{R_D L^2}{12EI} = -\frac{FL^2}{7.8\times10^3 EI} \quad (\text{rad})$$

虽然齿轮上的作用力可超过 1×10^6N，且 $L = 1600$mm，但因最小轴径都在 $\phi300$ 以上，惯性矩 $I = \frac{\pi d^4}{64}$ 数值极大，当取 $E = 2.06\times10^5$MPa 时，轴在点 C 处的转角几乎可以忽略不计。

问题在于，支点 C 处所受作用力接近齿轮作用力的 70%。只要装配到减速箱的调心轴承内外圈间存在少许相对轴向位移或相对偏转，该轴承下半圈滚动体就会受内部轴向力作用而进一步偏转。从双列调心轴承本身结构特点不难想象，内外圈间很容易因为装配精度而出现初始偏位现象。在巨大径向外力作用下，轴承内部产生的附加轴向力势必加剧轴承内外圈的进一步偏位，从而导致强度最弱的保持架磨损甚至脱落。

由此可以得出结论，在受载最大的支点位置，不应该用调心轴承作为该静不定系统的辅助支承。

✦结　果✦

大型减速箱输入轴中部的双列调心滚子轴承，因其非正常失效而使企业饱受困扰。一旦减速箱轴承失效，2250t 压力机就完全瘫痪。每次拆卸受损轴承、换装新轴承并进行相应调整，其周期至少超过一个星期，给第一线工人带来了完全不必要的超强度工作量。特别是后来失效周期越来越短，让维修人员苦不堪言。

经过厂内外相关人员的多轮讨论会诊，企业维修师傅们决定分步骤进行改装运转试验。他们首先试用同尺寸的双列圆锥滚子轴承代替原来的调心轴承。使用近一年来，再未发现轴承元件过度磨损现象，人字齿轮副啮合表面也未见有新的过度磨损痕迹。

理论分析和工程实践的一致性表明，在产生巨大径向力的传动件任一侧，使用调心轴承无疑是一种错误设计。作为减速箱用户的上汽通用五菱公司，尝试将双列圆锥滚子轴承替换调心轴承，经受了较长时间重载工况环境的考验。这一成功案例为设计人员提供了宝贵经验。

✦ 点 评 ✦

笔者多年前在柳江制糖厂见过直径接近6m的单级传动大齿轮，近来又在柳州五菱见识了闭式大功率减速箱输入轴、ϕ320孔径的双列球面滚子调心轴承及其损坏形式。这些来自生产实际的见闻与知识，是对机械设计课程群课堂教学内容的有益补充。

大学机械专业学生在校学习或设计，所接触轴系基本都属简支结构，并且机械设计类教材也极少讨论超静定结构问题。其实，求解机械工程中的超静定问题并无太大难度，因为其求解方法与静定问题并无本质差别。只要打下了求解静定问题的坚实基础，就能由此及彼，举一反三。卓越工程师们所具有的良好思维习惯以及解决实际问题的极强能力，无不是如此养成与积淀的。

在处理工程实际问题时，经验固然可贵，但理论依据与分析更为重要。只要有充足的理论把握，即使无典籍可考，也要敢于坚持自己的理性见解。例如，机械设计教材只讨论向心推力轴承内部轴向力的形成原因及其计算方法，而调心轴承的内部轴向力概念与计算从未写入大学教科书。但正是这种实际存在的内部轴向力造成了调心轴承的一再损坏失效。从实际出发，建议受载最大的支点处不应采用调心轴承无疑是正确的，值得为他人所借鉴。

✦ 口 诀 ✦

圈架破损滚柱偏，平衡形变两牵连；
长轴结构静不定，调心莫在重载边。

✦ 思 考 ✦

（1）超静定轴系结构有何特征，什么是一次静不定和二次静不定？

（2）什么是变形协调条件，机械设计课程的哪些章节讨论过变形协调条件？求解静不定问题时，为什么必须综合考虑作用力平衡条件与变形协调条件？

（3）调心轴承为什么不宜放置在受力最大的支点处？

参 考 文 献

[1] 曹方．万向联轴节的传动比．广西机械工程学会设计与传动分会87年学术会议论文．

[2] 高中庸．万向联轴节传动比的矢量分析法．武汉：中南地区机械原理教学研究会第一届年会宣读论文，1988.

[3] 邹慧君，傅祥志，张春林，等．机械原理［M］．北京：高等教育出版社，1999.

[4] 黄锡恺，郑文炜．机械原理［M］．5版．北京：人民教育出版社，1981.

[5] 孙桓．机械原理［M］．3版．北京：高等教育出版社，1982.

[6] 屈维德．机械振动手册［M］．北京：机械工业出版社，1992.

[7] 高中庸．涂油降噪理论与实践［M］．北京：科学出版社，2009.

[8] 章福兴．齿顶修缘的机理与应用．科技求索，1990（百度文库）．

[9] 万里，毕卫东．用齿顶修缘的方法降低摩托车齿轮噪声的问题［J］．新校园，2012.

[10] 罗玉军，高中庸，朱萍．基于润滑降噪实验的车床挂轮噪声分析［J］．润滑与密封，2006（1）：155～157.

[11] 陈佰江，高中庸，李书平．齿轮啮合中的摩擦激励频率分析与润滑降噪特性研究［J］．润滑与密封，2009，6：66～69.

[12] 胡志成．基于模拟实验的齿轮啮合摩擦激励噪声与润滑控制技术的研究［D］．柳州：广西工学院，2013.

[13] 高中庸，胡志成，苏立国．齿轮噪声实验台［P］．中国：201210153525.X，2014.

[14] 高尚晗，高中庸．渐开线轮齿啮合过程教学中的一个科研切入点［J］．南宁：广西大学学报（自然科学版），2015（增刊2）：82～84.

[15] 高中庸．带式运输机托辊摩擦系数测定实验的研究［J］．润滑与密封，1986（6）：16～20.

[16] 靳龙，高中庸，李健．摩擦型钢结构联接件抗滑移系数的测定［J］．广西工学院学报，2001（4）：23～25.

[17] 高中庸，陈迎春，胡靖明．机械设计［M］．武汉：华中科技大学出版社，2014.

[18] 高中庸．机床滑动导轨爬行问题研究［D］．昆明：昆明工学院，1981.

[19] 铁摩辛柯，等．工程中的振动问题［M］．胡人礼，译．北京：人民铁道出版社，1978.

[20] 谢红初，高中庸，王亚洲．板间摩擦状态对钢板弹簧固有特性的影响研究［J］．机械设计与制造，2015（3）：91～93.

[21] 谢红初．基于模拟实验环境下钢板弹簧振动影响因素的分析与研究［D］．柳州：广西科技大学，2015

[22] 罗玉军，高中庸，李宝灵．摩擦因数对切削尖啸噪声形成的影响［J］．润滑与密封，2011（9）：82～85.

[23] 高中庸，靳龙，陈佰江，等．螺旋齿轮副接触应力的计算与分析［J］．机械设计与研究，2010（5）：58～59.

[24] 高中庸，徐武彬，李宝灵，等．辊-轨摩擦磨损模拟实验研究与分析［J］．钢铁，2002（6）：25～27.

[25] 濮良贵，纪名刚．机械设计［M］．8版．北京：高等教育出版社，2006.

[26]《数学手册》编写组．数学手册［M］．北京：人民教育出版社，1979.

[27] 李庆扬，王能超，易大义．数值分析［M］．武汉：华中理工大学出版社，1986.

[28] 黄炎．局部应力及其应力［M］．北京：机械工业出版社，1986.

[29] 尹启亮，许立忠，周玉林．螺旋齿轮传动齿面接触疲劳强度计算及影响因素［J］．青岛建筑工程学院学报，1995（4）：59～64.

[30] 董庆华．中国大百科全书·机械工程　润滑［M］．北京：中国大百科全书出版社，1987：668～670.

[31] 黄清，高中庸，成小飞．润滑条件对齿轮传动效率的影响［J］．机械研究与应用，2013，8（4）：64～69.

[32] 黄清．螺旋齿轮副啮合几何状态及效率实验分析与研究［D］．柳州：广西科技大学，2014.

[33] 阚培桐．曲轴动平衡实验中的挠曲变形分析与计算［J］．广西工学院学报，1994（2）：76～80.

[34] 高中庸，高尚晗．便携式轴承液压装拆装置［P］．中国：2015106002831.0，2015.

[35] 樊文萱．中国大百科全书·机械工程　轴［M］．北京：中国大百科全书出版社，1987：936～937.

[36] 高中庸．大学生机械创新设计方法与实践［M］．北京：兵器工业出版社，2014.

[37] 高中庸，孙学强，汪建晓．机械原理［M］．武汉：华中科技大学出版社，2011.

[38] 手册编写组编．简明冷冲压工手册［M］．2版．北京：机械工业出版社，1995.

[39] 高中庸．对机械零件教材中一个例题错误的讨论．南宁：广西机械设计教学研讨会宣读论文，1988.

[40] 宋曦，赵永刚，马连生．材料力学［M］．北京：科学出版社，2010.

第2篇 创新设计案例篇

［案例2-1］ 3K9离心清水泵的改进与创新

◆ 目　　的 ◆

通过3K9离心清水泵改进前后的对比，介绍机械产品继承设计的出发点与基本要求。即在原有产品工艺分析的基础上，找出影响产品产能与质量的关键因素；在不降低产品性能的前提下，通过关键零件结构的调整与改进，大幅降低生产成本。

◆ 背　　景 ◆

上篇［案例1-9］提到，1971年贵州黔南地区春旱时节，笔者与一位老工人师傅从长顺农机厂赶到都匀墨冲公社，目睹农民装拆笨重水泵极为费力的情景，当即暗下决心对本厂产品进行改造。

笔者1969年元月入厂之前，工厂就已经零星生产一些水泵。产品所需图纸都由自治州农机主管部门提供。图纸显示所有铸件的壁厚几乎都超过16mm，致使产品结构非常笨重。不仅用户使用维护不方便，工厂生产也困难重重，生产能力当然极为低下，生产成本长期居高不下，以致工厂连续9年亏损。幸好当时政府给予政策性补贴，否则工厂难以为继。

工厂原先生产的3K9水泵基本结构如图2-1所示。较大型的机械制造企业加工该水泵的任何零件都没有困难，但对于那时的一家小型且相当简陋的县级农机厂无疑是一连串大难题。特别是其中泵壳2和托架3两个零件是卡工厂“脖子”的关键。这两个零件的回转半径都较大，厂内没有相应的机床设备可以实施较高效率的加工。尽管工人们想尽办法因陋就简，但是加工精度始终达不到图纸要求。

这是因为，为了提高水泵容积效率，泵盖1和泵壳2的孔内都安装有封水口

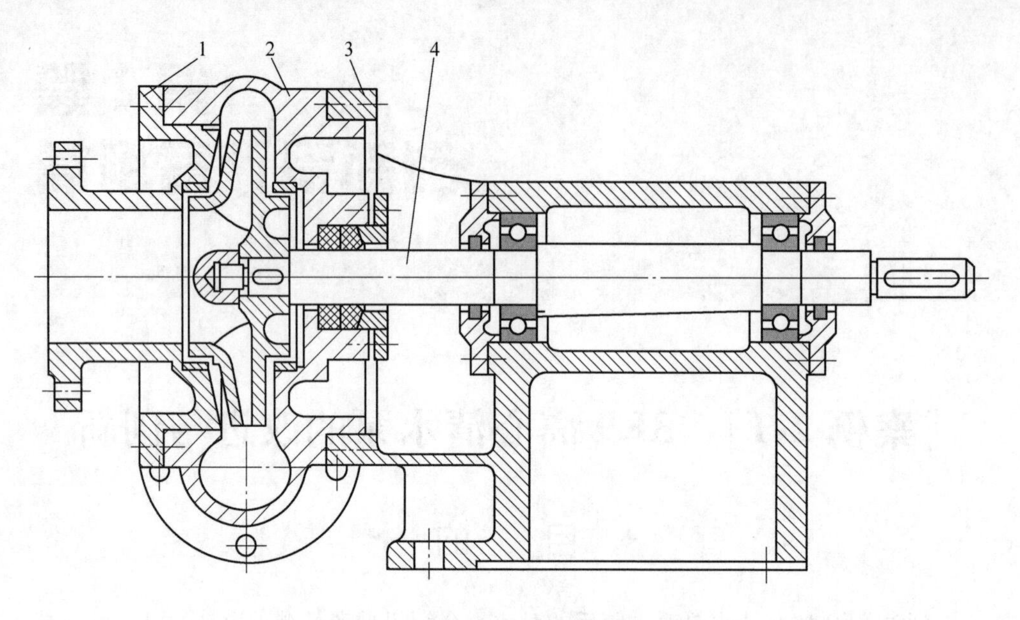

图 2-1 改进前的 3K9 水泵基本结构

1—泵盖；2—泵壳；3—托架；4—泵轴

环，以减小叶轮旋转时高压水从叶轮两端外环处的回流量。叶轮两端外环与口环间隙越小，泵的容积效率就越高。

问题是，与同一叶轮两端外环配合的封水口环却装配在两个零件内，较低的制造精度使得装配后的叶轮总与口环摩擦，并且发出明显的刮擦声响。为了消除泵壳内的异响，工人们只好自行决定通过车削加工来增大口环内径或者减小叶轮两端外环外径，这就进一步降低了水泵的效率。

那时的长顺农机厂除一台牛头刨床是贵州省内新推出的较先进设备外，其余就只有几台老式皮带车床和一台立式旧钻床。庆幸的是一台皮带车床带有马鞍床身结构，可以用来加工长度尺寸不太大但直径较大的回转体。

根据设备条件，工人师傅就用这台马鞍皮带车床加工泵壳。其主要工艺顺序是：（1）用牛头刨床刨削泵壳的出水口端面；（2）用四爪卡盘正爪撑持泵壳左端内孔 A（见图 2-2（a）），用画针找正右端外环 C 并夹紧后车削外圆 C、端面 B 和 D 以及其他部位；（3）将泵壳掉头，用三爪卡盘反爪夹紧右端外环 C，车削左端内孔 A、口环装配孔 E 及其他部位。

虽然这种加工方法适合零件特点与工厂实际，但根本无法保证外圆 C 与内孔 E 之间的同轴度。后来经短期下厂劳动的黔南自治州农机研究所几位技术员指点，刚刚报到参加工作的笔者设计了一个花盘，以专门用于泵壳的加工。即用花盘的止口定位已加工的外环 C 后，借助螺钉或双头螺柱从花盘背板夹紧泵壳。这种花盘装夹方式使 C 和 E（或 A）之间的同轴度有一定改善，但制造中的劳动强

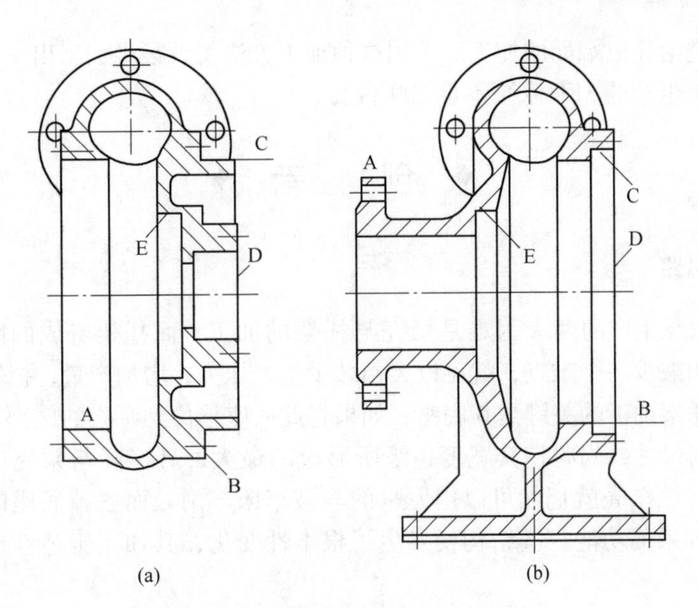

图 2-2　改进前后的泵壳基本结构

（a）改进前；（b）改进后

度以及生产效率仍无明显好转。

另外一个如图 2-3 所示的托架是“卡脖子”的更关键零件。该零件较长的轴向尺寸使其无法应用厂里的任何车床车削加工，而只能打起那台已经不堪重负的马鞍皮带车床的主意，即将其临时性改作镗床使用。具体做法是，去掉车床上的四方刀架与小拖板，另外加装一块底板以定位并固定托架，将具有足够长度的镗刀杆穿过托架毛坯孔，刀杆一端用三爪卡盘夹持，另一端用车床尾座顶尖支承。刀杆连同刀头做旋转运动，车床大拖板带动工件托架做纵向移动以实现切削的进给。由于托架轴承孔 A 与联接泵壳的止口 B 直径相差过大，因此镗削时必须使用两把镗刀并先后分别加工。众所周知，利用车床如此镗孔极难直接径向进刀，故此轴承孔两端及其大孔 B 左端端面只能分别使用宽刃刀具进行刮削，同时通过

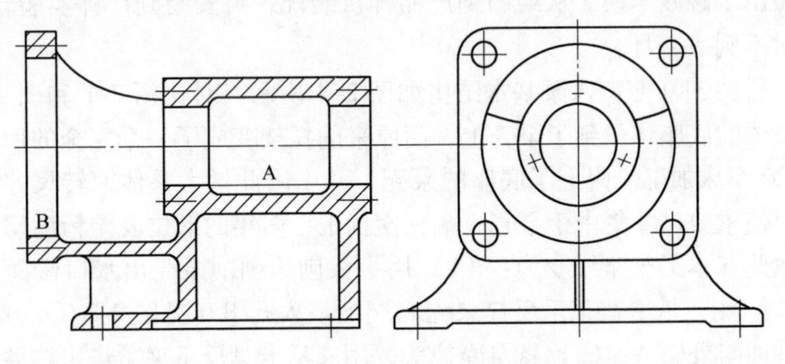

图 2-3　改进前的 3K9 水泵托架结构

手动轴向进给完成端面的加工。采用这种加工方法每天很难加工出一个工件。以致工厂每年生产的3K9水泵不足200台。

✦ 创　　新 ✦

一、改进思路

3K9水泵生产的两大困难是泵壳与托架的加工，而托架造成的困难尤为突出。如果能减少一个难点，就可以大幅减少生产压力，增加产量，扭转亏损。

制约托架加工的关键是其底座。如果将此底座移位到泵壳的底部，并且适当限制其轴向尺寸，同时使其宽度边缘所形成的最大回转半径与泵壳出水口向径大致相当，该泵壳就仍然可以用原来的马鞍车床车削。而去掉底座的托架就只剩下支撑轴系的功能，其结构便发生了根本性变化，其加工工艺性即得以彻底好转。

笔者于是在泵壳出水口向径大体相反的位置增加底座的同时，考虑到原先掉头车削所造成的孔E与外环C（见图2-2（a））间同轴度的明显误差，便将原本独立的泵盖与泵壳并为一体，而将含有孔E的填料函部分作为一个独立零件分离出来，除壁厚有较多减少外，其他形状尺寸都不变动。从图2-2（b）可以看出，如此处理显著改善了加工工艺，不仅较多地平衡了车削时的离心力，而且使泵壳重要部位间的形位公差易于满足图纸要求。至此，水泵生产的两大困难得以全部克服。

二、改进结果

1972年3月，厂领导任命笔者为工厂生产技术组负责人，同时主管水泵产品的更新换代。在同事协助下，笔者几天之内就交出了全套图纸，木模车间两位师傅很快做出了翻砂木模。从绘图到产品样机装配，再安装到厂外实验台试抽水，前后历时不到一个月。

改进后的3K9变型水泵基本结构如图2-4所示。对比图2-1和图2-4可知，支承泵整体的底座移位到了泵壳上，而原来的托架变成了一个完全的回转件，适于用C620车床加工。附上了底座的泵壳，并未因此增大整体回转尺寸；而填料函的分离使重要尺寸集中于泵壳一端，困扰工厂多年的形位公差精度问题得到了解决。故此基本工艺路线变为：（1）用牛头刨床刨削泵壳出水口端面和底座底平面；（2）用三爪卡盘正爪反撑泵壳右端毛坯大孔B（见图2-2（b）），车削进水法兰端面与外圆A；（3）将泵壳掉头，用三爪卡盘反爪夹紧进水法兰A，即可一次将泵壳内所有尺寸按图纸要求加工到位。

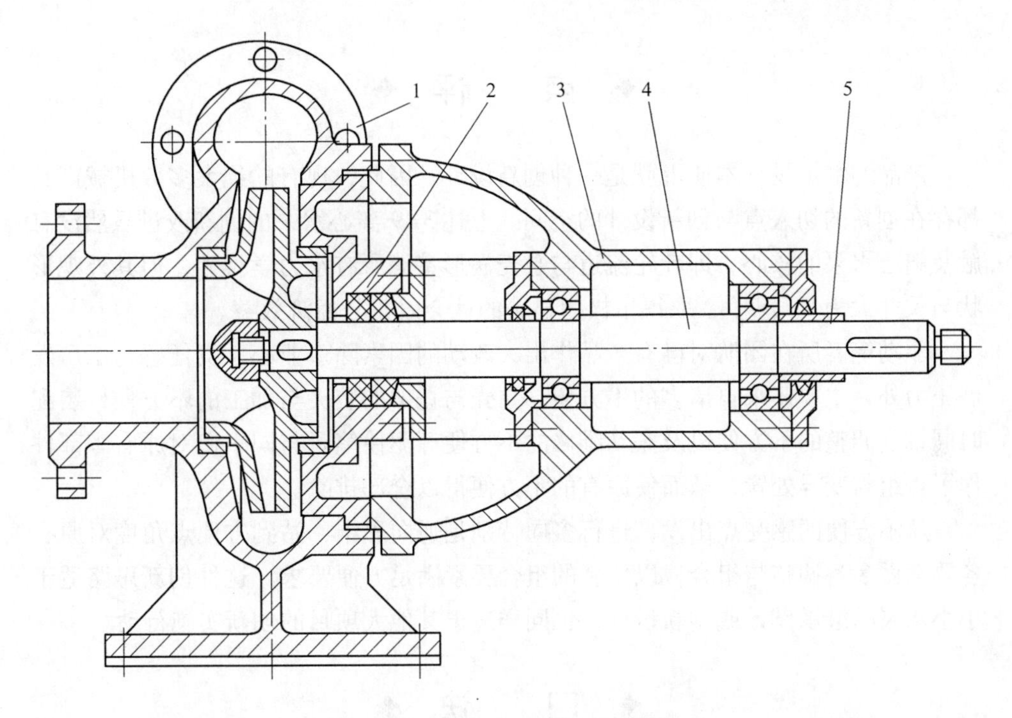

图 2-4　改进后的 3K9 水泵基本结构

1—泵壳；2—填料函；3—轴承座；4—泵轴；5—定位套

装配于泵壳与轴承座之间的填料函，可在精加工时一次将所有外圆尺寸车削到规定精度，因而可以确保装配尺寸链的精度。至于图 2-4 水泵泵轴输入端与图 2-1 间的差异，第 1 篇［案例 1-9］已有详细说明，此处不再赘述。

考虑到本厂铸造质量明显提高的实际，对于凡是可以减小壁厚者，笔者一律将原有零件 16mm 以上厚壁全部减至 8 ~ 10mm。改进后的水泵整体重量不到原来的一半。工艺性能的改善使产品生产能力显著提高，每月生产 200 台的产能整整是过去的 10 倍。按图加工的零件装配后，再也听不到叶轮摩擦口环的异响。负责抽水实验的师傅反映，改进后的水泵扬程与流量指标总体感觉比过去好，水泵连续抽水多日，电动机外壳的温度都不见有什么变化。

当年 5 月，贵州省农机公司经理带队直接进厂考察。厂领导汇报情况后，指定笔者全程陪同经理一行参观各生产环节和水泵抽水实验台等场所。很快，省农机公司决定按水泵原先价格全部包销本厂水泵产品。长顺农机厂由此于 1972 年一举扭转了连续 9 年的亏损局面，首次获得了较大额度的盈利。随后生产节节上升，1978 年 10 月笔者考入昆明工学院深造离开这个工厂，盈利的局面仍然持续了多年。

✦ 点　评 ✦

产品的继承设计本质上就是一种创新设计。因此，现有的绝大多数机械产品都存在创新的切入点与创新设计的空间。上述 3K9 离心水泵的创新改进虽然没有触及离心水泵的核心，即叶轮流道与泵壳涡形室等所有水力学尺寸，但其外观形状与尺寸大为“瘦身”，取得了极为显著的社会效益与经济效益。

驱动笔者所在团队对已有产品作出大改动的因素除事业心、责任感与工厂发展压力外，主要还来自诸多的不方便。泵壳与托架的装夹与加工的不方便，装配时同轴度调整的不方便以及搬动维修的不方便等驱使笔者与同事们对原有零部件作了重组与变异处置，从而使原有的不方便得以全部排除。

从不方便的感受点出发，进行多向特别是逆向思维，站到方便点角度对原有各要素做多番调整与组合，以使新的组合要素满足方便要求。这种创新思路适于小小水泵的继承设计或创新设计，也同样适于其他大项目的创新实施行动。

✦ 口　诀 ✦

设计创新重继承，增减变异皆可行；
工艺分析为依据，指标关键在节能。

✦ 思　考 ✦

（1）什么是工艺分析，卧式车床与卧式镗床区别何在？

（2）图 2-1 中的泵壳与图 2-4 中的泵壳有何关键性的结构差异，其加工工艺性差别何在？

（3）如图 2-4 所示改进后的水泵有何不足，有无继续创新的切入点与创新设计空间？

［案例 2-2］　离心泵产品开发中的相似设计与创新

✦ 目　　的 ✦

简要介绍相似设计的基本原理与插值逼近的基本方法；通过此案例试图集中说明，开发机械产品必须敢于构想，敢于担当；善于应用已有知识和经验，举一反三，在实践中取得成绩，展现价值，奉献社会。

✦ 背　　景 ✦

在透平机械特别是离心泵类机械产品的设计中，相似设计方法应用非常普遍。该类产品中的一个关键参数称为比转数。人们通常认为，凡是比转数相等的离心泵，其几何尺寸都是相似的。其机械效率也基本都是相等的。

基于比转数的相似设计方法无疑为人们设计所需离心泵提供了极大的便利。例如，根据用户所提扬程、流量与转速要求设计离心泵时，只需由此三大参数计算出比转数，然后寻找具有较高效率的同比转数泵作为相似模型，计算出放大或缩小的相似比，按比例放大或缩小模型泵的各种几何尺寸，便得到所需实型泵的全部尺寸。

但是，这种按比例缩放的结果有可能出现某些“失真”现象。例如，叶轮流道轴向过流面上介质流量大小会因此产生较大波动，致使流道内产生旋涡而降低泵的机械效率。或者由于叶轮及泵壳涡形室径向及轴向相似比的较大差异，导致泵的水力学参数相互不协调。为了克服相似设计中可能出现的缺陷，笔者曾向 20 世纪 50 年代后期毕业于农机专业的一位同事提出了自己的创新想法，当即得到这位老师的肯定。

✦ 创　　新 ✦

一、包络法绘制叶轮轴面投影图

传统方法绘制叶轮轴面投影图时，需最先确定叶轮轮毂直径 d_h，即：

$$d_h = (1.2 \sim 1.5) d_0 \tag{2-1}$$

式中，d_0 为叶轮轮毂孔径，在略大于泵轴最小直径基础上取为标准值。

然后通过相似比或速度系数[1]求出以下重要参数：

叶轮入口直径——D_0

叶片入口边直径——D_1

叶轮外圆直径——D_2

叶片入口宽度——b_1

叶片出口宽度——b_2

根据所求参数即可画出叶轮轴面投影图 2-5。图中叶轮前盖板一般由两段直线和一段或两段圆弧组成。

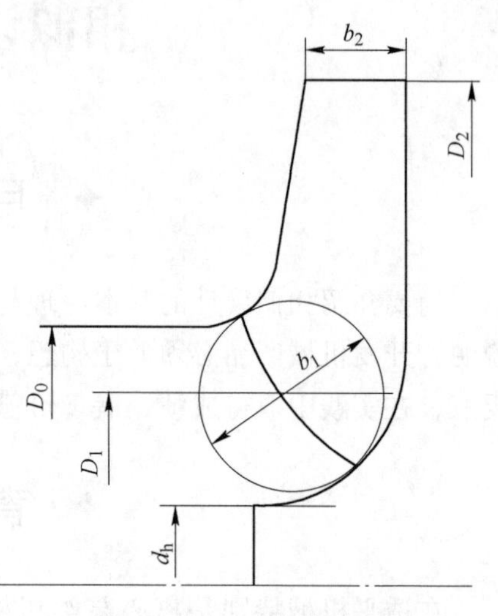

图 2-5　叶轮轴面面尺寸的确定

但是，流体从叶片进口到叶轮出口，流道各截面的过流面积 F_i 与流道中线坐标 l_i 之间应尽量具有如图 2-6 所示的线性关系。其中 F_i 的计算公式为：

$$F_i = 4\pi R_i L_i \tag{2-2}$$

式中，L_i 为流道中线上第 i 点的向径，可直接从图中量取，也可由流道中线方程求出；$R_i(i = 0,1,2,3,\cdots,n)$ 为以流道中线某点 l_i 为圆心所画圆的半径，这些圆都必须同时相切于前后盖板型线，而且 $L_0 = D_1/2$，$R_0 = b_1/2$；$L_n = D_2/2$，$R_n = b_2/2$。显然，分点 n 越多，绘图和计算越精确。

如果 F-l 曲线形如图 2-7 所示波动过大，则应对流道进行修改。否则，叶轮工作时就会产生过大的漩涡而降低叶轮的工作效率。但是流道的修改须经多次试凑，其过程相当繁琐。为此笔者与同事商定，采用包络法一次成形就可满足叶轮流道平缓过渡的要求，而无需进行检查校正[2]。

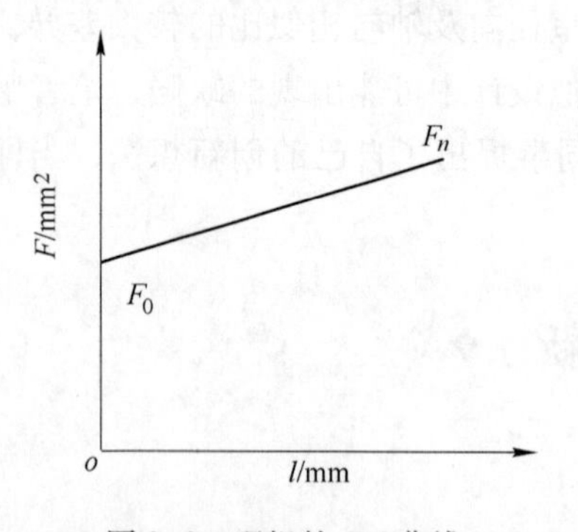

图 2-6　理想的 F-l 曲线

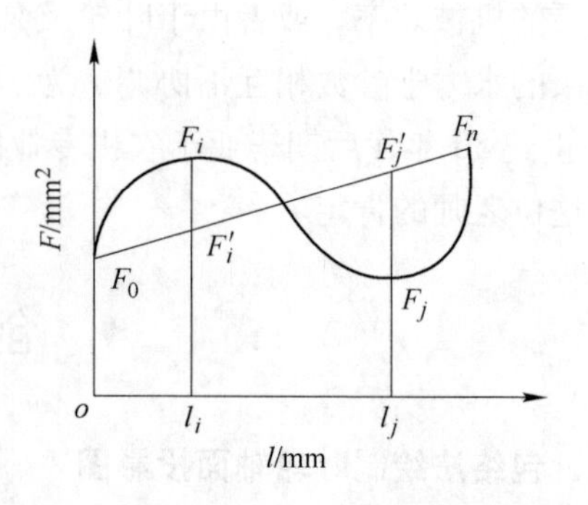

图 2-7　波动的 F-l 曲线

采用包络法，首先应该在参考某些模型泵结构基础上，根据前面所求各尺寸特别是根据叶片入口与出口两个中点位置，画出由两段直线与一段圆弧组成的流道中线，然后由 F_i-l_i 方程或实际曲线对式（2-2）作逆运算求出曲线任一点 l_i 处的圆弧半径 R_i。在叶片入口到出口的流道中线上画一系列密集的圆，即可包络出叶轮前后盖板型线，最后将盖板加厚即得叶轮轴面投影图。

现以笔者绘制3K9水泵叶轮轴面投影图为例，说明包络法的具体应用。

根据 F_i-l_i 的线性关系，表2-1给出了 L_i 、F_i 和 R_i 的对应数值。

表2-1　3K9水泵叶轮流道数据

位置序号	l_i/mm	L_i/mm	F_i/mm^2	R_i/mm
0	0	35.20	4200.06	9.50
1	2.00	36.75	4246.53	9.20
2	3.50	39.50	4316.24	78.70
3	2.00	41.30	4409.18	8.50
4	2.35	43.90	4521.34	8.20
5	2.35	46.35	4599.03	7.90
6	3.05	49.75	4686.45	7.50
7	3.40	53.15	4780.00	7.16
8	4.30	57.45	4950.00	6.86
9	3.70	61.15	5076.00	6.60
10	4.45	65.50	5200.00	6.31
11	4.15	69.75	5340.00	6.10
12	4.00	73.75	5480.00	5.91
13	3.25	77.00	5590.00	5.78
14	3.65	80.60	5719.69	5.65
15	3.35	84.00	5802.72	5.50

根据表2-1所给数据，包络画出3K9水泵叶轮流道的轴面投影图2-8。

包络法的最大优点是，在不改变原定设计参数前提下，省去了相似设计中检查与反复修改叶轮流道的工作量；特别便于计算机辅助设计与绘图。

二、相似设计修改模型泵叶轮的创新

（一）比转数概念

比转数是风机与泵类机械根据相似理论引申出的一个综合性特殊参数，它将风机或水泵的流量、压力（扬程）与转速三者整合到一起，较全面地反映风机或水泵这类机械产品的特性。在水轮机、水泵及风机等透平机械设计中，人们普遍应用相似设计法。在水泵特别是水泵系列产品设计中，相似设计法的应用会使设计工作变得相当快捷而有效。比转数正是相似设计中必定会用到的一个极为重要的参数。

如果两台水泵性能差异很大，但只要其几何尺寸相似，其比转数就一定相等。水泵比转数的计算公式可写为[3]：

$$n_S = 6.083 \times 10^{-2} \frac{n\sqrt{Q}}{H^{0.75}} \tag{2-3}$$

式中　n——水泵轴转速，r/min；

Q——水泵流量，m^3/h；

H——扬程，m。

由于人们可以根据式（2-3）将比转数定义为：水泵扬程1m、流量每小时达270m^3 时，该水泵叶轮每分钟所需的转数。由此便有人称比转数为比转速。但实际上，比转数与转速是两个完全不同的物理概念。

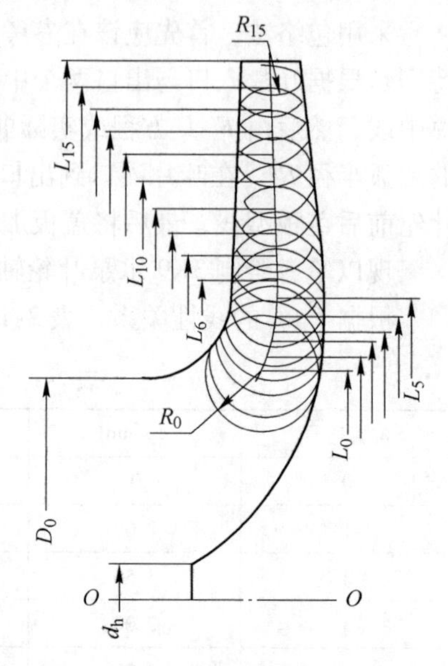

图 2-8　3K9 水泵叶轮轴面流道成型

（二）模型泵叶轮的修改

1. 叶轮前盖板型线的修改

在实际设计中，用户往往根据自己的需要提出离心泵所要达到的转速、流量与扬程等参数指标。这就使得设计者很难找到性能优良而且几何尺寸完全相似（即比转数相同）的模型泵。如果必须通过相似设计来满足用户要求，那就可以先选择一个比转数相近的模型泵，经过对模型泵特别是对其叶轮修改之后，也可进行相似设计。

例如，拟设计的实型泵比转数为 n_{sp}，模型泵的比转数为 n_{sm}，两者不相等。为使所设计的泵具有模型泵基本相同的优良性能，就须先修改叶轮，即重点修改叶轮前盖板的型线。其修改公式为[1,4]：

$$\frac{b'_{2m}}{b_{2m}} = \frac{b'_{1m}}{b_{1m}} = \frac{n_{sp}}{n_{sm}} \tag{2-4}$$

式中，b_{2m}、b_{1m} 和 b'_{2m}、b'_{1m} 分别为修改前后叶轮叶片出水口和进水口宽度；n_{sp} 与 n_{sm} 则分别为实型泵与模型泵的比转数。这种修改的本质类似于将叶轮前盖板向外或向内作适当移动。显然，前盖板的移动必使叶轮进水口直径变大或缩小。但为了尽量不改变叶轮进水口 D_0 大小，可以如图 2-9 所示采用斜线过渡之。

2. 扭曲叶片轴面截线修正方法创新

如前所述，由式（2-4）求出修改比值，然后将叶轮前盖板向外或向内移动相应距离，便完成了对模型泵叶轮的修改。

如果叶轮宽度减小，前盖板便向内侧移动，此时无论叶片形状如何，都只需相应降低叶片高度。反之，如果前盖板向外侧移动而增大叶轮流道宽度，那么如图 2-10 所示，扭曲叶片轴面截线与外移前盖板型线间的连接将成为有待明确的新问题。

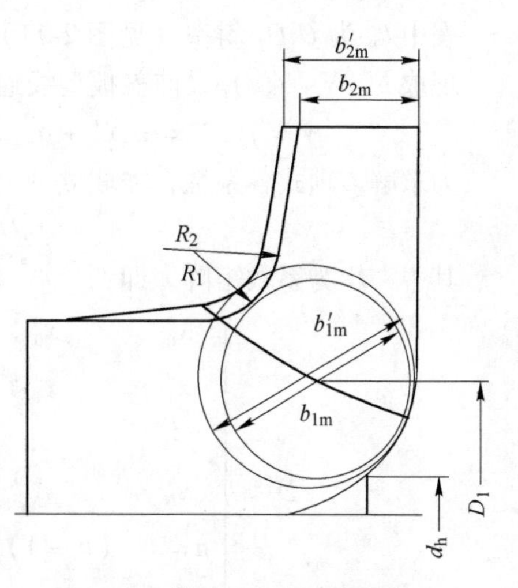

图 2-9　模型泵叶轮型线的修改

笔者从设计实践中认识到，将叶轮前盖板与叶片轴面截线分别用插值函数逼近，并联立求解，即可得到流道增宽后叶片截线的变动位置。这一方法虽然很繁琐，但经过编制程序应用计算机则可使后续设计工作变得极为方便。

例如，设前盖板流道型线由两段直线与两段圆弧组成，并取二维坐标 xoy（见图 2-11），在型线上从 q_0 到 q_N 取 $N+1$ 个点，其坐标分别记为 (x_0, y_0)、(x_1, y_1)、(x_2, y_2)、…、(x_N, y_N)；另取 4 个特殊点即 q_0、q_1、q_2、q_N。其中，q_0 和 q_2 为圆弧与直线的切点，q_1 为两圆弧的内切点，q_N 则位于叶片出口处。如果特殊点间相距较大，其间可另取多个点。如 q_3、q_4 等都可取在 q_0 与 q_1 之间。

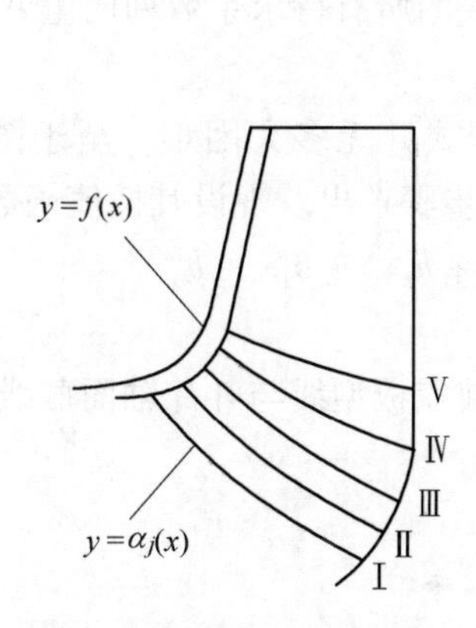

图 2-10　两种曲线及方程

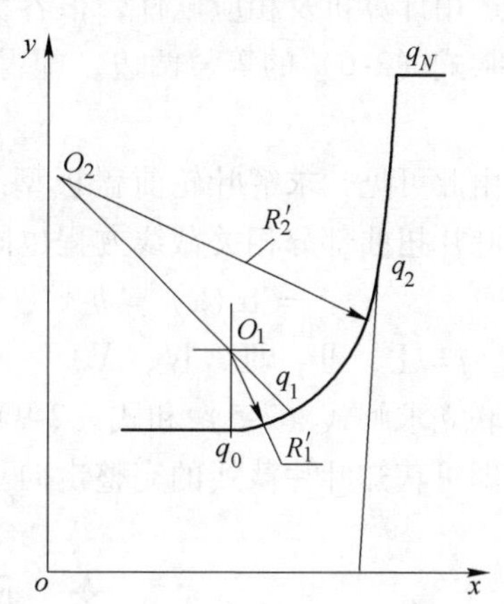

图 2-11　前盖板型线及特殊点

根据取点情况在表 2-2 中列出总共 $N+4$ 个插值条件。

表 2-2　前盖板型线逼近插值条件

x	x_0	x_1	x_2	x_3	…	x_N
y	y_0	y_1	y_2	y_3	…	y_N
y'	0	$-1/k_0$	k			

表中 k_0 为 O_1O_2 斜率（见图 2-11）。

现取 $n=N+3$，并设前盖板型线逼近函数为：

$$y=f(x)=a_nx^n+a_{n-1}x^{n-1}+\cdots+a_2x^2+a_1x+a_0 \tag{2-5}$$

为求解多项式各系数，需联立 $N+4$ 个线性方程，即：

$$\boldsymbol{DA}=\boldsymbol{Y} \tag{2-6}$$

其中，$\boldsymbol{D}$ 为系数矩阵，即：

$$\boldsymbol{D}=\begin{bmatrix} x_0^n & x_0^{n-1} & \cdots & x_0 & 1 \\ x_1^n & x_1^{n-1} & \cdots & x_1 & 1 \\ \vdots & \vdots & & \vdots & \vdots \\ x_N^n & x_N^{n-1} & \cdots & x_N & 1 \\ nx_0^{n-1} & (n-1)x_0^{n-2} & \cdots & 1 & 0 \\ nx_1^{n-1} & (n-1)x_1^{n-2} & \cdots & 1 & 0 \\ nx_2^{n-1} & (n-1)x_2^{n-2} & \cdots & 1 & 0 \end{bmatrix} \tag{2-7}$$

A 和 Y 分别为待求参数和已知参数列向量：

$$\begin{cases}\boldsymbol{A}=[a_n \quad a_{n-1} \quad a_{n-2} \quad \cdots \quad a_1 \quad a_0]^{\mathrm{T}} \\ \boldsymbol{Y}=[y_0 \quad y_1 \quad \cdots \quad y_N \; 0 \quad -1/k_0 \quad k]^{\mathrm{T}}\end{cases} \tag{2-8}$$

运用计算机及相应软件，很容易求出式（2-7）中矩阵 $\boldsymbol{D}$ 的逆矩阵 $\boldsymbol{D}^{-1}$。将其左乘式（2-6）的等号两边，即得到 n 次多项式的所有待求系数列向量 $\boldsymbol{A}$：

$$\boldsymbol{A}=\boldsymbol{D}^{-1}\boldsymbol{Y}$$

由此可见，求解叶轮前盖板型线的数学方程式并无多大困难。至于图 2-10 所示叶片扭曲部分相关截线方程也同样可以按此步骤求出。现设其插值函数为：

$$y_j=\alpha_j(x)=b_nx^n+b_{n-1}x^{n-1}+\cdots+b_2x^2+b_1x+b_0 \tag{2-9}$$

式中，$j=$ Ⅰ，Ⅱ，Ⅲ，Ⅳ，Ⅴ。

联立求解式（2-5）和式（2-9），即得叶轮前盖板型线与叶片轴面截线交点，据此即可获知叶片截线的完整走向。

✦ 应　　用 ✦

一、汽油机水泵的创新设计

（一）任务来源

1975 年春季，县物资局一位业务主管到笔者所在的长顺县农机厂反映，他们库房存放了 20 多台 3 马力汽油机，希望工厂帮助他们设计加工一批专为该汽油机配套的水泵，以扩展汽油机用途，最终解决汽油机积压问题。在基本了解情况后，厂领导指定笔者负责尽快帮助县物资局解决困难。

县物资局同志要求，水泵要轻便，并且必须整体安装到汽油机壳体上，不能另设机架。看到物资局送来的汽油机样机，发现难度主要有三个：首先是汽油机轴外伸尺寸偏短，其次是密封问题，第三则是泵的水力学尺寸的确定。

（二）设计方法

解决第一个难题相对较为容易。就是在泵壳背后增加一个轴向尺寸较小的圆筒状支架。在 D_0 外圆壳周向均匀设置4个方窗形成扳手空间，以便于拧动联接螺母。在图2-12所显示的泵壳三个重要圆柱内孔中，止口 D_1 用来与汽油机联接定位；D_2 用于安放带内骨架的唇形橡胶密封圈；D_3 则在确保泵盖可靠定位联接之前，能方便叶轮的安装与紧固。

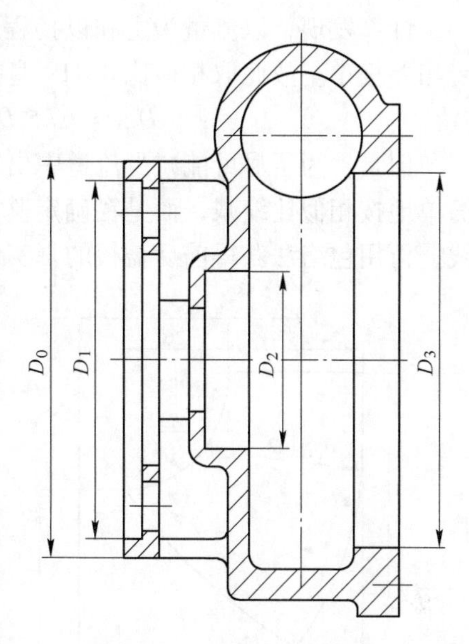

图2-12　油机水泵涡形壳

唇形橡胶密封圈虽然适用于水泵内，但在泵内较高水压作用下，泄漏终难避免。为防止水流沿轴渗入汽油机油底壳，特地在轴上套一橡胶圈。若渗漏较多，水即可从方窗孔中排出。当漏水较为严重时，则需尽快更换密封圈。在当时的技术条件下，选用唇形橡胶密封圈应该是较好的办法。

设计之初，笔者设想直接采用本厂3K9水泵的叶轮，根据相似比[1]：

$$\begin{cases} \lambda_Q = \sqrt[3]{\dfrac{n_m Q_p}{n_p Q_m}} & \text{(a)} \\ \lambda_H = \dfrac{n_m}{n_p} \cdot \sqrt{\dfrac{H_p}{H_m}} & \text{(b)} \end{cases} \tag{2-10}$$

式中，字母下标“p”和“m”含义同前。

再考虑配套汽油机的实际，水泵的转速、流量和扬程分别为：

$$n = 3600\text{r/min}, Q = 52\text{m}^3/\text{h}, H = 12\text{m}$$

而3K9水泵的对应参数为：

$$n = 2900\text{r/min}, Q = 50\text{m}^3/\text{h}, H = 33\text{m}$$

将两者代入式（2-10（b））即有：

$$\lambda_H = \frac{D_p}{D_m} = \frac{2900}{3600} \times \sqrt{\frac{12}{33}} = 0.486$$

据此，汽油机水泵叶轮外径可以取为 $\phi108$。这就意味着不必另作木模铸造，而是将现成的3K9叶轮外圆车小至$\phi108$即可。但是恰好遇黔南自治州农机研究所一位专家来厂调研，他建议选个效率高的模型泵进行相似计算，两相对照再决定取舍。

根据汽油机水泵设计参数，按式（2-3）求得比转数$n_s=245$，笔者于是很快从文献［1］中找到$n_s=250$、效率达82%的模型泵，其叶轮轴面投影见图2-13。

计算发现，以流量为主和以扬程为主所求相似比分别为0.419和0.417，两者相差极小。故此取相似比0.419遍乘模型泵尺寸，计算得叶轮外径等尺寸为：

$$D_{1p}=67,\ D_{2p}=95,\ b_2=19$$

但是，为了尽可能减少流道中出现漩涡，叶轮前后盖板的流道型线最好不要简单地按相似比缩减，而是在确定基本参数后，先确定如图2-14所示的流道中线，再用包络法获得前后盖板的真实型线。

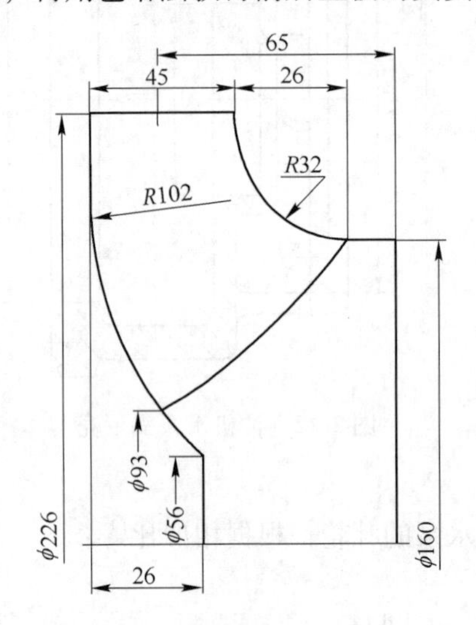

图2-13　模型泵叶轮流道尺寸

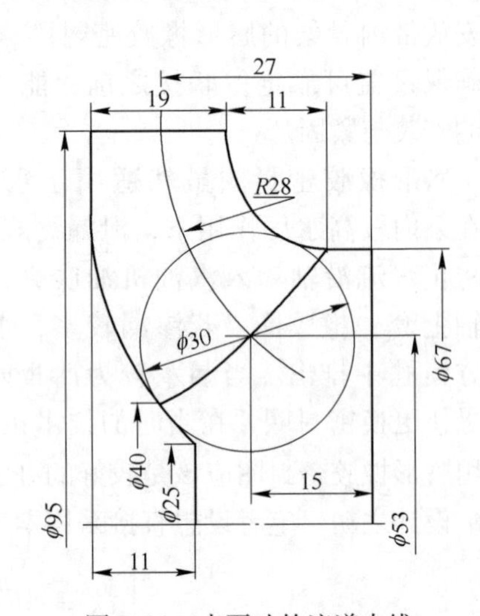

图2-14　水泵叶轮流道中线

解决了汽油机连体水泵的设计疑难，其余工作自然进展顺利。小巧玲珑的样机以及在厂区内现场的抽水效果都令县物资局同志非常满意。这批水泵虽然数量极少并且基本不盈利，但解决了本县物资局汽油机的库存积压问题，并且满足了当地农民群众对汽油的一机多用需求，当然有一定的社会效益。

二、全封闭整体结构变压器油泵的创新设计

（一）出差遇到课题

1990年5月，笔者因参加教材编写讨论会而住在武汉水运学院招待所，恰与来自湖南永州跃进机械厂的一位年轻同志同室。交谈中得知，为一种变压器油泵设计的事，该同志回母校请教老师却不遇。笔者问明具体情况后随即反问对方，如果本人能帮助解决设计问题，你们是否愿意？

笔者返回学校没几天，在武汉偶遇的这位同志就从永州赶来柳州找到笔者。他首先转告厂领导意见，广西柳州距湖南永州不远，能就近有广西工学院老师帮助，不必舍近求远；然后希望笔者尽快帮助计算出一种油泵的全部水力学数据，绘制装配图和叶轮及泵壳图纸，编写出完整的设计说明书。

原来，这一种离心油泵是与该厂生产的盘式电动机配套的，以作为一种填补国内空白的全封闭机电一体化产品。

随着我国经济建设的迅速发展，大型变压器的需求量不断增加。众所周知，电力变压器或整流器的铁芯和绕组都会发热，因而必须附有散热措施。一般中小型变压器多采用油浸自冷方式，而大型变压器则需要强迫油循环方式冷却。但是，强迫油循环冷却往往是在变压器壳体外进行的。传统的油泵由独立的电动机驱动，油液从动力输入端泄漏无法避免，势必污染环境，且增加多方面的管理工作量。为此日本有人开发出了全封闭、整体结构变压器强迫循环冷却离心式油泵，并且以每台 5000 美元以上的价格销售到我国。在完全封闭的壳体内通过盘式电机驱动叶轮转子是该产品的最基本特点。湖南跃进机械厂早已掌握了盘式电机（见图 2-15）生产技术，因此想用完全国产的全封闭变压器油泵来代替昂贵的进口产品。

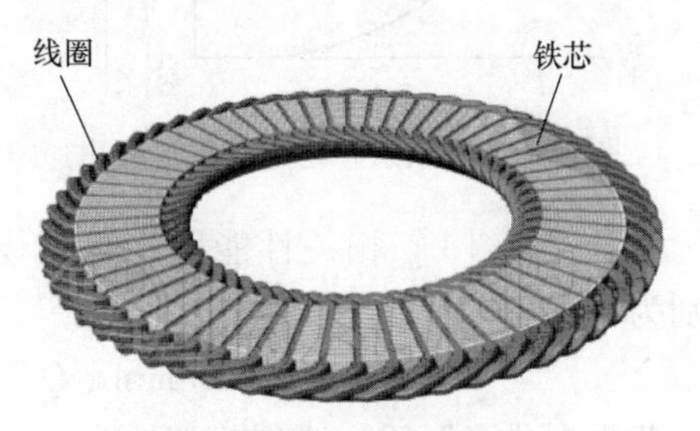

图 2-15　盘式电动机定子结构

（二）一种油泵的开发

1. 设计依据

按照文献［5］的计算结果，可以认为变压器油的雷诺数与清水相近。故此，相似理论与比转数计算式完全适用于变压器油泵的设计计算。

由湖南跃进机械厂提供给笔者的原始设计参数，即转速 $n = 900\text{r/min}$，流量 $Q = 159\text{m}^3/\text{h}$ 和扬程 $H = 5.5\text{m}$ 水柱可知，该油泵的比转数按式（2-3）求得：

$$n_s = 6.083 \times 10^{-2} \times \frac{900\sqrt{159}}{5.5^{0.75}} = 192$$

2. 叶轮设计

显然，在当时的条件下找到同比转数的高性能模型泵难度极大，笔者于是首先对所选的 $n_s = 180$ 的模型泵叶轮（见图 2-16）进行相应修改。由式（2-4）求得流道尺寸的修改比为：

$$\frac{b'_{2m}}{b_{2m}} = \frac{b'_{1m}}{b_{1m}} = \frac{n_{sp}}{n_{sm}} = \frac{192}{180} = 1.067$$

由此重点修改叶轮流道进出口宽度尺寸为：

$$b'_{1m} = 1.067 b_{1m} = 34, \quad b'_{2m} = 1.067 b_{2m} = 25.6$$

修改后的模型泵叶轮轴面投影示于图 2-17（外径 $\phi 143$ 等保持不变）。

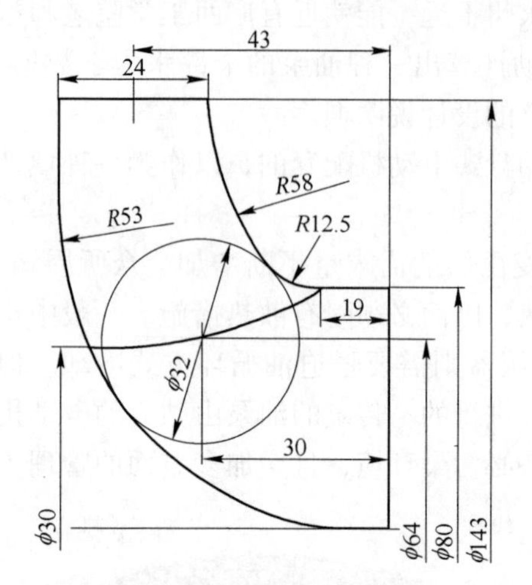

图 2-16　模型泵叶轮流道原始尺寸

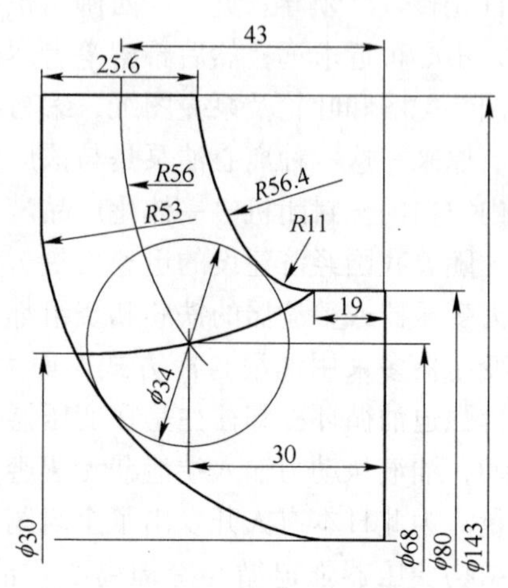

图 2-17　模型泵叶轮流道修改后尺寸

从文献［1］相关性能表中查得模型泵最佳工况时的转速、流量和扬程分别为：

$$n_m = 2900\text{r/min}, Q_m = 93.6\text{m}^3/\text{h}, H_m = 20\text{m}$$

由此根据式（2-10）求得相似比为：

$$\lambda_Q = \sqrt[3]{\frac{2900 \times 159}{900 \times 93.6}} = 1.76, \quad \lambda_H = \frac{2900}{900} \times \sqrt{\frac{5.5}{20}} = 1.69$$

两个比值有一定差异，为此用 λ_Q 遍乘模型泵叶轮与流量有关的尺寸，而用 λ_H 遍乘与扬程有关的尺寸。例如流道进出口宽度分别为：

$$b_1 = 1.76 \times 34 = 60$$

$$b_2 = 1.76 \times 25.6 = 45$$

$$D_0 = 1.76 \times 80 = 140$$

而叶轮外圆直径等则分别为：

$$D_1 = 1.69 \times 68 = 115$$

$$D_2 = 1.69 \times 143 = 242$$

考虑到模型泵叶轮流道中线基本上只是一段圆弧，故此将实型泵叶轮流道中线圆弧半径取为 $R93$。为使工作介质流动基本无漩涡，而采用包络法获得流道尺寸如图 2-18 所示。图中前盖板型线中的一段 $R25$ 圆弧，则可凭经验画出而不必按相似比例计算。包络法所用数据

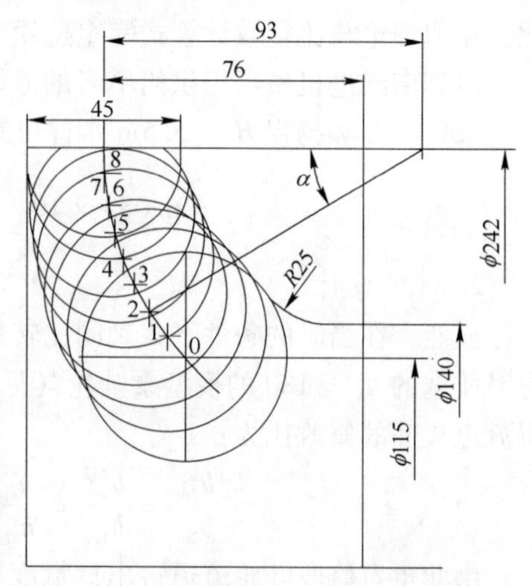

图 2-18　油泵叶轮流道的确定及步骤

示于表 2-3。

表 2-3　变压器油泵叶轮流道中线尺寸

位置序号	角度 α/(°)	L_i/mm	F_i/mm^2	R_i/mm
0	43. 0625	57. 50	21680	30. 00
1	37. 6793	64. 15	23245	28. 83
2	32. 2969	71. 31	24825	27. 69
3	26. 9141	78. 90	26379	26. 60
4	21. 5312	86. 87	27945	25. 60
5	16. 1484	95. 13	29512	24. 69
6	10. 7656	103. 63	31075	23. 86
7	5. 3828	112. 78	32644	23. 14
8	0	121. 00	34210	22. 50

3. 泵壳设计

由于灰铸铁泵壳在工作过程中会出现“冒汗”现象而污染环境，厂家为此要求泵壳采用钢板焊接结构。此外出于安装便利考虑，泵壳出油口轴心线应与叶轮轴线垂直对齐。

上述两项要求使得泵壳涡形室轴向断面成为矩形，容易产生漩涡现象。油泵吐出口轴线与叶轮轴线的正交垂直关系，又使泵壳涡形室后一段成为反向弯曲状。这两者都会影响油泵效率的提高。作为一项弥补措施，采用包络法[5]来确定泵壳涡形室第 8 截面（96. 5 × 125）到吐出口截面（125 × 125）间的泵壳吐出流道。这段流道的平缓扩张，利于油液流速的减缓，从而减轻静电效应。此处应用包络法比在叶轮中要简单得多，因为在以流道中线为横轴的坐标系里，纵坐标只是流道宽度，并且只要使涡形室第 8 截面的 69. 5 宽度到吐出口的 125 具有线性关系即可。图 2-19 显示了钢板焊接泵壳涡形室的特征及各截面尺寸。

(a)

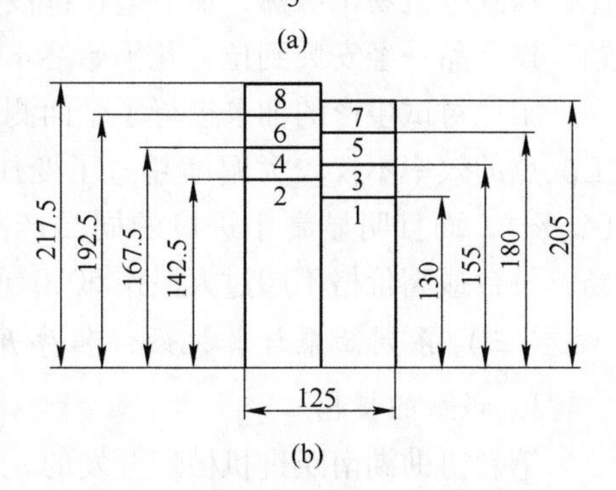

(b)

图 2-19　变压器油泵泵壳涡形室
（a）涡形室形状；（b）涡形室断面尺寸

4. 实际效果

变压器油泵的整体结构如图 2-20 所示。从图可知，静止的泵轴非常利于外伸端的静密封固定。泵轴之所以外伸至泵壳外，是为了方便电机定子与转子间的轴向间隙调整，以及叶轮与泵壳流道间的对中调整。

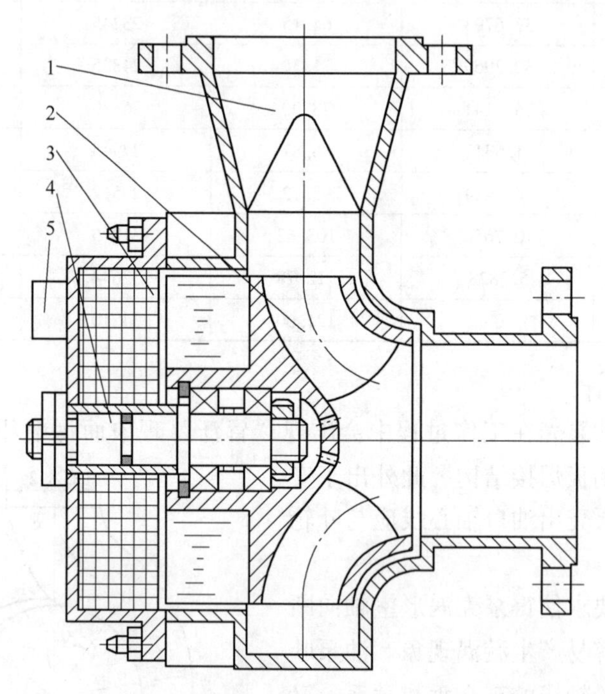

图 2-20　全封闭变压器油泵整体结构

1—泵壳；2—叶轮；3—定子；4—心轴；5—接线桩

盘式电机轴向尺寸小，有利于机电一体化产品的小型化。与鼠笼式电机相比，盘式电机易于散热，加上整机都浸入油中，因此不存在任何温升甚至磨损问题。该产品一经安装到位，几乎始终不需维护。

工厂对试生产的油泵进行了全面测试。除厂方所有要求都得到满足外，设计工况点的效率不仅较大幅度超过了变压器油泵专业标准所规定的最低效率指标(43%)，而且明显高于进口的同类产品效率值（45%）。批量产品投入国内市场，每台最高价格不超过人民币 5000 元，大幅度低于进口产品，很受用户欢迎。

（三）系列油泵计算机设计程序开发

1. 问题的提出

笔者协助湖南跃进机械厂开发的 n_s = 192 比转数全封闭变压器强冷油泵，以价格低、效率高、噪声小、无须维护等优点获得了用户的广泛好评。但是厂方很快发现，电力变压器的品种规格很多，与之配套的强冷油泵也应该实现品种的多样化。为了快速响应市场对多规格强冷油泵的需求，厂领导决定开发一套计算机设计程序，使企业一旦接到新规格油泵订单，就能立即拿出产品的设计图纸，并以最快速度生产出用户满意的产品。

笔者的前期工作基础给跃进机械厂的相关领导留下了深刻印象，因此厂方希望笔者继续承担系列油泵计算机设计程序的开发任务。

2. 设计基本要求

不难理解，通过油泵实现变压器油的内部强制循环，就是使变压器壳体内温度相对较高的油液自动被吸入油泵，经过冷却系统冷却后再压回到变压器内。因此，无论油泵的安装位置如何，油泵的吸程与扬程都不会像在山区抽水那样高，这一特点使设计者无需考虑叶轮的气蚀性能。

正因为如此，厂方给出的设计任务是首先开发 $n_s = 135 \sim 315$ 的大比转数系列油泵的计算机设计程序。同时说明，为减少油液过快流动产生较强的静电效应，叶轮转速只能一律定为900r/min。

3. 相似设计所用模型的获取

设计对象的比转数范围相对较大，在较大范围内进行相似设计，必须拥有足够多的模型泵作为设计的依据。但现实问题是，要想从已有资料中找到众多性能优良的离心泵模型本身就是一件困难的事情，即使找到了多个模型泵，其形式与结构都存在较大差异，这就会给相似设计编程造成太多的困难。

根据以往经验，笔者认为在厂方所要求的比转数范围内，选定 7 个模型泵是能够满足全范围内油泵的相似设计计算要求的。这 7 个模型泵的比转数分别为150、180、200、220、250、270 和 300。同时自行规定，这些模型泵都基本具有图 2-5 所示的叶轮结构；而泵壳也都一律采用钢板焊接结构，每一种泵壳的涡形室流道全都为矩形截面。

笔者按照速度系数法的设计步骤，几乎完全凭借手工进行计算与作图，初步获得了 7 个模型泵的水力学数据和结构草图；然后与文献所给出的部分高性能模型泵的参数逐一进行比对，适当调整个别模型或某些参数后，将速度系数法与相似设计法相结合，最终确定出所有 7 个模型泵的全部参数[6]。其中叶轮前后盖板的型线数据是逐一事先定出流道中线，根据计算结果画出一系列细实线圆，自动包络出前后盖板型线之后再进行拟合确定其基本尺寸。各模型泵扭曲叶片的轴面截线与前后盖板型线的交点，也是先经计算再逐一按比例绘图加以验证的。

将如此获得的 7 个离散比转数离心油泵的几何尺寸、叶片裁剪图尺寸以及泵壳流道尺寸等汇总起来，用作系列油泵计算机相似设计的模型，可以省去随后设计中的包络法和联立求解方程组的程序，从而使程序语言更加简洁，明显提高了程序的运行速度。

4. 相似比的修正

按式（2-10）求得的两个相似比 λ_Q 和 λ_H 不总是接近相等。因此人们一般习

惯上用 λ_Q 遍乘叶轮宽度尺寸，而用 λ_H 遍乘径向尺寸。但是叶轮前后盖板的圆弧等尺寸不仅与宽度有关，而且与直径有关，这种比例差异往往会导致设计者发生比例应用不当等问题。例如，前面介绍相似设计 $n_s = 192$ 油泵时，求出了两个相似比 $\lambda_Q = 1.76$ 和 $\lambda_H = 1.69$ 。笔者将 b_2、b_1 和 D_0 都分别乘以 1.76，而 D_1 和 D_2 一样却乘以 1.69。这不仅会使旁人质疑，而且很可能会使叶轮流道几何形状发生某种畸变。手工计算绘图时可以凭借设计者的经验加以修正，但电算时要做到这一点则相当困难。为此在求出比例 λ_Q 后将其修正为：

$$\lambda = \lambda_Q \sqrt{(D_{0m}^{1.5}/D_{0p}^{1.5})[(3.15 + D_{0p}^{1.5})/(3.15 + D_m^{1.5})]} \tag{2-11}$$

式中，各代号含义同前。显然，仅用一个比例放缩模型泵尺寸就不必担心流道发生畸变。

5. 泵壳涡形室的径向宽度计算

虽然泵壳的矩形截面流道不利于油泵效率的提高，但却有利于钢板的焊接与计算机设计程序的编写。在确保涡形室流道截面积均匀变化前提下，其流道第 i 个断面径向宽度 h_i 的计算式为：

$$h_i = \frac{iQ}{1.275 \times 10^5 K_{v3} b_3 \sqrt{H}} \tag{2-12}$$

式中，$i=1, 2, \cdots, 8$；b_3 为泵壳涡形室矩形截面的轴向宽度，在图 2-19（b）中 $b_3 = 125$；K_{v3} 为螺旋涡形室速度系数。

为便于编写计算程序，经过曲线拟合得出速度系数 K_{v3} 的表达式为：

$$K_{v3} = \begin{cases} 0.35, & n_s > 160 \\ 0.35 + 5.405 \times 10^{-6} (160 - n_s)^{2.18}, & n_s \leqslant 160 \end{cases} \tag{2-13}$$

6. 相似设计程序的编制

根据图 2-21 所示的计算机程序设计框图，用 Fortran 语言编写了 $n_s = 135 \sim 315$ 系列油泵的相似设计程序。程序中设置了 4 个一维数组，分别用于存放模型泵的比转数、泵壳涡形室隔舌安放角、泵的进出口口径以及标准口径与流量的相互关系等。

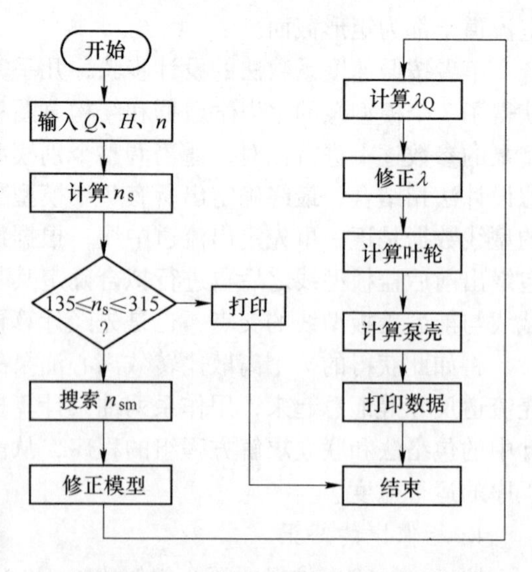

图 2-21　系列油泵设计程序框图

模型泵的三大参数（Q、H、n）及所有相关水力学尺寸都分别存放在十个二维数组中。

由于叶轮宽度和叶片扭曲程度都随比转数而变，各模型泵的叶轮等高剖面个数也因此不全相等，叶片的包角大小也存在差异，所以用于存放叶片裁剪尺寸的七个二维数组（定义为 $YC_1 \sim YC_7$）的行与列数也不尽相同。程序中，行与列的组合共有 10×12、11×10、10×10、10×9 和 10×8 五种形式。模型泵的所有已知数据及有关标准均用 DATA 语句输入。

7. 程序使用效果

程序采用人工对话语句，只要人工输入强冷油泵工况点的流量、扬程和转速三个数据，计算机就会立即打印出该泵的比转数、轴功率、叶轮轴面投影 10 个数据、叶片裁剪尺寸表、涡形室基圆直径、泵舌安放角、涡形室轴向宽度、泵壳流道 8 个截面径向尺寸以及泵的进出管口径等，十分快捷与方便。

按此程序生产的产品经逐台测试，发现每种泵的效率基本都较多地超出了标准所规定的指标，因而得到了国内外用户的广泛欢迎与好评。湖南跃进机械厂也因此获得了很好的经济效益与社会效益。

不久，厂方派出两位年轻技术人员向笔者详细了解程序的开发依据，并希望笔者为工厂继续开发 n_s = 40 ~ 135 比转数范围内的变压器强冷油泵计算机相似设计程序。尽管低比转数离心泵设计难度较大，但笔者还是尽量满足了厂方的要求。该套程序也同样得到了工厂的试产及测试验证。将前后两套程序合并使用，可以覆盖变压器强冷离心油泵的整个设计范围。

但是两年之后，厂方告诉笔者，一台比转数 n_s = 40 的油泵效率偏低，达不到标准规定的指标。笔者到该厂考察，发现该泵外观美观流畅，但多点测试数据都不理想。

这种系列泵中最低比转数油泵叶轮外径相对最大，而前后盖板间距最小，其天生缺陷使得叶轮盖板旋转时需克服更多的摩擦阻力，铸造的内流道质量也极难达到所需的尺寸精度和表面粗糙度。而在泵壳狭窄的矩形流道中，涡形室尖角处产生紊流和叶轮盖板两侧油液的回流等不利影响必将占据更多的比重，从而成为整机效率偏低的最重要因素。笔者相信，假以时日，只要把握好泵壳涡形室流道整形与叶轮两端回流量控制两个关键，就一定能够协助厂方尽快提高该类型泵的效率。

✦ 点　评 ✦

笔者早年成功创新改进了一种离心清水泵，并且成为省级系列水泵设计组骨干，这些早期经历与实践是后来开发变压器强冷油泵及其系列产品的厚实基础。由此反向推理可以认定，忽视或者放弃自己的早年成果与经验都将是极大的损失或浪费。

立足于手工绘图与计算，其中甚至要对多元线性方程组联立求解，在此基础上对大量的图线与数据进行归纳，借用文献中的某些模型进行比对，由此确定比转数离散的几个模型，据此进行相似设计计算，进而开发出足以覆盖很大范围的系列产品，虽然这是一种很笨的需要耐心与毅力的方法，但实际应用有效可行。

当然，手工方法寻找到的相似设计模型，肯定受设计者人为因素影响，必定具有相当的局限性。随着技术的飞速发展，笔者多年前开发的变压器强冷系列油泵计算机设计程序必会显示出更多的改进空间。

◆ 口　诀 ◆

产品开发敢当先，经验技巧两关联；
基本功底夯牢实，何惧重担压双肩？

◆ 思　考 ◆

（1）什么是相似设计，设想用 $\lambda_G = 2$ 和 $\lambda_K = 1.5$ 分别去乘题（1）图所示矩形的高和宽而得到一个新的矩形，试问这两个矩形是否相似，为什么？

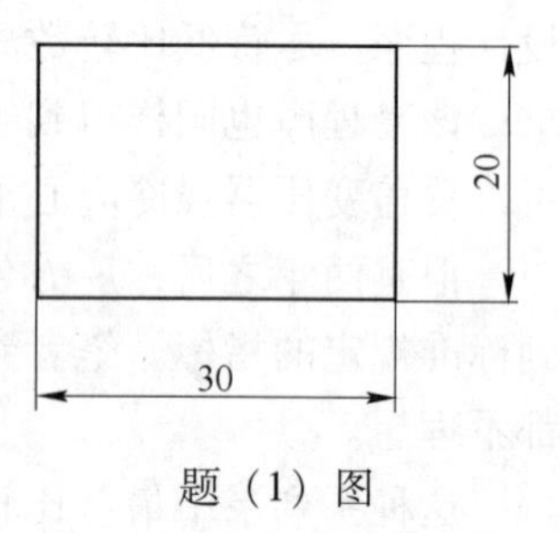

题（1）图

（2）对于机械原理中盘形凸轮轮廓的任一段推程曲线，如何用一高阶曲线去逼近？

（3）某变压器油泵的工况点为 $Q = 90\text{m}^3/\text{h}$，$H = 10\text{m}$ 水柱，试求该油泵的轴功率，并请选择该油泵的电动机（设油密度 $q = 930\text{kg/m}^3$）。

[案例 2-3]　柔性转子实验的创新设计

✦ 目　　的 ✦

借此案例表明：一题多解是一种良好的学习习惯，是一种更佳的创新训练途径，并且有助于发现问题、扩展学术研究深度空间；在此基础上树立学术研究与创新的自信心，就能敢于坚持自己正确的学术观点，并且善于利用已有条件或创造条件证明自己观点的正确性。

✦ 背　　景 ✦

1981 年 12 月，笔者毕业后留在昆明工学院机原机零教研室。次年春季开学，教研室主任向全体老师公布了本学期教学研究活动计划，其重点是要求每位老师根据自己特长在教研室内讲一节课，以利相互交流。

笔者翻阅了教研室部分老师正在使用的《机械零件》教材[7]，发现其中第 15 章的 15-5 节标题“轴的振动”恰好与自己的研究方向相吻合，于是决定就讲这一节。

✦ 备　　课 ✦

教材中“轴的振动”一节相当简洁地介绍了轴振动的基本类型和临界转速、刚性轴和柔性轴等概念，以及第一阶临界转速的计算方法。这些知识对于机械专业的本科学生来说是足够的，但笔者将要面向教研室的所有老师试讲，如果只是复述教材的文字，那么就只能反映试讲者钻研精神与认真态度的欠缺。

于是笔者设想通过轴横向振动的振型概念引出临界转速及其阶次，并借用矩阵迭代法介绍书中一个例题——轴系各阶临界转速的计算步骤。据此，将试讲内容设为两个层次：概念只是铺垫，计算才是重点。

一、轴的振型与临界转速概念

机器转轴系统的角速度 ω 由 0 逐渐增加到某些特定转速时，轴的变形就会如图 2-22 那样依次呈现一个、两个及多个弓形。弓形个数就决定轴横向振动的阶数，而与振型阶数相对应的转速即分别称为一阶、二阶与多阶临界转速。

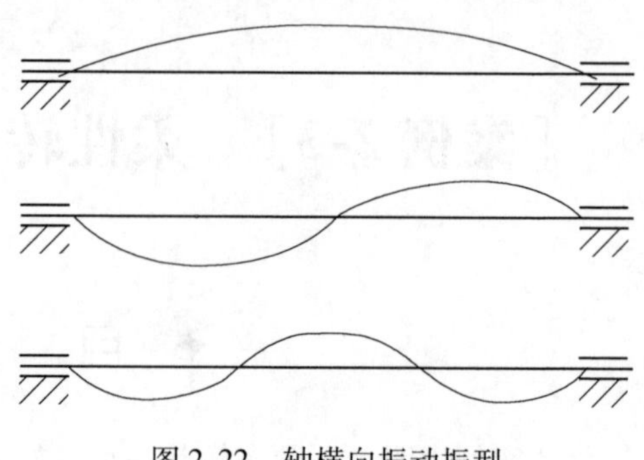

图 2-22　轴横向振动振型

二、教材例题求解方法对比

例题已知条件及要求：在直径为 $\phi50$ 的如图 2-23 所示轴系中，各圆盘重量分别为 $G_1 = 900\text{N}$，$G_2 = 1600\text{N}$，$G_3 = 700\text{N}$。试求第一阶临界转速 n_{cr1}。

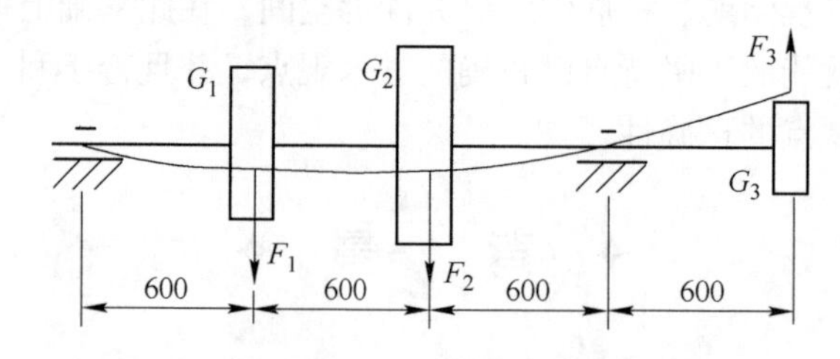

图 2-23　轴的振动例题图

（一）雷利法解题

这是教材所用方法。其理论依据是，轴系在平衡位置所具有的动能与各质量圆盘处于不平衡极限位置（第一阶振型）所具有的势能相等，即：

$$\frac{1}{2g}\omega^2 \sum G_i y_i^2 = \frac{1}{2}\sum F_i y_i \tag{2-14}$$

式中，y_i为轴处于第一阶振型时各质量圆盘质心的位移量。当位移量达到最大时，有 $F_i = G_i$，由此解得第一阶临界转速 n_{cr1} 为：

$$n_{cr1} = \frac{30}{\pi}\omega = \frac{30}{\pi}\sqrt{\frac{g\sum G_i y_i}{\sum G_i y_i^2}} \tag{2-15}$$

雷利法实际就是能量守恒法。此法简单直观，高中学生都熟悉其基本原理。但此法只能用于求解第一阶临界转速。

（二）矩阵迭代法解题

笔者历来喜欢一题多解，逢此试讲机会当然就会用不同于教材中的方法来讲解此例题。

对图 2-23 所示转子，可以认为三个圆盘只有质量而无刚度；反之轴段仅有弹性而无质量。不考虑系统阻尼，则该轴系便可视为三自由度无阻尼振动系统。

用迭代法求解多自由度线性转子系统的各阶临界转速非常有效。具体做法是首先针对系统自由振动微分方程建立一个迭代矩阵，通过本征值[8]的求取以确定临界转速。

图 2-23 系统的自由振动微分方程可以写为：

$$M\ddot{Y} + KY = 0 \tag{2-16}$$

式中，$\boldsymbol{M}$ 为对角质量阵；$\boldsymbol{K}$ 为耦合的刚度矩阵；Y 为圆盘质心位移列向量；$\ddot{Y}$ 为加速度列向量。

用 $\boldsymbol{M}^{-1}$ 左乘式（2-16），同时设圆盘质心的往复运动具有简谐运动特征，这就使得 $\ddot{Y}$ 和 Y 之间必有：

$$\ddot{Y}_{\mathrm{M}i} = -\omega_i^2 Y_{\mathrm{M}i} \tag{2-17}$$

由此则有：

$$\boldsymbol{A}Y_{\mathrm{M}i} = \lambda_i Y_{\mathrm{M}i} \tag{2-18}$$

式中，$\boldsymbol{A} = \boldsymbol{M}^{-1}\boldsymbol{K}$；$\lambda_i = \omega_i^2$。

如果用 $\boldsymbol{K}^{-1}$ 左乘式（2-16），那么亦有：

$$\boldsymbol{A}Y_{\mathrm{M}i} = \lambda_i Y_{\mathrm{M}i} \tag{2-19}$$

式中，$\boldsymbol{A} = \boldsymbol{K}^{-1}\boldsymbol{M}$；$\lambda_i = 1/\omega_i^2$；$\boldsymbol{K}^{-1}$ 为刚度矩阵之逆，又称为柔度矩阵。式（2-19）中的 $\boldsymbol{A}$ 称为动力矩阵。

式（2-18）和式（2-19）都是本征值问题的标准形式。进行矩阵迭代时，其结果都收敛于最大本征值。对于式（2-19）而言，其迭代结果就应该是收敛于最小或最低阶临界转速。

由于求最低阶临界转速最为重要，加上求图 2-23 所示轴系的柔度矩阵要比求其刚度矩阵容易得多，因此笔者只介绍式（2-19）的迭代求解。

对图 2-23 所示轴系，其柔度矩阵形式为：

$$\boldsymbol{K}^{-1} = \begin{bmatrix} \alpha_{11} & \alpha_{12} & \alpha_{13} \\ \alpha_{21} & \alpha_{22} & \alpha_{23} \\ \alpha_{31} & \alpha_{32} & \alpha_{33} \end{bmatrix} \tag{2-20}$$

矩阵中的元素 α_{ij} 称为柔度系数或感应系数，代表作用在 i 位置的一个单位力使位置 j 产生的变形量。

由材料力学知识，求得柔度矩阵（2-20）中各系数分别为：

$$\alpha_{11} = \alpha_{22} = \frac{4l^3}{9EI};\ \alpha_{33} = \frac{4l^3}{3EI};\ \alpha_{12} = \alpha_{21} = \frac{7l^3}{18EI};$$

$$\alpha_{32} = \alpha_{23} = \frac{-5l^3}{9EI};\ \alpha_{13} = \alpha_{31} = \frac{-4l^3}{9EI}$$

故此柔度矩阵为：

$$\boldsymbol{K}^{-1} = \frac{l^3}{18EI}\begin{bmatrix} 8 & 7 & -8 \\ 7 & 8 & -10 \\ -8 & -10 & 24 \end{bmatrix}$$

其中，$l = 0.6\mathrm{m}$。又由已知条件，系统质量矩阵为：

$$M = \frac{100}{9.8}\begin{bmatrix} 9 & 0 & 0 \\ 0 & 16 & 0 \\ 0 & 0 & 7 \end{bmatrix}$$

进而得动力矩阵为：

$$A = K^{-1}M = \frac{100l^3}{9.8 \times 18EI}\begin{bmatrix} 72 & 112 & -56 \\ 63 & 128 & -70 \\ -72 & -160 & 168 \end{bmatrix}$$

现取迭代精度 $\varepsilon = 0.0001$，并设初始迭代向量为 $[1,1,-1.5]^T$ 即可进行迭代运算。

在迭代过程中，即使出错并用错误的迭代向量进行迭代，只会浪费一些时间而不会得出错误的结果。因为迭代只向最大本征值收敛。

此外，优越于教材所述雷利法的是，迭代法可以求出系统的所有各阶临界转速。当然，每进行下一阶迭代之前，必须引入清除矩阵并使其左乘动力矩阵，然后依次迭代之。

✦ 发　现 ✦

迭代计算获得的第 1 次迭代向量为：

$$(Y)_1 = [1,1.106,-1.7908]^{\mathrm{T}}$$

继续 5 次迭代之后得到第 6 次迭代向量为：

$$(Y)_6 = [1,1.1162,-1.8721]^{\mathrm{T}}$$

现取 $E = 2.058 \times 10^{11}\mathrm{Pa}$，$I = 0.05^4\pi/64$，即得满足迭代精度的结果为：

$$AY_{\mathrm{M1}} = \lambda_1 Y_{\mathrm{M1}} = 5.854 \times 10^{-4}[1,1.1162,-1.8721]^{\mathrm{T}}$$

即

$$\lambda_1 = 5.854 \times 10^{-4}$$

$$Y_{\mathrm{M1}} = [1,1.162,-1.8721]^{\mathrm{T}}$$

根据所求特征值 λ_1 得第一阶临界角速度为：

$$\omega_{\mathrm{cr1}} = \frac{1}{\sqrt{\lambda_1}} = \frac{1}{\sqrt{5.854 \times 10^{-4}}} = 41.33\mathrm{rad/s}$$

第一阶临界转速则为：

$$n_{\mathrm{cr1}} = \frac{30}{\pi}\omega_{\mathrm{cr1}} \approx 395\mathrm{r/min}$$

为求第二阶临界转速，先引入清除矩阵：

$$T_{\mathrm{S1}} = \begin{bmatrix} 0 & C_{12} & C_{13} \\ 0 & 1 & 0 \\ 0 & 0 & 1 \end{bmatrix} \tag{2-21}$$

其中

$$\begin{cases} C_{12} = -\dfrac{M_{22}\ (\boldsymbol{Y}_{\mathbf{M1}})_2}{M_{44}\ (\boldsymbol{Y}_{\mathbf{M1}})_1} \\ C_{13} = -\dfrac{M_{33}\ (\boldsymbol{Y}_{\mathbf{M1}})_2}{M_{11}\ (\boldsymbol{Y}_{\mathbf{M1}})_1} \end{cases} \tag{2-22}$$

将已给出的质量矩阵和已求出的特征向量代入式（2-22），则有：

$$\begin{cases} C_{12} = -\dfrac{1600 \times 1.1162}{900 \times 1_1} = -1.9844 \\ C_{13} = -\dfrac{700 \times (-1.8721)}{900 \times 1} = 1.4561 \end{cases}$$

将清除矩阵左乘动力矩阵 $\boldsymbol{A}$ 有：

$$\boldsymbol{A}_1 = \boldsymbol{T}_{\mathbf{S1}}\boldsymbol{A} = \frac{100l^3}{9.8 \times 18EI}\begin{bmatrix} -229.8564 & -486.9792 & 383.5326 \\ 63 & 128 & -70 \\ -72 & -160 & 168 \end{bmatrix}$$

任选初始向量如 $[1,\ 1,\ 1]^{\mathrm{T}}$，经 6 次迭代得：

$$(\boldsymbol{Y})_6 = [0.6449,\ 0.4087,\ 1]^{\mathrm{T}}$$

最后即得：

$$\boldsymbol{A}_1\ (\boldsymbol{Y})_6 = 56.1625\ \frac{100l^3}{9.8 \times 18EI}[0.6449,\ 0.6087,\ 1]^{\mathrm{T}}$$

由此结果便直接得到系统第二阶振型下的特征值和特征向量分别为：

$$\lambda_2 = 1.0892 \times 10^{-4}$$

$$\boldsymbol{Y}_{\mathbf{M2}} = [0.6449,\ 0.4087,\ 1]$$

至此，第二阶临界转速为：

$$n_{\mathrm{cr2}} = \frac{30}{\pi}\ \frac{1}{\sqrt{\lambda_2}} = 915\mathrm{r/min}$$

求第三阶临界转速，需再引入一个清除矩阵：

$$\boldsymbol{T}_{\mathbf{S2}} = \begin{bmatrix} 1 & 0 & 0 \\ 0 & 0 & d_{23} \\ 0 & 0 & 0 \end{bmatrix} \tag{2-23}$$

其中

$$d_{23} = -\frac{M_{33}}{M_{11}} \times \frac{(\boldsymbol{Y}_{\mathbf{M1}})_1\ (\boldsymbol{Y}_{\mathbf{M2}})_3 - (\boldsymbol{Y}_{\mathbf{M2}})_1\ (\boldsymbol{Y}_{\mathbf{M1}})_3}{(Y_{\mathrm{M1}})_1\ (\boldsymbol{Y}_{\mathbf{M2}})_2 - (\boldsymbol{Y}_{\mathbf{M2}})_1\ (\boldsymbol{Y}_{\mathbf{M1}})_2} \tag{2-24}$$

将已知数据代入式（2-24）得

$$d_{23} = -\frac{700}{1600} \times \frac{1 \times 1 - 0.6449 \times (-1.8721)}{1 \times 0.4087 - 0.6449 \times 1.1162} = 3.1038$$

将 $\boldsymbol{T}_{\mathbf{S2}}$ 右乘矩阵 $\boldsymbol{A}_1$，即得第三阶振型下的本征值与本征向量分别为：

$$\lambda = 1.942 \times 10^{-5}$$

$$(\boldsymbol{Y}_{M3}) = [-4.6931, 3.095, 1]^{T}$$

据此求得图 2-23 所示轴系第三阶临界转速为[9]：

$$n_{ct3} = \frac{30}{\pi}\frac{1}{\sqrt{\lambda_3}} = 2167\text{r/min}$$

将教材[7]第 15 章例题 5 给定的原始数据，即在各 F 力作用下，各点的静力挠度值 0.469mm、0.510mm 和 0.708mm，代入雷利公式（2-15），求得轴系第一阶临界转速为

$$n_{cr1} = \frac{30}{\pi}\sqrt{\frac{9807 \times (900 \times 0.469 + 1600 \times 0.51 + 700 \times 0.708)}{900 \times 0.469^2 + 1600 \times 0.51^2 + 700 \times 0.708^2}} = 1268\text{r/min}$$

此值比迭代法求出的第二阶临界转速还高出了约 40%。两种计算方法出现如此之大的差异，只能得出一个结论，至少有一个答案是错误的。

笔者心中充满底气，迭代法经得起推敲，所用的柔度矩阵经过多次检查不会有多大误差。特别是凭自己在工厂 10 年多的实践经验感觉到，教材所给轴上各点的静力挠度数值太小而不符合实际。为从理论上证明这一点，笔者用所得柔度矩阵计算求出：

$$\boldsymbol{Y} = \boldsymbol{K}^{-1}\boldsymbol{F} = \frac{100l^3}{18EI}\begin{bmatrix} 8 & 8 & -7 \\ 8 & 7 & -10 \\ -7 & -10 & 24 \end{bmatrix}\begin{bmatrix} 9 \\ 16 \\ -7 \end{bmatrix} = \frac{100l^3}{18EI}\begin{bmatrix} 249 \\ 254 \\ -391 \end{bmatrix} = \begin{bmatrix} 4.73 \\ 4.86 \\ -7.43 \end{bmatrix}\text{mm}$$

如此求出的静力挠度比教材引用的数据几乎大了一个数量级。将上述数据代入式(2-15)，求得很接近迭代法的计算结果为：

$$n_{cr1} = 400\text{r/min}$$

笔者掌握了充分的依据与有效的计算手段，在第一次正式走上讲台、面对从教多年甚至大多数还是笔者师长辈的教研室 20 余位老师，不仅不怯场，而且满怀信心、详略得当且颇有条理地汇报了自己的演算与发现。

✦ 质　疑 ✦

教研室全体老师非常耐心地听完了笔者近一小时的试讲。大家都肯定笔者备课的认真态度和对学术问题的钻研精神。至于教材中例题答案的对或错，大家当然难以当即表态。

唯有当时的教研室副主任对笔者的试讲颇为吃惊。她认为教材及其主编在国内很有名气和地位，这道例题的答案出现如此大的差错难以想象。作为该教材的一位审稿人，她希望能仔细核对笔者的讲稿和计算结果。

笔者当即将讲稿奉上，在请她多多指正的同时，还建议她必要时可以找曾给

笔者等研究生主讲弹塑性理论的刘老师一起审阅讲稿。

教研室副主任对人对事都是既热心又负责。她果然找到力学教研室刘老师讨论，并很快得出结论，书中答案的确错误。刘老师亲自用虚梁法计算的第一阶临界转速为 396r/min。

作为天津大学当年的学生，笔者写信给母校《机械零件》教材的主编教授，首先坚持认为自己的计算结果基本准确，然后建议教授先生找该教材第 15 章的编者仔细核对例题 5 的计算结果。

✦ 验　证 ✦

虽然力学教研室刘老师的虚梁法计算结果从一个方面对教材例题答案的正确与否作出了判断，但笔者还想利用自己较强的动手能力与实验室条件，通过模拟实验进一步验证自己的理论计算结果。

在转子动力学中，临界转速的实验验证具有极为重要的工程价值。轴系结构越复杂，其临界转速的理论计算值就越难准确。另一方面，人们很难对尺寸很大、结构很复杂的工程实际转子系统进行现场测试。因此通过模型实验测试以验证理论分析结果就显得特别重要。

一、实验装置

实验室已有的柔性转子实验台是进行相似实验的重要硬件条件。安装在一台废弃车床床身上的实验台结构如图 2-24 所示。图中底座 1 为长方形结构的铸铁板；电动机 2 的转速范围为 0 ~ 12000r/min；联轴节 3 用橡胶材料制成，其弹性可以弥补被联两轴间的安装误差；左（4）与右（9）两个支承分别安装在 $\phi10$ 细长轴 6 的两端，每个支承内都固定有滑动轴套；轴上固联多个圆盘 5；测头支架 7 与测头 8 共有两套，用于测定轴两个位置的振动量，其中一个测头水平、另

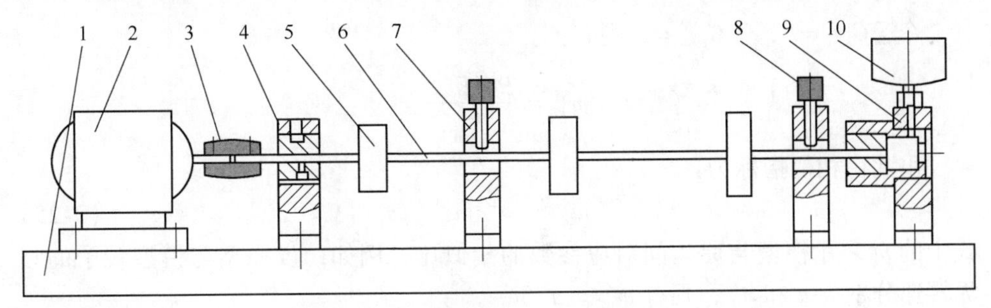

图 2-24　柔性转子实验台

1—底座；2—电动机；3—联轴节；4—左支承；5—圆盘；6—轴；
7—测头支架；8—测头；9—右支承；10—油杯

一个铅直安装；左右两个支承各装有一个油杯10（左端未画出）以确保滑动轴承得到良好润滑。

启动电机后，使轴转速逐渐升高，借助示波器观察轴心的位移图像。空间垂直交错安放的两个测头端面都与被测轴外圆周相距约0.5mm，利用电涡流原理实现非接触式测量（仪器间的连接顺序参见测试框图2-25）。轴稳定运转时，示波器显示轴心轨迹基本为一直径不大的圆周。但当轴转速接近并达到轴系的某一阶临界转速时，示波器的圆形迹线会迅速扩大为椭圆状并立即向长轴方向发散。如果此时迅速增大转速，示波器所显示图形又会很快恢复原来状况。记下示波器迹线第一次发散瞬间轴的转速就是第一阶临界转速。

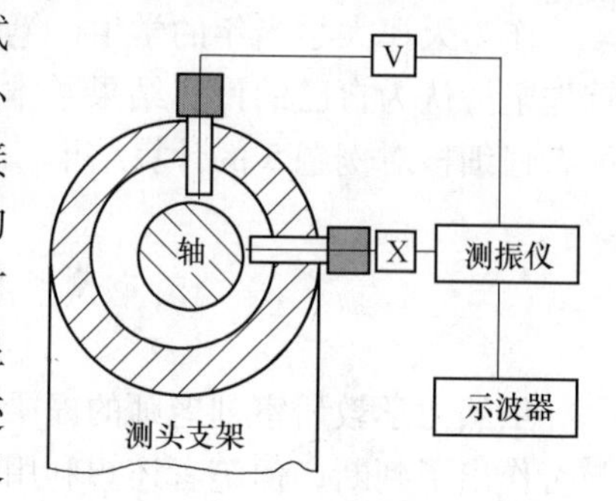

图2-25　测振框

二、实验依据[10]

用省钱省力的模型转子实验代替难以实施的实型转子测试，就必须首先严格遵循相应的原理与准则设计出可行的实验模型。这是将实验测试结果准确换算到实型转子的前提。

（一）雷利计算式与相似准则

对图2-23所示轴系进行模拟实验，可以先由雷利计算式按简单转子系统模拟实验。

针对计算转子第一阶临界转速的雷利公式（2-15），可由第一相似理论导出相似准则：

$$\pi_1 = \frac{(\sum G_i y_i)^{1/2}(\sum G_i y_i^2)^{-1/2}}{n}$$

令$\sum G_i y_i = P$，$\sum G_i y_i^2 = E$则有：

$$\pi_1 = \frac{P^{1/2}E^{-1/2}}{n}$$

由此得相似指标为：

$$m_n = m_P^{1/2} m_E^{-1/2} \tag{2-25}$$

式中的m表示模型与原型间对应参数的相似比。例如，设原型与模型转子的临界转速分别为n和n'，则有$m_n = n'/n$。

由式（2-25）可知，如果任意选定两个比例，那么另一个比例随之被确定。于是m_P、m_E和m_n之间共有三种选择方式的组合。但是由P和E的定义可知，两者之间并无独立性，所以当选定m_P和m_E中的一个时，就可以确定m_n了。

雷利法适用于计算单自由度系统的固有振动频率。作为一种方法的推广，它也适合于求解多自由度系统的基本振动频率。实质上，这一方法是将一系列质量（或重量）作为结构上的一个质量组（或荷重组）来处理的。按照雷利公式进行相似模型计算时，由于临界转速比 m_n 仅取决于比值 $\left(\sum_{i=1}^{k} G'_i y'_i / \sum_{i=1}^{n} G_i y_i\right)^{1/2}$ 和 $\left(\sum_{i=1}^{k} G'_i y'^2_i / \sum_{i=1}^{n} G_i y_i^2\right)^{-1/2}$ 的乘积，至于比值中 k 是否等于 n 则无关紧要。由此可见，两个具有任意结构的转子在各自的第一阶临界转速处都满足式（2-25）所给出的条件。按照这一观点，人们甚至可用仅仅具有一个集中质量的转子作为实验模型去模拟具有多个集中质量转轴的第一阶临界转速。

按上述方法导出相似准则时，显然忽略了许多重要因素，而且由于无需考虑模型与原型在结构上是否相似，从逻辑上讲肯定站不住脚。特别是雷利公式不能用来计算其他阶临界转速，所以计算或测定第二阶或更高阶临界转速时，以上导出的相似准则便不再有效。

（二）矩阵迭代公式与相似准则

由迭代公式按第一相似理论导出相似准则可以克服上述准则的诸多不足。由此而进行的相似计算可以保证轴系主要尺寸的相似，并且这一相似性适用于各阶临界转速的计算或测试。

矩阵迭代公式来源于式（2-18）或式（2-19）所代表的本征值问题的标准形式。

由 $AY - \lambda Y = 0$，有相似准则：

$$\pi_1 = A\omega^2 = K^{-1}M\omega^2$$

而得柔性转子相似指标为：

$$m_F m_M m_n^2 = 1$$

式中，下标 n 特指临界转速，或者：

$$m_n^2 = \frac{1}{m_F m_M} \tag{2-26}$$

如果考虑到柔度矩阵中的感应系数与转轴的长度（x）立方成正比，而与转轴直径（d）的四次方成反比，那么相似比 m_F 又可写成：

$$m_F = \frac{m_x^3}{m_d^4}$$

将其代入式（2-26）则有：

$$m_n^2 = \frac{m_d^4}{m_x^3 m_M} \tag{2-27}$$

需要注意的是，式（2-27）中右边的三个比例尺一般只能任意给定两个，而第三个则受几何条件的约束，因为轴段的质量 $M = \rho\pi d^2 x/4$，其中 ρ 为材料密度，若模型与原型的材料相同，那么必有：

$$\begin{cases} m_M = m_d^2 m_x & \text{(a)} \\ m_M = m_D^2 m_B & \text{(b)} \end{cases} \tag{2-28}$$

式（2-28（a））和式（2-28（b））分别为轴段与轴上圆盘的质量比；脚注 D 和 B 则分别代表圆盘直径和宽度。

三、实验结果

（一）基于相似指标式（2-25）的实验

1. 单圆盘模型

取模型如图 2-26 所示，其钢制轴径为 $d' = 10\text{mm}$，集中荷重 $G' = 7.84\text{N}$，轴段 $l' = 102\text{mm}$。由材料力学知识求得最大挠度值为 $y' = 0.0141\text{mm}$。将其与图 2-23 所示原型作比较，则有：

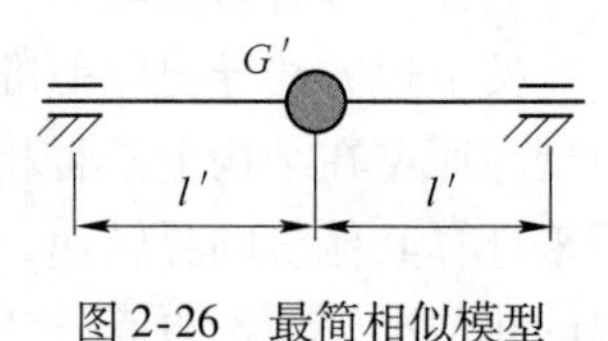

图 2-26　最简相似模型

$$m_P = 6.57 \times 10^{-6}, m_G = 1.68 \times 10^{-8}$$

将其代入式（2-25）得 $m_n = 19.776$。实验测出图 2-26 模型的临界转速约为 $n' = 7800\text{r/min}$，几乎完全等于雷利公式计算的理论值，换算成实型轴系的临界转速则为：

$$n_{\text{cr1}} = \frac{7800}{19.776} = 394.42\text{r/min}$$

此结果很接近于理论计算值。

2. 三圆盘模型

再取图 2-27 作为图 2-23 原型相对应的实验模型，其中 $d' = 10\text{mm}$、$l' = 60\text{mm}$；各集中荷重 G_1'、G_2' 和 G_3' 分别为 3.6N、6.4N 和 2.8N。根据第一阶振型情况下各集中质量处的挠度求得：

$$P' = 0.1786\text{N} \cdot \text{mm}, E' = 0.002468\text{N} \cdot \text{mm}^2$$

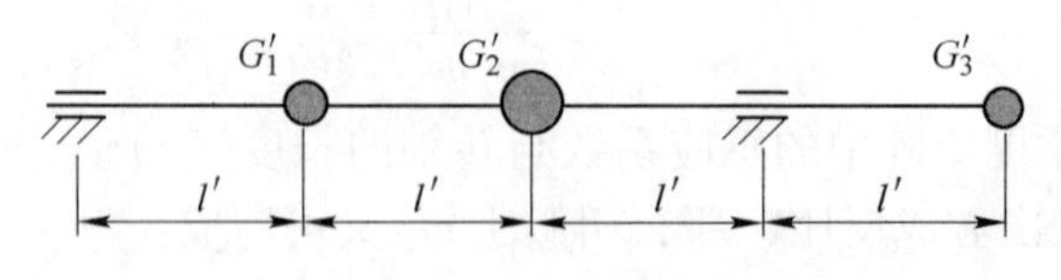

图 2-27　相似实验模型

与此相对应，图 2-23 所示原型则有：

$$P = 17234\text{N} \cdot \text{mm}, E = 96570\text{N} \cdot \text{mm}^2$$

进而求得 $m_P = 1.04 \times 10^{-5}$，$m_E = 2.56 \times 10^{-8}$，据此得 $m_n = 20.16$。

实际测得图 2-27 所示模型轴系的第一阶临界转速 7760r/min，那么原型轴系的实际第一阶临界转速应为：

$$n_{\mathrm{cr1}} = \frac{7760}{20.16} = 385\mathrm{r/min}$$

此结果稍低于理论计算的395r/min。

（二）基于相似指标式（2-27）的实验

实际上，图2-27所示三圆盘模型是同时满足式（2-25）和式（2-27）两个相似指标的。换言之，实验测试获得图2-27模型的临界转速之后，用式（2-27）也应该换算出图2-23转子原型的临界转速值。

针对图2-23和图2-27所给信息，应有：

$$m_d = \frac{10}{50} = 0.2\ ,\ m_l = \frac{60}{600} = 0.1\ ,\ m_M = \frac{3.6 + 6.4 + 2.8}{900 + 1600 + 700} = 0.004$$

将其代入式（2-27）得，$m_n = 20$ 。

据此得图2-23实型轴系第一阶临界转速应为：

$$n_{\mathrm{cr1}} = \frac{7760}{20} = 388\mathrm{r/min}$$

$m_n = 20$ 是一个基于相似指标式（2-27）并且非常精确的相似比。前面针对两个模型所求的相似比之所以稍大或稍小于此值，是因为所求静挠度取值稍欠精确的结果。

至此，基于两个相似指标所得实验测试结果说明，笔者向教研室同事汇报的计算结果是正确的，而且所设计的模型及其实验方法与测试结果也都是可信的。

笔者从迭代公式导出的相似准则不仅考虑到了转子结构上的相似即几何相似，而且还考虑到了作用在转子上的荷重的相似即力的相似。所以设计相似模型时，遵循式（2-27）所确定的原则将合理得多，这一相似计算不仅适用于第一阶临界转速，而且适用于其他阶临界转速。当然，按这一相似准则设计模型时，模型结构尺寸将受到更多的限制，集中质量的大小及分布也不能有任意性。图2-23给出的原型本身相当简单，设计模型便十分方便。倘若转轴是变截面的，那么就不能直接用式（2-27）作为设计模型的依据。如果轴的结构更为复杂，那么就必须对复杂轴系进行某种处理方可应用式（2-27）设计实验模型及验算实型轴系的临界转速值。

✦ 拓　展 ✦

一、问题的提出

教材[7]所讨论的实型转子和实验[9,10]所测试的模型转子都是等径直轴或光轴转子，与现实机械中的阶梯直轴在结构上存在很大差异。如何将书本中的理论计算结果或实验中的测试结果换算到工程中的复杂实型轴转子，很值得人们思考与研究。

二、问题的解决

（一）阶梯直轴的当量化处理

当量化处理应根据阶梯实型轴的两种情况分别进行。

第一种情况是阶梯轴各截面直径相差不大，并且与轴上零件组成动配合联接。此时阶梯轴的当量直径 D_m 的计算式为：

$$D_m = \alpha \frac{\sum d_i \Delta l_i}{\sum \Delta l_i} \tag{2-29}$$

式中 d_i ——阶梯轴各段直径，mm；

Δl_i ——对应于直径 d_i 的轴段长度，mm；

α ——经验修正系数，一般取 $\alpha = 1.0$；对于压缩机、离心机或鼓风机等的转子，则取 $\alpha = 1.094$。

阶梯轴经过当量化处理“变成”光轴，便可应用矩阵迭代法求解临界转速，并且也可以由式（2-25）进行实验模型的设计计算。

第二种情形主要指阶梯轴上零件的过盈配合联接，对轴系起到了提高刚度的作用。此时需先将轮毂视为轴段，然后再进行当量化处理。另一方面，轴段上的零件有可能不是标准的圆盘形。此时须先求出非圆盘转子的转动惯量，然后逐一按转动惯量相等原则将这些零件等效简化为一个个圆盘。复杂转子系统没有经过当量化处理是难以进行相似计算的。

应当指出，在以上相似计算中，临界转速相似比 m_n 皆大于1，所以受实验台调速装置的限制，人们一般无法观测到实验模型的第二阶或更高阶的临界转速。如果有意使 m_n 等于或小于1，那么又可能导致新的矛盾，这就需要对模型方案进行比较和选择。

（二）应用分析法处理复杂转子

上述分析表明，由第一相似理论导出的相似准则完全受计算公式支配，即临界转速计算式不同，相似准则就可能有不同的形式。雷利公式仅用来求转子的第一阶临界转速，由此导出的相似指标式（2-25）只强调运动的相似（即临界转速相似），至于两个现象之间是否几何相似或力能相似则不予考虑。显然，按照式（2-25）设计出的模型难以真实反映原型临界转速的分布以及相关影响因素的内在联系，因此可以认为相似准则式（2-25）缺乏普遍意义。

由矩阵迭代法导出的相似指标式（2-27）就克服了这些缺陷。矩阵法可用来求集中参数转子系统的各阶临界转速，所以受式（2-27）制约的两个现象之间在各阶临界转速上便都具有性能的相似性。当然，与式（2-27）等价的相似准则还不是足够完善的，因为迭代公式本身仍然忽略了不少重要因素，甚至忽略了重要物理法则的作用机理。这是由第一相似理论本身的局限性所决定的，该理论只从所得出的结论性公式导出相似计算准则，自然不会涉及影响公式的各相关参数的物理本质，因而使一些忽略的重要因素无法正确地反映出来。如轴内应力、圆盘的回转效应、轴上零件采用的配合种类、阶梯轴各段直径比以及支承刚度等。

与第一相似理论不同，第二相似理论不考虑研究对象的预期结果计算式，而是在列出影响该对象微单元体或整体的诸多物理法则基础上，通过其相互作用导出以无量纲 π 项为代表的相似准则，进而引出相似指标。这一过程就是分析法。方程分析法和定律分析法是其中的两种主要方法。

1. 方程分析法

该方法以前人所建立的微分方程为基础，将影响研究对象微单元体的物理法则集中起来，由此推导出更为合理有效的相似准则。例如，针对前人所推导的转子振动复数微分方程：

$$\frac{\partial^2}{\partial x^2}\left(EI\frac{\partial^2 y}{\partial t^2}\right)+\frac{\partial^2}{\partial x^2}\left(j\frac{\partial^2 y}{\partial t^2}\right)+2i\omega\frac{\partial^2}{\partial x^2}\left(j\frac{\partial y}{\partial x}\right)+m\frac{\partial^2 y}{\partial t^2}=p(x)e^{i\omega t} \tag{2-30}$$

以及转轴横截面转角 α 和截面法向应力 σ 表达式：

$$\alpha=\frac{\mathrm{d}y}{\mathrm{d}x},\qquad \sigma=\frac{M_x}{W} \tag{2-31}$$

采用积分模拟法得出相似准则 π 项：

$$\begin{cases}\pi_1=\omega t,\quad \pi_2=\dfrac{Ed^2}{\rho x^4\omega^2},\quad \pi_3=\dfrac{J_0}{\rho d^2x^3},\\ \pi_4=\dfrac{g}{y\omega^2},\quad \pi_5=\dfrac{e}{y},\quad \pi_6=\dfrac{\alpha x}{y},\quad \pi_7=\dfrac{\sigma d}{\rho x^2 g}\end{cases} \tag{2-32}$$

式中，$m(x)$ 为转子单位长度的质量；$j(x)$ 为单位长度圆盘转动惯量；J_0 为圆盘转动惯量，且 $[J]=[J_0x^{-1}]$；y 为轴的挠度；$e(x)$ 为质量偏心量；$p(x)$ 为转子的惯性力幅值，即 $p(x)=me\omega^2$。

相似准则式（2-32）的导出体现了方程分析法的突出优点，即结构严密、结论可靠。但是列微分方程本身并不容易；一旦列出微分方程，在当前条件下，数值求解并不困难。与实验方法相比，计算机求解将更为实用可靠。

2. 定律分析法

该方法无需建立研究对象的微分方程，而是通过影响研究对象整体的主要物理法则的相互作用，直接导出相似准则。它不仅比方程分析法和量纲分析法都要简便，而且易于为科学实验研究人员所掌握。

例如，柔性转子的振动主要受弹性力、惯性力、重力和回转力矩等因素的支配，这些支配现象的物理法则可用代表值分别表示为：

转子的横向弹性力，$F_e \propto \dfrac{d^4 y}{x^3}E$；转子的惯性力，$F_i \propto \rho d^2 y x \omega^2$，其中 $\omega \propto \dfrac{1}{t}$；

转子的重力，$F_g \propto \rho g d^2 x$；单位长度圆盘的回转力矩，$T \propto \dfrac{J_d \omega^2 \alpha}{x}$，其中 $\alpha \propto \dfrac{y}{x}$。

在上述代表式中，d 为轴径；y 为挠度；x 为轴长；ρ 为材料密度；ω 为转轴角速度；J_d 为圆盘对其直径的转动惯量；E 为材料弹性模量。

由此导出相似准则为：

$$\begin{cases} \pi_1 = \omega t,\ \pi_2 = \dfrac{F_i}{F_e} = \dfrac{\rho x^4 \omega^2}{d^2 E},\ \pi_3 = \dfrac{F_i}{F_g} = \dfrac{y\omega^2}{g}, \\ \pi_4 = \dfrac{F_g}{T} = \dfrac{\rho g d^2 x^3}{J_d \omega^2 y},\ \pi_5 = \dfrac{y}{\alpha x} \end{cases} \tag{2-33}$$

比较式（2-32）和式（2-33）可知，由定律分析法和由方程分析法导出的相似准则并无多大差异，明白无误的是应用定律分析法更为简捷。

由原始相似准则式（2-33），即可得出设计转轴模型时所要遵循的主要相似指标为：

$$\begin{cases} m_\alpha = \dfrac{m_y}{m_x},\quad m_M = m_G = m_\rho m_d^2 m_x,\quad m_\omega = \dfrac{1}{m_t}, \\ m_\omega^2 = \dfrac{m_d^2 m_E}{m_x^4 m_g},\quad m_y = \dfrac{m_g}{m_\omega^2} \end{cases} \tag{2-34}$$

同样，也可导出圆盘的相似指标，即由式（2-33）中的 π_4 项可得：

$$m_{J_d} = \frac{m_\rho m_d^2 m_g m_x^3}{m_\omega^2 m_y} \tag{2-35}$$

式（2-34）和式（2-35）中，重力加速度比例尺 m_g 无疑应取为 1。至此，便可遵循上述各种比例尺之间的依存关系设计计算实型转子系统的实验模型。但是，由于应该将转轴与转轴上的圆盘视为一个整体，所以还必须保证圆盘与轴段两者的质量发生同样的变化。略去验算过程，直接给出圆盘几何尺寸相似比如下：

$$m_D = \sqrt{\frac{(1+k^2)m_x^2}{m_\omega^2 m_y} - k^2 m_d^2} \tag{2-36}$$

$$m_B = \frac{m_\rho m_d^2 m_x (1-k^2)}{m_y \left[\dfrac{(1+k^2)m_x^2}{m_\omega^2 m_y} - 2k^2 m_d^2\right]} \tag{2-37}$$

式中，m_D 为圆盘外径相似比；m_B 为圆盘宽度相似比；k 为原型盘内孔直径与外圆直径之比；m_γ 为圆盘材料密度相似比；其余符号同前。

（三）实验模型转子计算示例

1. 阶梯直轴等效直径计算

图 2-28 为一转子原型简图。其中，$G_1 = G_2 = 3920\text{N}$，$G_3 = 4900\text{N}$，$G_4 = 5880\text{N}$。

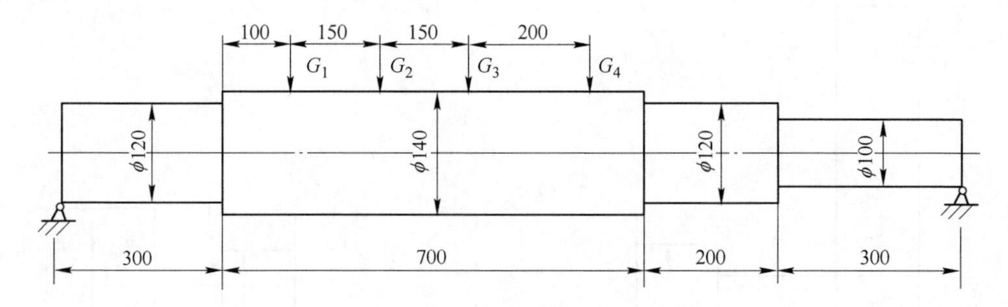

图 2-28　阶梯转子原型示意图

由于此阶梯轴直径相差不大，故可对其按式（2-29）作当量化处理，当取 $\alpha = 1$ 时求得当量直径为：

$$D_\text{m} = \frac{120 \times 300 + 140 \times 700 + 120 \times 200 + 100 \times 300}{300 + 700 + 200 + 300} = 125\text{mm}$$

由相似准则式（2-27）并根据实验条件，取相似比分别为 $m_x = 0.16$ 和 $m_d = 0.08$，又由式（2-28（a））得 $m_M = 0.08^2 \times 0.16 = 1.024 \times 10^{-3}$，据此可求得力的相似比 $m_\text{G} = 1.024 \times 10^{-3}$。图 2-29 所示相似实验模型即由上述比例求得。图中，$G_1' = G_2' = 1.024 \times 10^{-3} \times 3920 = 4.014\text{N}$，$G_3' = 5.018\text{N}$，$G_4' = 6.021\text{N}$。由式（2-27）求得图 2-29 模型与图 2-28 原型间的临界转速比 $m_n = 3.125$。

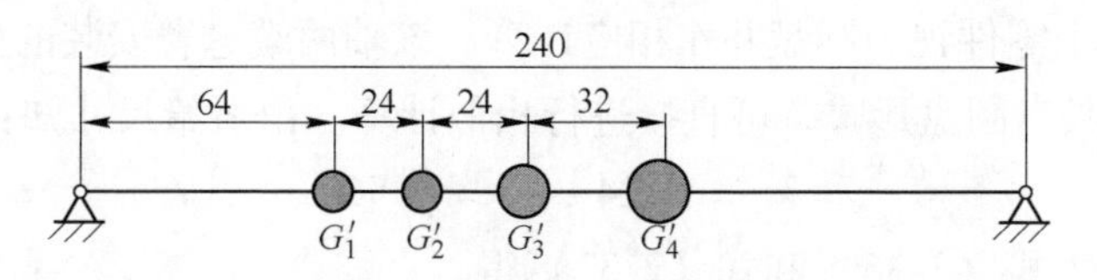

图 2-29　当量模型轴示意图

由于受到实验台圆盘附件数量及规格大小的限制，因此很难完全按照图 2-29 所给数据组织验证实验。但可方便地应用矩阵法分别计算当量化直轴转子和图 2-29 模型转子的各阶临界转速。

对当量化轴系转子，其临界转速分别为：$n_\text{cr1} = 1438\text{r/min}$，$n_\text{cr2} =$

7806r/min，$n_{cr3} = 23241$r/min，$n_{cr4} = 57184$r/min。而模型转子的临界转速计算值则相应为：$n_{cr1} = 4495$r/min，$n_{cr2} = 24394$r/min，$n_{cr3} = 72628$r/min，$n_{cr4} = 178700$r/min。显然，模型转子的各阶临界转速都基本为当量化转子相应结果的3.125倍。

2. 带圆盘阶梯轴的相似计算

设计多圆盘阶梯轴系实验模型的直接依据是式（2-36）和式（2-37）。现以图2-30转子为例介绍实验模型的相似计算步骤。

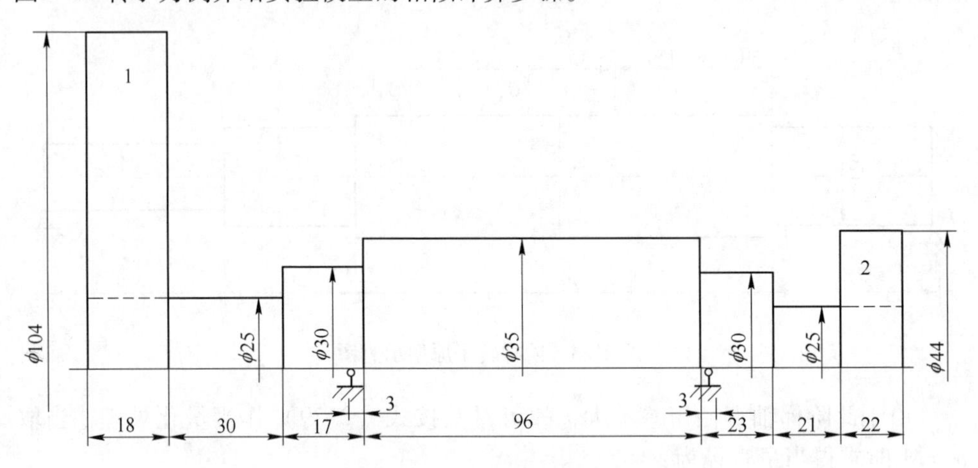

图2-30 某实型轴系结构简图

首先可根据实际条件规定某些相似比值，例如令 $m_\omega = m_n = 1$，$m_M = 0.1$；同时约定模型与原型材质相同，于是有 $m_\rho = m_E = m_{R_D} = 1$。再由式（2-34）及题意得知：

$$m_{R_D} = \frac{m_d}{m_x^2} = 1, \quad m_M = \frac{m_d^2}{m_x} = 0.1$$

联立求解可得：

$$m_x = 0.631, \quad m_d = 0.398$$

然后将轴上零件视为圆盘并作相应计算。该轴两端悬臂安装的齿轮（轮1与轮2）本身就具有圆盘形式，可直接进行相似计算。由所给尺寸知：

$$k_1 = 0.24, \quad k_2 = 0.568$$

将以上数值代入式（2-36）和式（2-37）得

$$m_{D1} = 0.81, \quad m_{D2} = 0.885; \quad m_{B1} = 0.145, \quad m_{B2} = 0.0924$$

据此可计算转子模型的具体尺寸如表2-4所示。

由表2-4中数据可知，模型圆盘的厚度尺寸过小，将给加工带来一定困难；为方便起见，可选用与原型不同的轻质材料来制作模型圆盘，盘的直径比例尺不会因此而改变。

表 2-4 某轴系相似换算尺寸对照表

实型尺寸	相似比	模型尺寸	实型尺寸	相似比	模型尺寸
30	0.631	18.93	$\phi 25$	0.398	$\phi 9.96$
17	0.631	10.73	$\phi 30$	0.398	$\phi 11.94$
96	0.631	60.58	$\phi 35$	0.398	$\phi 13.93$
23	0.631	14.51	$\phi 104$	0.81	$\phi 84.24$
21	0.631	13.25	$\phi 44$	0.885	$\phi 38.94$
3	0.631	1.89	22	0.0924	2.03
18	0.145	2.61			

3. 图 2-23 所示轴系实验模型的设计方案

合并式（2-34）、式（2-36）和式（2-37）以后，将这些相似指标再次用来计算图 2-23 所示原型的实验模型。由于模型轴的直径和长度是与轴的临界转速相制约而又可单独选取的参量，所以便可获得多种多样的模型设计方案。例如，当原型与模型轴选材相同时，分别取 $m_d = m_x$、$m_d = 2m_x$ 和 $m_d = m_x^2$，那么与此相对应的临界转速比 m_n 分别为 m_x^{-1}、$2m_x^{-1}$ 和 1。很显然，m_x 取值不同，所得到的模型方案也会有不少差别。

表 2-5 列出了 $m_\rho = m_E = 1$，$m_x = 0.1$ 和 $m_x = 0.447$ 时几种情况下的模型尺寸。表中圆盘尺寸是由图 2-23 所设三个圆盘直径×宽度，即 $D_i \times B_i (i = 1,2,3)$ 分别为 $D_1 \times B_1 = \phi 500 \times 60$、$D_2 \times B_2 = \phi 640 \times 65$ 和 $D_3 \times B_3 = \phi 460 \times 55$，按比例换算而来的。由于有些方案算得钢制圆盘宽度过小，增加了模型转子设计上的困难，故此将铝制圆盘尺寸列出以做对照参考。在众多的方案中，凡能为实际条件所允许并易于实现的方案就应该认为是理想的方案。表中某些尺寸过小或过大到近乎荒唐的方案当然不会被采用，但仍然在表中列出只是为了说明相似比的组合方式对方案形成所起的重要作用。

由表 2-5 中方案可知，选第三方案虽然可充分利用已有的实验条件，但由于 m_ω 过大，致使第二阶临界转速无法通过实验测定。如果有合适的实验用圆盘和足够长的实验转轴，那么选用第七方案则可完全模拟原型的各阶临界转速。但随之而来的新问题是，实验中的转轴处于临界转速附近时，过大的挠度将直接损坏电涡流传感器测头。因此一般情况下必须根据实际条件调整 m_x 和 m_d 的取值，以使模型设计更为合理。

如果需要了解不同方案中轴内法向正应力的变化情况，只需按式（2-32）中的相似准则 π_6 项作相似计算并将数据列入表 2-5 即可。

表 2-5　图 2-28 转子实验模型设计方案比较（$m_\rho = m_E = 1$）

参数			实验模型方案						
			$m_x = 0.1$						$m_x = 0.447$
			1	2	3	4	5	6	7
			$m_d = m_x$	$m_d = 1.5m_x$	$m_d = 2m_x$	$m_d = 3m_x$	$m_d = m_x^{1.5}$	$m_d = m_x^2$	$m_d = m_x^2$
转轴	m_d		0.1	0.15	0.2	0.3	0.0316	0.01	0.2
转轴	m_G		0.001	0.00225	0.004	0.009	1×10^{-4}	1×10^{-5}	0.0179
转轴	荷重/N	G_1'	0.9	2.025	3.6	8.1	0.09	0.009	16.10
转轴	荷重/N	G_1'	1.6	3.6	6.4	14.4	0.16	0.016	28.62
转轴	荷重/N	G_1'	0.7	1.575	2.8	6.3	0.07	0.007	12.52
转轴	m_n（m_ω）		10	15	20	30	3.16	1	1
转轴	临界转速/$r\cdot min^{-1}$	n_1'	3950	5925	7900	11850	1248	395	395
转轴	临界转速/$r\cdot min^{-1}$	n_2'	9150	13725	18300	27450	2891	915	915
转轴	临界转速/$r\cdot min^{-1}$	n_3'	21700	32550	43400	65100	6857	2170	2170
转轴	m_y		0.01	0.004	0.0025	0.001	0.1	1	1
转轴	m_α		0.1	0.04	0.025	0.01	1	10	2.237
转轴	d'/mm		5	7.5	10	15	1.58	0.5	10
转轴	l'/mm		60	60	60	60	60	60	268
圆盘	外径/mm	D_1'	50	49.68	49.24	47.96	50.22	50.25	224.50
圆盘	外径/mm	D_2'	64	63.76	63.41	62.42	64.18	64.19	286.91
圆盘	外径/mm	D_3'	46	45.66	45.18	43.77	46.24	46.27	206.69
圆盘	宽度/mm 钢制	L_1'	6	13.85	25.55	64.41	0.588	0.0588	5.28
圆盘	宽度/mm 钢制	L_2'	6.5	14.85	26.99	64.87	0.642	0.0642	5.76
圆盘	宽度/mm 钢制	L_1'	5.51	12.76	23.70	61.21	0.538	0.0537	4.83
圆盘	宽度/mm 铝制	L_1'	17.34	40	73.84	186.16	1.70	0.170	15.26
圆盘	宽度/mm 铝制	L_2'	18.79	42.92	78	187.48	1.86	0.186	16.65
圆盘	宽度/mm 铝制	L_1'	15.92	36.88	68.50	176.91	1.55	0.155	13.95

注：当模型轴上圆盘为铝制时，有密度比 $m_\gamma = 0.346$。

✦ 点　评 ✦

相似理论的应用具有极大的理论与实践价值。在工程实际中，可以根据问题的重要或复杂程度选择相应的相似理论来推导相似准则以进行相似设计。这是简化工程实际问题以方便理论计算的前提，更是有效开展实验验证研究最关键的基础。卓越的科技工作者们应当牢固掌握相似理论和相似分析与设计方法。

推导相似准则应抓主要矛盾。例如，转子系统的扭转刚度对临界转速肯定有一定影响，但在导出相似比时可不必考虑此因素；又如对立式柔性转子，也完全可以略去重力因素。根据相似准则有可能设计出相似实验模型的多种方案。凡是能够在现有条件下可行又能达到预期目的的实验方案就是可以选择的好方案。

质疑与反质疑是用以揭示科学真理的有效方法。既要敢于质疑前人，还更要勇于质疑自己，并且善于学习新知识和新方法来检查验证自己的工作。这对于研究者个人和团队学术研究能力的不断增强是不可或缺的。

✦ 口　诀 ✦

转速临界险象生，振态基频迭求根；
模型设计遵规则，相似实验稳准精。

✦ 思　考 ✦

（1）什么是临界转速，机器轴的工作转速为什么应设法避开临界转速？

（2）什么是相似设计，机器或机构最终运动结果的相似是否必须同时以其几何相似与动力相似为前提？

（3）第一相似理论与第二相似理论有何重要区别？

[案例2-4] 摩擦自激振动实验装置的创新设计

✦ 目　的 ✦

介绍摩擦自激振动现象、特征及其基本概念；介绍摩擦自激振动现象演示、定性和定量测定与控制实验装置的结构组成；介绍摩擦摆应用的理论依据及其改进与创新设计方法；据此以纠正学术界长期存在的有关摩擦自激振动成因的错误观点，以使更多人群正确认识和了解身边和机械工程中的摩擦自激振动及其控制途径。

✦ 背　景 ✦

自激振动是自然界和机械工程中一种相当普遍的物理现象。笔者在一部专著[11]中较为详细地介绍了自激振动与自由振动以及与受迫振动之间的异同。既然是一种普遍现象，人们当然有可能在日常生活中、在各种自然环境下和各类机械设备中感受到自激振动。

笔者回想自己少年时代挑水的情形：满满的两桶水用具有相当弹性的扁担挑上肩，随着脚步的移动，桶中原先平静的水面开始涌动并溅起水花；随后水花越溅越高并撒泼出桶外；待挑水到家，差不多一半水撒落在路上。这就是水与桶壁间相互摩擦引起的自激振动。后来模仿大人，在水桶里放上几片菜叶，水的散失就可极大地减少。

有人可能会说，挑水中出现的这种小问题何足挂齿！其实不然，所有液体燃料火箭在发射升空期间都存在箭身内壁与燃料液体间的相互摩擦作用。系统一旦发生自激振动就有可能出现极为不良的后果。

当来自外部的稳定性驱动能量转换为非线性系统内的振荡能量时，该系统所发生的振动称为自激振动，简称自振[12]。该类振动的最显著特征是，一旦切断系统外部能量的供给，振动及伴随振动发出的声响便立即消失。机械系统中的自激振动都和滑动摩擦有关，因此称其为摩擦自激振动更为贴切。

笔者研究摩擦自激振动始于机床滑动部件的爬行问题研究。爬行一般是指在机床滑动摩擦副中，在一定摩擦条件下受匀速驱动的从动件所产生的周期性时动时停或时快时慢的运动现象[13]。爬行具有摩擦自激振动的典型特征，其危害在于降低机床部件的运动精度，加速滑动摩擦副表面的磨损失效，降低机械零件的制造精度等。某些摩擦自激振动还会伴随产生十分扰人的高频率高分贝噪声，严重降低人们的工作与学习效率，严重危害人们的身心健康。

有位院士指出，与摩擦有关的振动和噪声问题是机械工程中最关键、最难解决的理论与实践问题之一[14]。这也就是当今选定摩擦自激振动及其噪声控制作为科学研究主攻方向的学者尚不多见，与此相适应的实验研究装置相对缺乏、摩擦自振及其噪声形成机理尚无定论的原因。

笔者最初研究爬行所用的设备是广州机床研究所自行开发的爬行实验机[15]。这是一种完全模仿机床滑动部件运动的装置，其最大的不足在于工作台的单向直线运动使得实验无法持续，工作台运动开始和终止时段必然出现的加速与减速将破坏实验的准确性。因此采用一种能够长时间单向稳定运动以充分模拟滑动摩擦副的实验装置是很有必要的。笔者在广州机床研究所做爬行实验研究期间，发现 20 世纪 60 年代中期毕业于南京工学院（现为东南大学）的一位研究生采用摩擦摆做爬行实验。尽管当时的摩擦摆存在不少缺陷，但这给了笔者很大启发。因为其持续的单向运转工作特性是任何模拟直线运动装置无法相比的。

✦ 借　鉴 ✦

笔者在广州机床研究所研究机床部件爬行问题并撰写硕士学位论文近一年，故此较长时间与爬行实验机打交道。按照广州机床研究所专家们的观点，控制爬行的最简便措施是用好润滑油，而检验油液防爬性能的设备就是爬行实验机。笔者毕业后仍然需要与各种润滑油打交道。在没有爬行实验机评价油液性能的情况下，笔者便借鉴前人的方法加工制作了摩擦摆实验装置。

一、主要依据

采用摩擦摆以代替爬行实验机，理论上是否站得住脚，需要对图 2-31 所给出的爬行实验机（见图 2-31（a））与摩擦摆（见图 2-31（b））进行对比分析。

先观察实验现象。实验开始时，主动件 2 匀速驱动，静摩擦力带动从动件 3 一同匀速向前移动（或转动）。但随着位移量的加大，作用在从动件上的反向弹簧恢复力 kx（或重力恢复力矩 $k_{\varphi}\varphi$）也逐渐增加。当静摩擦力达到极限时，从动件便迅速反向退回。当从动件的速度降低到某个值时，主动件又再次驱动其一并移动，从而形成周期性时快时慢的爬行运动。在低速重载条件下分别用两种装置进行实验测试，所获得的从动件随时间而变的位移线图都具有如图 2-32 所示的锯齿波形式。

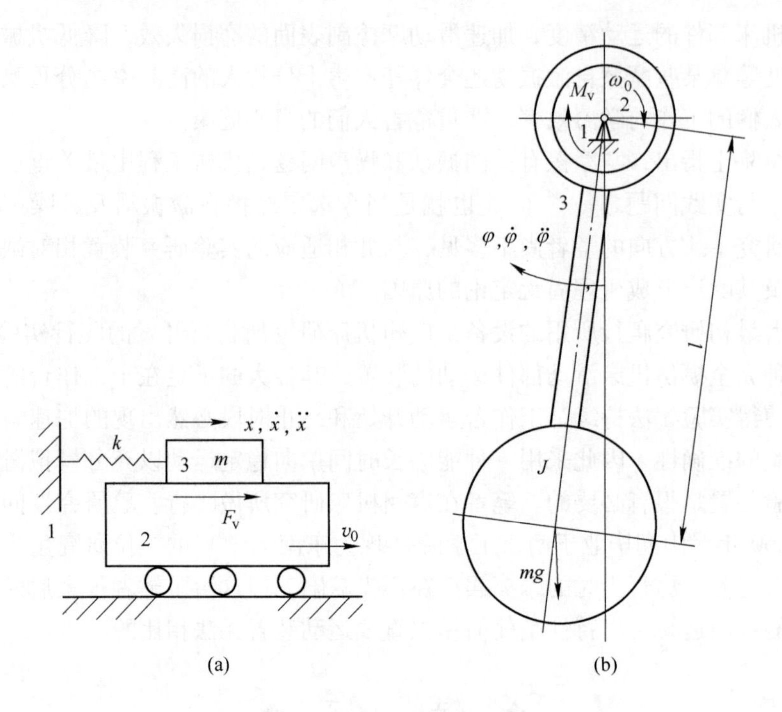

图 2-31　两种实验装置对比

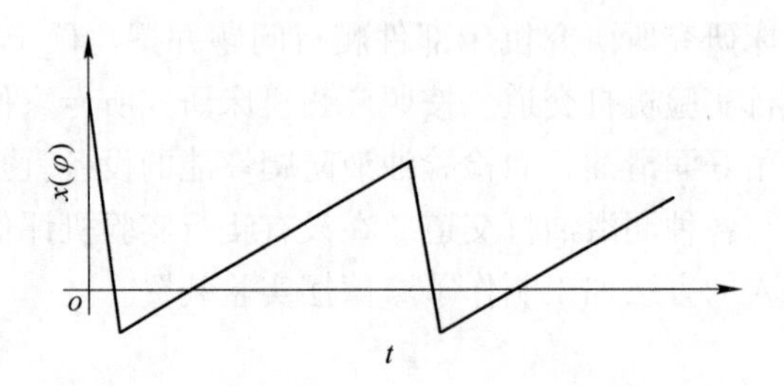

图 2-32　从动件爬行位移线图

再研究从动件位移与力的关系。现将两个从动件的运动分别表示为

$$\begin{cases} m\ddot{x} + k_x x = F_v & (\text{图 2-31(a)}) \\ J\ddot{\varphi} + k_\varphi \varphi = M_v & (\text{图 2-31(b)}) \end{cases} \tag{2-38}$$

式中，$k_x = k$；$k_\varphi = mgl\sin\varphi$；$F_v$ 为匀速直动工作台作用于从动件的动摩擦力；M_v 为匀速转动心轴套作用于从动件的动摩擦力矩。

当然，方程（2-28）既可以是线性的，也可以是非线性的。例如弹簧刚度 k 可以为常数，也可以随位移 x 变化而变化。另一方面，摩擦摆实际摆角 φ 的大小决定了恢复力矩的性质。当 $\varphi \leqslant 5°$ 时有 $\sin\varphi \approx \varphi$，即恢复力矩可视为线性的；而当 $\varphi \gg 5°$ 则为非线性。

在绝大多数情况下，式（2-38）中的 F_v 和 M_v 都随相对速度增加而减小。在有限的相对速度范围内，前人通常用线性关系分别表示为：

$$\begin{cases} F_v = F_0 - \alpha(v_0 - \dot{x}) \\ M_v = M_0 - \alpha(\omega_0 - \dot{\varphi}) \end{cases} \tag{2-39}$$

将其代入式（2-28），则有

$$\begin{cases} m\ddot{x} - \alpha\dot{x} + k_x x = F_0 - \alpha v_0 \quad (\text{图 2-31(a)}) \\ J\ddot{\varphi} - \alpha\dot{\varphi} + k_\varphi \varphi = M_0 - \alpha\omega_0 \quad (\text{图 2-31(b)}) \end{cases} \tag{2-40}$$

式中，$\alpha > 0$ 使微分方程出现了负阻尼项。由此多数学者认为动摩擦力的这种特性为系统提供了负阻尼，最终导致系统不可避免地发生自激振动[11]。

从式（2-38）和式（2-40）可知，图 2-31 所示两个装置中的从动件运动微分方程具有相同的形式。这就从实践与理论两个方面证明，摩擦摆装置完全具有爬行实验机的全部功能。

二、基本结构

除运动件的运动方式是做直线还是做圆周或摆动运动差异外，摩擦摆与爬行实验机的基本组成也都是一一对应的。

在图 2-31（b）所示摩擦摆中，电动机底座即为机架 1；心轴套 2 由电动机驱动作匀速单向连续转动。为了消除受迫振动的成分，心轴套本身外圆周应严格无径向跳动。为此可以通过弹性圆锥套实现直流电动机轴与心轴套的无键联接。摩擦摆的套环一般单独制造后再与摆体 3 固联为一个整体。心轴套与套环可以做成多种材料配对的组合，两者之间为动配合。摩擦摆可以模拟多种外部条件组合情况下的爬行现象，也可用来定量测定各类润滑油的防爬性能。

✦ 创　新 ✦

一般情况下，图 2-31（b）所示摩擦摆只能定性判断或相对比较润滑油防爬性能的好坏。为了能够定量评价各种润滑材料防爬性能的优劣，对从动件爬行位移和驱动作用力的测量与记录模式进行创新是很有必要的。

创新之一如图 2-33 所示。图中，直流调速电机轴连同其上的心轴套作为一体顺时针匀速转动，并将同方向的摩擦力施加于摩擦摆摆环内圈。磁力加载器可以在不停车状态下随时对摆环施加径向载荷，这种加载方式不会改变摩擦摆本身的固有特性。在摩擦摆下方，用细绳连接摆块与应变片式力传感器。在细绳拉力与心轴套摩擦力的共同作用下，摩擦摆将做周期性微幅摆动。显然，工况条件不同，动态应变仪测得并由函数记录仪所记录的摆动波形也不同[16]。

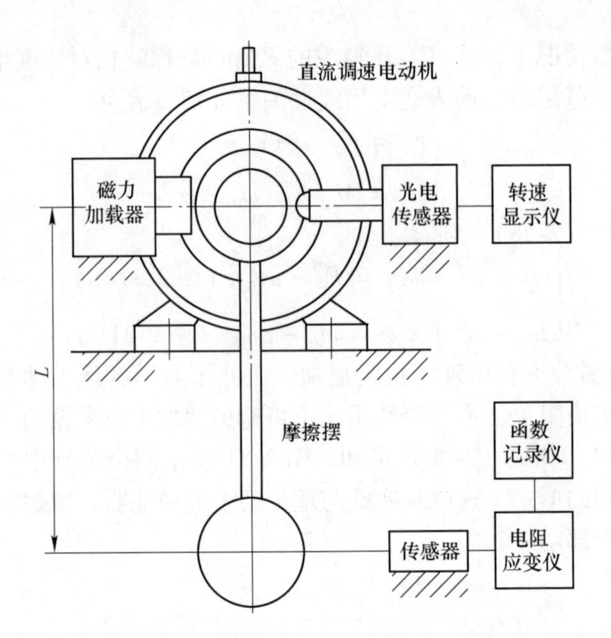

图 2-33　摩擦摆测试装置创新之一

图 2-33 所示装置对定量评价摩擦副及润滑剂的摩擦特性或防爬性能是非常有用的。但其不足则是摩擦摆只能做微幅摆动，而不能针对非线性运动状态来定量测出相关的摩擦特性指标。

图 2-34[17] 体现了另一种形式的创新。图中，心轴套 4 与步进电动机轴 5 紧固为一体，摆环 7 可相对心轴套 4 灵活转动，为了消除受迫振动成分，应使心轴套的外圆径向跳动量不大于 0.005mm。连接摆环 7 和摆块 1 的摆杆 2 上部两侧分别贴有应变片 3，应变片的引出线连接到位于摆环外圆顶部的接线柱 8 上。摆环 7 两侧各焊接一个螺母以便固定标定操作手柄 6。采用软细导线连接接线柱与动态应变仪，以使摩擦摆的摆动幅度不会受到约束。

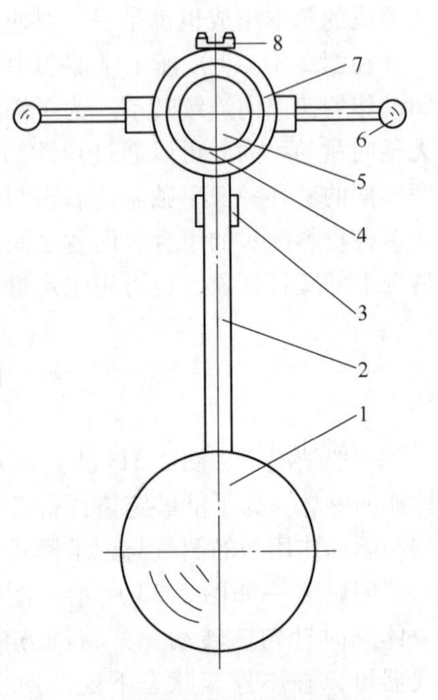

图 2-34　摩擦摆测试装置创新之二

1—摆块；2—摆杆；3—应变片；
4—心轴套；5—电动机轴；6—手柄；
7—摆环；8—接线柱

对动态应变仪的读数进行标定的步骤为：

(1) 首先测定摩擦摆整体重量与重心位置。

（2）使摩擦摆自动处于静止平衡状态，将动态应变仪读数调为零。

（3）人工顺时针扳动标定手柄6，使摩擦摆由小到大依次转动到一定角度位置，测定其转角大小、计算重力恢复力矩数值、记录动态应变仪读数并画出相应标定曲线。

（4）扳动手柄使摩擦摆逆时针转动，重复步骤（3）并画出相应标定曲线。

根据标定曲线、动态应变仪读数与计算机记录的波形，即可获得摩擦摆在各种工况条件下的摆幅与频率等信息，从而利于润滑剂的选用与摩擦副设计。

图2-33和图2-34所示摩擦摆都使用了应变片。两者只有应变片粘贴位置的差别，而摩擦力矩的测定原理则完全相同。

✦ 成　果 ✦

作为一种科学实验研究装置，摩擦摆的显著特点是：

（1）能科学、合理并持续地研究摩擦自激振动现象。调速电机转轴可在很大范围内获得非常平稳的任意转速，借助动态应变仪与计算机，可以非常准确地测定各种工况下的摆动幅度与频率。

（2）结构简单、成本低、易于推广应用。

（3）方法简便，操作性能好。

应用摩擦摆装置取得的主要成果有：

（1）实践成果[11]。借助摩擦摆装置配制的润滑油获得的效果有：消除120dB(A)以上钢轨矫直噪声；消除107dB(A)以上钢筒车削噪声；有效控制齿轮传动中的一倍与两倍啮合频率成分噪声；使切削表面精度提高两级以上；能大幅度提高恶劣接触工况下摩擦副的抗磨能力。

（2）理论成果[11]。质疑了影响机械振动学术界近百年的负阻尼学说，认为该学说缺乏理论依据支撑，而且无法合理解释工程实际中的众多自激振动现象；进而提出了摩擦伴生阻尼新概念，并且认为相对运动加速度变化引起的摩擦力激励是造成摩擦自激振动的根本原因。

否定了前人关于齿轮噪声与摩擦无关的论断，认为齿轮传动中两倍于啮合频率的噪声成分就来源于轮齿啮入与啮出瞬间的摩擦激励。

✦ 点　评 ✦

摩擦摆是一种微不足道的小装置。但正是这种小装置方便了笔者及其团队成员的科学研究工作并取得相应成果。可见，从事一切有益工作的人们，千万“莫因善小而不为”。

摩擦自激振动及其噪声是机械工程中的普遍现象之一，也是最难处理的问题之一。这是因为该问题涉及多学科理论，致使现今参与研究的学者人数相当有限。

既然摩擦自激振动及其噪声与摩擦有关，那就不是难以克服或无法解决的问题。摩擦问题就要用摩擦学方法去解决。具体说来，就是改善或改变摩擦副间的摩擦特性，使摩擦作用力不因静动交替以及相对加速度变化而发生过大的改变。而能够可靠地检验这种特性的正是摩擦摆，这就是小装置可以解决大问题的实例。

特别是因为摩擦摆能模拟各种机械中的实际摩擦副，并且可以根据需要变动配对材料、相对速度、压力状态和润滑条件，因此在研究与摩擦有关的工程实际问题时，摩擦摆都能充分体现其科学价值。

✦ 口 诀 ✦

摩擦摆转亦爬行，涂油控制有创新；
自振机理欠完整，负阻尼论误人深。

✦ 思 考 ✦

（1）单摆与摩擦摆有何异同？
（2）为什么说图 2-31 中的两种实验装置具有相似性？
（3）试比较自由振动、受迫振动和自激振动。
（4）为什么可以用摩擦摆来评价润滑油的性能？

[案例2-5] 气动扳手消声器的创新设计

✦ 目　的 ✦

借此案例介绍空气动力性噪声形成原因与危害、适用于气动工具噪声控制的消声器类型及特点；针对当前许多部门使用气动扳手时都不配套消声器的现状，介绍一种新型消声器的设计思路、创新设计方法及相应结构与制作；并借此希望大众增强保护环境和自觉维护绿色环境的意识与主人翁责任感。

✦ 背　景 ✦

气动工具主要指气砂轮、气钻、气动扳手、气镐、气铲、气动捣固机和气动铆钉机等，工业生产中特别是机械产品装配生产线上应用非常普遍。

当前，除机械和汽车生产制造企业的装配车间外，气动工具也是飞机、船舶和家电等行业各种机器的装配、修理以及桥梁施工等部门最常使用的工具之一。在机械零件制造的多个环节，如表面除锈、清除毛刺与飞边、磨平和抛光等繁重作业中，气动工具都大有用武之地。

在减轻人们劳动强度的同时，气动工具也会带来诸多不利影响，其中噪声最为突出。众所周知，气动工具的动力来自压缩空气。高压气流驱动气动工具工作部件后，压力的突然释放必然带来强烈噪声。目前人们使用的气动扳手噪声一般都超过93dB(A)，明显高于国家卫生标准。在柳州的上汽通用五菱和柳工集团的转配线上，工人们在多个工位都使用气动扳手，致使车间内噪声大多处于100dB(A) 左右。

2002年我国颁布的《工业企业噪声卫生标准》（见表2-6）规定：工作场所操作人员每天连续接触噪声8小时的声级卫生限值为85dB(A)，每增加3dB，日接触噪声的工作时间就要减半。

表2-6　作业场所噪声声级卫生限值（GB Z1—2002）

日接触噪声的时间/h	卫生限值/dB(A)	日接触噪声的时间/h	卫生限值/dB(A)
8	85	1/2	97
4	88	1/4	100
2	91	1/8	103
1	94	最高不得超过115dB(A)	

对比国家标准，柳州乃至国内各地都面临着相当严重的噪声污染问题。

本书［案例1-8］关于装载机装配总厂噪声诊断与分析中提到，笔者带领三个研究生应邀到柳工装配总厂考察，在认真测量并分析了厂房内的噪声状况后，认为多个工位所使用的气动扳手是造成车间严重噪声污染的重要因素之一。

针对这一情况，笔者建议厂方购进低噪声气动扳手以全部替换现有高噪声扳手。但厂方领导意见是，企业资金紧张，暂时难以引进低噪声产品。笔者于是指定随行的一位2008级研究生以“气动扳手的噪声分析与控制研究”为题，着手撰写毕业论文，并要求完成一种消声器的设计与制作。

◆ 分　析 ◆

一、噪声性质

气动扳手以压缩空气为动力，用来装配螺纹紧固件。由于其成本低、无废气、废液排放、动力性能好、使用方便等优点，被机械制造或维修企业广泛使用。

图2-35所示为一种用于汽车装配维修的常见气动扳手。压缩空气由进气管进入，经变向阀控制推动叶片进而带动扳手杆旋转，最后从15 × 26矩形面积上开出的11个小孔中喷出。

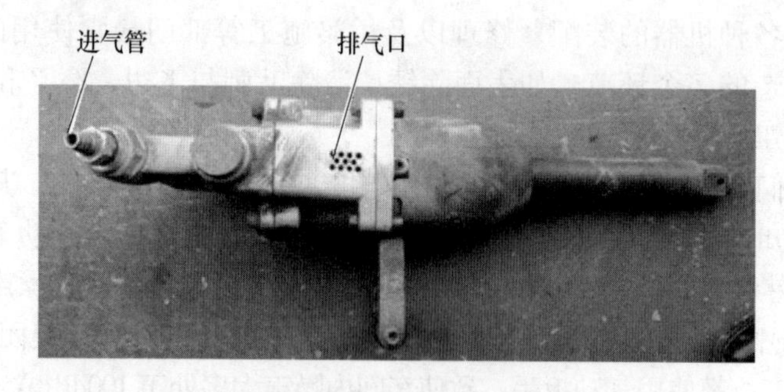

图2-35　气动扳手外观图片

与电动冲击钻相类似，气动扳手内部也设置有一对冲击块。在气动扳手空转或拧螺母的初期，轴与冲击块一起旋转。随着螺母的拧紧，阻力持续增大到一定限度时，两冲击块将同时产生冲击以增大拧紧螺母的转矩。

由此可知，气动扳手的噪声通常由空气动力性噪声和机械噪声两部分组成。其中空气动力性噪声的强度最大，是气动扳手的主要成分。而空气动力性噪声主要由喷注噪声、回转噪声和气体涡流噪声构成，而机械噪声主要来自气流冲击叶片、冲击块撞击轴以及机器内部其他构件之间的碰撞和摩擦等。

气体喷注噪声是因叶片的旋转，使沿叶片厚度方向上的气体形成了变化的压力梯度，导致气体发生紊流及漩涡的结果。该类噪声的频率与叶片数及气流的相对运动速度有关，并具有较大的频率宽度。气动扳手的噪声主要来自其排气口处，基本属于喷注噪声。

与齿轮啮合频率一样，气流冲击叶片的冲击基频计算式为：

$$f = \frac{n \times z}{60} \tag{2-41}$$

式中，z 为叶片数；n 为气动扳手转子转速，r/min。

二、噪声测试[18]

测试噪声采用的主要设备及仪器有：校内汽车实验室的空气压缩机和气动扳手；机械设计实验室的 ND2 型精密声级计和振动分析仪等；学生自行网购的手持式光电转速仪。

将声级计轴线置于气动扳手排气口中心法线上，并使声级计拾音器端面距排气口 0.5m；使压缩机气压稳定为 0.8MPa；DLF-3 多通道电荷电压滤波积分放大器接收来自声级计的模拟信号，并传 INV306 智能信号采集处理分析仪转化成数字信号，经 DASP 软件处理即得与各噪声峰值对应的频率图线。

图 2-36 [19] 给出了未采取消声措施，手持光电转速仪测得气动扳手空转转速 3150r/min 情况下的噪声频谱。由图可知，气动扳手噪声主要集中在三个频率段，即 600 ~ 650Hz、820 ~ 870Hz 和 1025 ~ 1090Hz，其中前两个频率段具有更高的噪声幅值。在这些频率段，峰值频率密集，表现为典型的喷注宽频噪声性质。

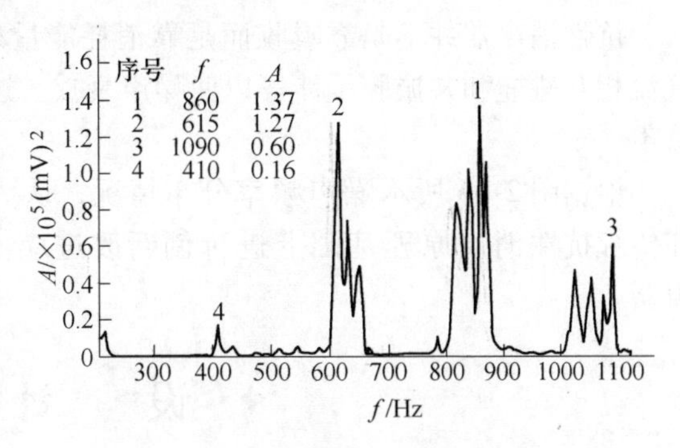

图 2-36　气动扳手空转噪声频谱

（未消声，气压 0.8MPa，转速 3150r/min）

图中有两个孤立的峰值频率即 215Hz 和 410Hz，如同齿轮啮合传动，后者似为前者的 2 倍。显然，前者基本就是按式（2-41）计算所得的结果。

因为得知所用扳手叶片数 $z=4$，故此按式（2-41）计算有：

$$f = \frac{3150 \times 4}{60} = 210\text{Hz}$$

由图 2-36 可以看出，气流冲击叶片的噪声成分相对非常弱小，因此这不是降噪的重点对象。有待重点考虑加以控制的是具有喷注性质的噪声。

三、控制途径

气动工具产生的噪声属于空气动力性噪声，只能借助消声器进行控制。

消声器是一种用于既允许气流顺利通过又能有效阻止或减弱噪声向外传播的装置，是降低空气动力性噪声的主要技术措施。一般安装在空气动力设备的气流进出口或气流通道上。其设计要求主要包括三方面：

（1）声学性能要求。消声器应尽可能在要求控制的频带范围内获得较大的消声量。

（2）动力性能要求。在不影响消声量的前提下，由消声器造成的转速损失和功率损失为最低。

（3）结构性能要求。体积小、重量轻、结构简单、造型美观；制作成本低、坚固耐用、使用寿命长、维护简便等。

由于用作动力的压缩气流压力大、流速快，致使排出的喷注噪声声级高，频率范围宽，传播远，影响范围大。很明显，在其排气口安装消声器是治理气动扳手噪声的关键。

目前消声器主要有阻性和抗性两大类。

阻性消声器通过吸收能量以降低噪声。一般在气流通过的路径上放置大量的多孔性吸声材料以吸声。主要对中高频噪声有效，而对低频噪声则效果较差。

抗性消声器并不是靠吸收而是靠消耗能量来降噪。例如通过管道直径突变、气流相互碰撞和共振腔干涉等以使噪声衰减。这类消声器主要用于控制中、低频噪声。

根据图 2-36 所示噪声频率分布情况，认为消声器的控制对象是喷注噪声；在传统抗性消声原理基础上进行创新改进应能设计出具有更好降噪效果的消声器。

✦ 设　计 ✦

一、基本原则

以控制喷注噪声为目的的消声器，如小孔喷注消声器、多孔扩散消声器和节流降噪消声器等，都是以牺牲空气动力性为代价来取得一定降噪效果的。

有鉴于此，为不过多降低气动扳手的输出转矩，有意使几股气流在消声器中对撞形成内耗，从而获得消声量和输出转矩都能满足要求的双赢效果。

总之，设计的消声器首先应保证良好的声学性能和动力性能。其次对结构及成本指标等也应引起足够的重视。

二、设计步骤

（1）确定消声量。未消声前测得 $n = 3750\text{r/min}$ 时的气动扳手噪声为 95dB(A)，故此根据环境保护和劳动保护标准，并考虑到实际情况，选择 16dB 作为消声量。

（2）确定消声器结构形式。管式消声器应用最为成熟，构造简单，阻力较小，且制造方便，故选用管式结构。由气动扳手上的铭牌知道，该型号扳手气流出口每分钟气体流量为 $q_V = 0.5\text{m}^3$ 。根据气体流量和消声器所须控制的平均流速，即可计算导管所需截面积大小。对气动扳手，一般取消声器内平均流速为 $q = 15\text{m/s}$,故 此由：

$$S = \frac{\pi D^2}{4} = \frac{q_V}{60q} \tag{2-42}$$

求出导管的直径 $D = 0.0266\text{m}$ ，取整得 $D = 30\text{mm}$ 。

（3）定消声器长度。根据式[18]：

$$\Delta L_{\text{A}} = \varphi(\partial_0)\frac{P}{S}L \tag{2-43}$$

式中　ΔL_{A} ——消声量，dB，此处取 $\Delta L_{\text{A}} = 16$ ；

$\varphi(\partial_0)$ ——与消声系数有关的量，此处取 $\varphi(\partial_0) = 1.2$ ；

P——通道截面周长，即 $P = \pi D = 0.0942\text{m}$ ；

S——通道截面面积，即 $S = \pi(D/2)^2 = 7.068 \times 10^{-4}\text{m}^2$ ；

L——消声器的长度，m。

据此求得消声器长度为：

$$L = 0.1\text{m} = 100\text{mm}$$

（4）壳体材料的选择。为便于使用、制作、减轻重量和降低成本，建议选用 1mm 以下厚度且具有较好可焊性的镀锌钢板。

（5）孔径及间距的确定。导管上孔数越多，气流越通畅。气流阻力小，就不会过多降低气动扳手的输出功率和转矩。考虑到制作方便和实际情况，选孔径 $d = 15\text{mm}$，轴线方向孔间距为 20mm。取孔总数为 15，每 5 孔共一母线，三母线在圆周均匀分布。

图 2-37 为所设计的消声器。图中安装连接板 1 的 C 向视图如图 2-38 所示，这一结构是为临时捆绑到气动扳手上以方便测试验证效果的。作为正式产品，安装连接板既可作为消声器的一部分专门针对具体连接对象设计，也可作为独立部分设计出多种形式的结构。而一种规格的消声器主体则可与多种安装连接部分搭配[20]。

利用进气端的环形板（图中未标序号）与透气环形板 4 将内管 2 与外管 3 固定并焊接为一个整体。距内管 2 右端 5mm 处焊接一微穿孔板 5，再用闷盖板 6 封堵之，由此形成长约 5mm 的共振腔。如前所述，内管 2 圆柱壳上钻出 15 个通孔。

内管 2 中微穿孔板 5 的孔径均为 1mm，孔数可取为 60，微型孔在板上应按轴对称形式分布。

透气环形板 4 上均布 6 个通孔，在每个通孔处各焊接一个 10mm 孔径的 90°

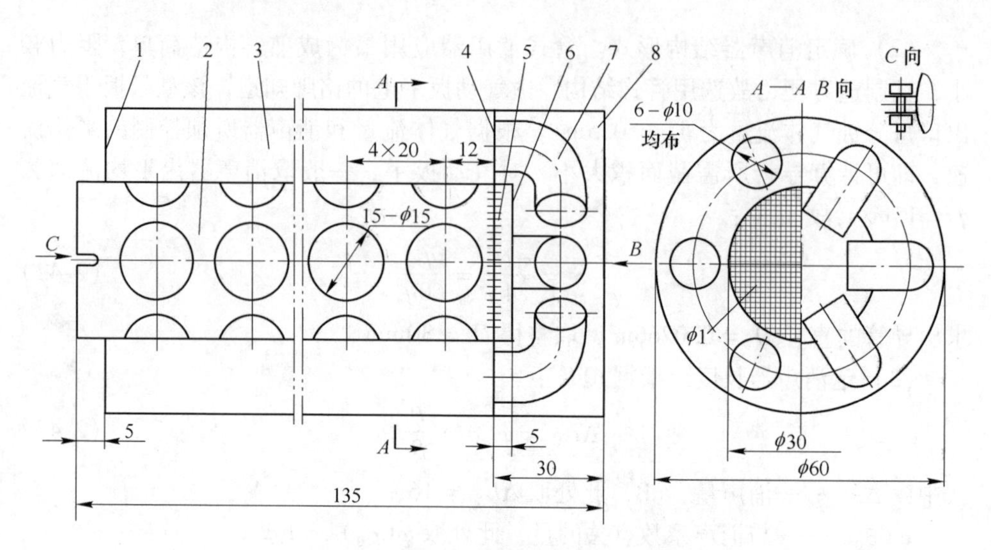

图 2-37　气动扳手用新型组合消声器

1—进气口与垫板；2—内管；3—外管；4—透气环形板；5—微穿孔板；
6—闷盖板；7—弯管；8—排气口

弯管。焊接时要求同一直径上的两管口口对齐。排气口 8 可以是外管的一部分，由透气环形板 4 隔断而形成，主要起保护 6 个弯管的作用。90°弯管如图 2-39 所示，其壁厚可为 0.4 ~0.6mm。6 个 90°弯管的两两对齐的组合有利于各种频率段噪声声波的相互对撞。

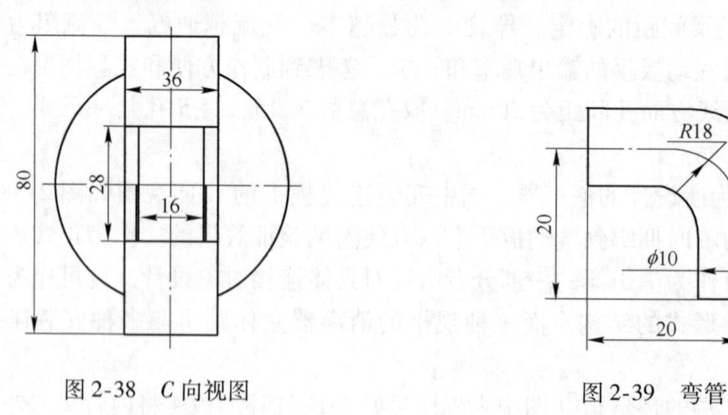

图 2-38　C 向视图　　图 2-39　弯管

✦ 效　果 ✦

由于时间紧促，笔者的学生仅在消声器上安装了一对 90°弯管，尽管如此，经实际安装测试，其降噪效果仍然相当突出。

与图 2-36 的工况条件完全相同，使用消声器时的噪声频谱分析结果如图

2-40 所示。

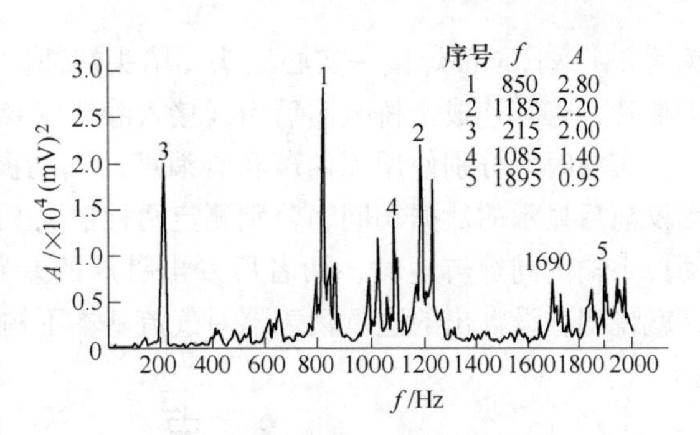

图 2-40　气动扳手空转噪声频谱

（消声，气压 0.8MPa，转速 500r/min）

由图可知，原来相对突出的 410Hz 与 615Hz 频率成分得到了极大的衰减。而 860Hz 也有相当程度的削弱，A 声级噪声降低了 6dB，使排放噪声达到安全标准之下。由于 215Hz 的噪声成分本来就未在考虑之列，所以当其他频率成分都消减之后，这一频率便自行冒了出来。不过对比图 2-36 和图 2-40 可知，安装消声器后，215Hz 增加并不大。

为进一步了解噪声随转速变化的趋势以及消声器的降噪效果，对比测试记录了气动扳手噪声与转速之间存在如图 2-41 所示的关系。

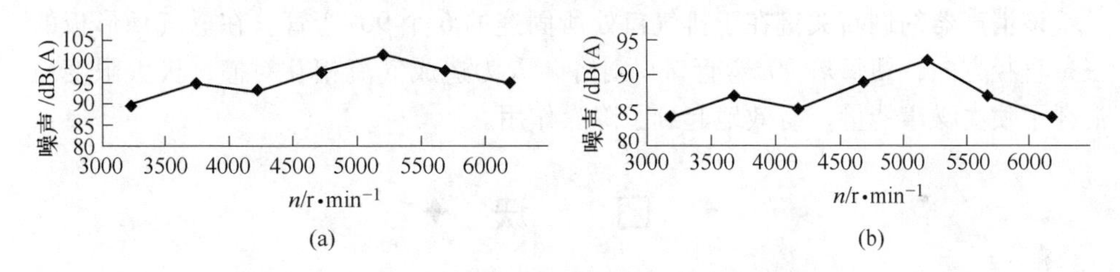

图 2-41　气动扳手空转转速与噪声关系线图

（a）未装消声器；（b）已装消声器

图 2-40 和图 2-41 综合表明，消声器虽然没有达到预期设定的 16dB 消声量，但整体降噪效果还是非常明显。不过有必要指出，原先基本不存在的高频率成分出现了。可以认为，这主要是再生效应产生的结果。

流经消声器的气流总会形成湍流并激发结构振动而产生所谓的气体再生噪声。这种噪声主要与气体流速及消声器结构形式有关，并且一般具有更高频率的特点。

该消声器由学生手工自行制作，弯管成型欠准确且未配全弯管对数、消声器内部表面也欠平滑，致使气流在消声器通道中形成湍流和喘振[21]。

为检查消声器的动力性能，采用了如图 2-42 所示的装置。底盘 3 上焊有一

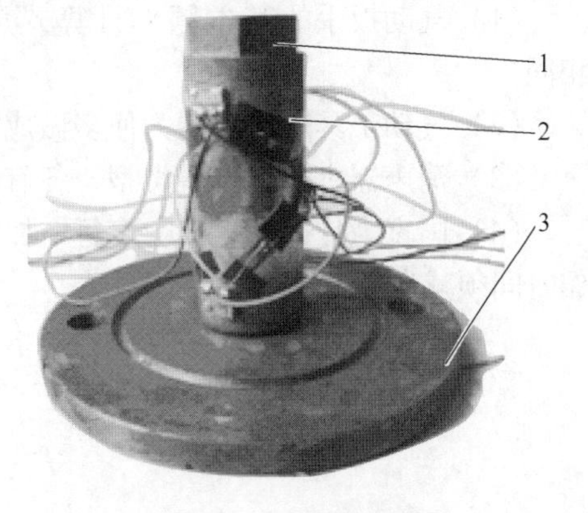

图 2-42　转矩对比测试柱

1—六棱柱；2—钢管；3—底盘

钢管 2，钢管顶部焊接一实心堵头，堵头端部做成六棱柱 1。钢管下段贴有 4 片应变片，将其连成全桥电路后引线接入静态应变仪。

实验时，分别使用无消声和有消声的气动扳手扭动图 2-42 中六棱柱，使应变仪前后显示的数据相同，分别测定两种情况下的噪声值。多次实验发现，在气动扳手输出同等转矩时，两者所发出噪声的差别仍然与图 2-41 所示不相上下。这就说明，设计出的这款消声器对气流基本不构成阻碍。

✦ 点 评 ✦

在笔者指导下，学生所设计的消声器基本达到了设计要求。如果完全按图 2-37 制作，其效果会更好。

虽然消声器是针对某一种气动扳手设计的，但它可适用于一切气动扳手。而且对于所有需要降噪的气动工具，都能发挥很强的消声作用。

该消声器的创新关键在于排气口处所固连的 6 个 90°弯管。在透气环形板的三条直径方向，使每对 90°弯管口口对齐，人为造成气流相互对撞，极大限度地消耗了喷注噪声能量，有效地起到了降噪作用。

✦ 口 诀 ✦

风动工具发强音，变异管筒可消声；
巧借对撞生内耗，敢使环境更清新。

✦ 思 考 ✦

（1）气动扳手的基本频率计算式为什么与齿轮传动啮合频率计算式完全相同？

（2）气动工具用消声器为何多做成管筒形状？

（3）消声器主要有哪些类型，各有何特点？

（4）国家为什么规定：噪声每增加 3dB，连续暴露在此噪声环境下的人们工作时间须减半？

［案例 2-6］　全自动吹瓶模具气道系统的创新设计

✦ 目　　的 ✦

针对团队自主成功开发的第一台全自动吹瓶机的局部缺陷，在理论分析基础上，创新设计的气道系统完善了产品功能。本案例旨在说明：功能组合是最常见的创新模式；将先进设计方法引入传统设计是重要的创新手段；对产品质量的更高要求、克服生产中各种故障的强烈愿望等都是驱动创新的动力。

✦ 概　　述 ✦

20 世纪中期之后，塑料遍布人类社会的各个领域。中空塑料制品则出现在人类生活的各个方面。生产中空塑料制品，按其成型方式通常可分为挤出吹塑与注射吹塑成型两大类。

图 2-43 所示的一种塑料瓶就属于典型的中空制品，它既可以用挤出机，也可以用注射机先制出管坯，然后借助于压缩空气吹制成所需产品。至于灌装食用油的油桶一类非轴对称中空制品，则只能采用挤出吹塑工艺。

图 2-44 基本可显示传统挤出吹塑（简称挤吹）工艺方法。采用挤吹工艺时，首先利用塑料挤出机将熔融塑料挤成管状型坯 3，管坯套入固连在模座 1 上的吹

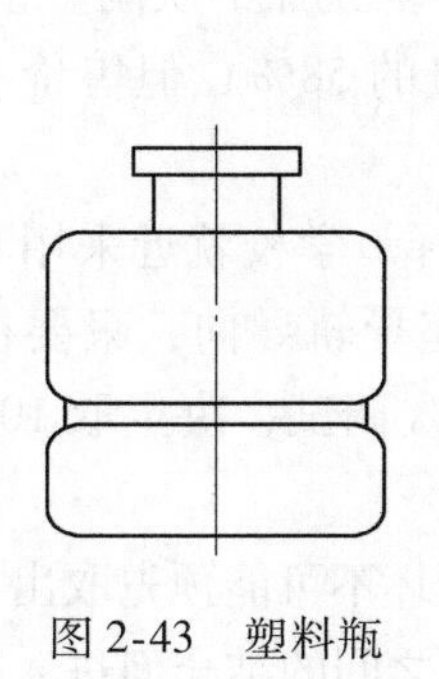

图 2-43　塑料瓶

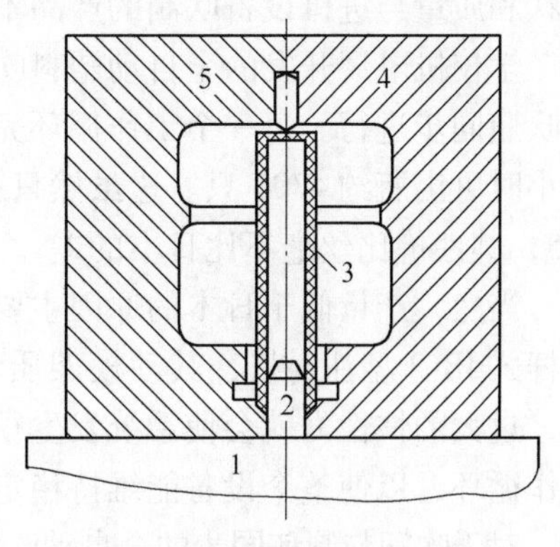

图 2-44　吹瓶模具

1—模座；2—气嘴；3—管坯；4，5—开合模；

气嘴2，将4、5两半开合模合拢以夹持管坯两端并锁紧，通入压缩空气，塑料管坯即被吹胀贴合型腔内壁。待其冷却成型后打开模具并取出制品。

由于管坯必须被开合模夹持，致使夹持位置附着在成型的制品上。故需专人或专门设备清除剥离这些夹边。虽然这种夹边余料可以回收，但须重新破碎，配料混合后再次送入挤出机，无疑增加了工时和能源的消耗，甚至有可能降低材料的性能，进而影响产品质量。

当塑料瓶的瓶口形状要求较为严格时，采用注射吹塑（简称注吹）工艺则为上策。即先用注塑机注射出带有成型完整瓶口的管坯，待其冷却后即开模取出以作为吹制成型的半成品。虽然如此加工不产生任何夹边余料，并且由于压缩空气可直接从型坯中的芯模进入，致使吹瓶模具的气道结构十分简单，但进入吹瓶工序前必须先将管坯进行二次加热塑化处理。显然，注吹分离工序浪费了能源且难以获得更高的生产率。

如果注射管坯后不让其冷却，而是趁热将其吹胀成型，岂不既保留了注射无夹边的优点，又省去了二次加热的能源消耗？这一注吹同步的构思就是功能合并的创新。

✦ 背　景 ✦

20世纪90年代初，广州从日本引进了一种全自动吹瓶机。据广州的使用者介绍，日本厂商曾经放话：“中国人十年内也造不出这种机器”。

以承担学生金工实习任务为主的广西工学院机电厂建厂仅两年，尽管设备极为简陋，但在柳州塑料机械行业专家支持下，仅有十余名员工的学校机电厂采用本地生产的注塑机，配以自行开发的控制系统和翻转模具，只用一年多时间就造出了与引进的日本机器相类似的产品。使用自制的全自动设备吹出的塑料瓶，其形状和质量与进口设备吹制的产品不相上下，一举打破了日本人的垄断。

学校机电厂开发的全自动塑料吹瓶机集熔注管坯与吹胀成型于一体，使注坯与吹瓶同步进行。每一个工作循环完成14只100mL酸奶瓶的吹制。正常情况下，每小时可出瓶约4700只。这虽然只有日本机器产量的58%，但售价不足日本的1/5，其性价比丝毫不比日本的差。

当然，产量低于日本的原因主要在于主机的选择。学校就近采用本地生产的肘杆式IB-2型注射机，其动模架质量大，并以机座导轨导向，只要往复速度偏大，过大的惯性力就会使系统发生很大振动。经多次调试，决定取10.5s为一个工作循环，以使整个设备能维持稳定运转。

对于吹塑与制坯同步的全自动吹瓶机，吹塑前管坯不可能预先取出，同时也不允许事先拉伸处理，因此要使压缩空气从芯棒与管坯之间的结合面进入，气道的设计极为重要。设计全自动吹瓶机的复杂气道结构，一般须事先预想到以下问题：

（1）气道必须通畅，以保证压缩空气不受阻，并且能均匀进入管坯内壁四周，以保证气压均匀。

（2）气道必须尽可能狭小，以免注射管坯时使熔融塑料在高压下充塞气道造成堵塞。

（3）必须便于对气道进行定期吹气清理，以便将偶然压入气道的塑料或粉尘吹出，确保气流畅通。

该设备的机械核心模具结构如图2-45所示。

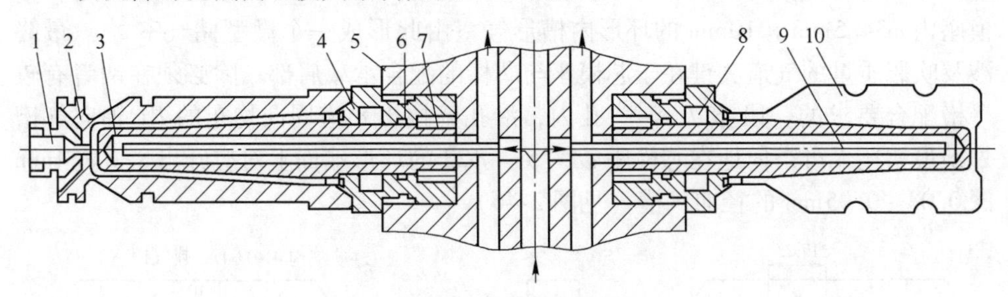

图2-45　全自动吹瓶机模具基本结构

1—注射嘴；2—管坯凹模；3—凸模芯棒；4—芯模座；5—翻转模板；6—O形圈；7—紧定螺钉；8—通气室；9—热油管；10—开合成型模

图中翻转模板5的两边通过螺钉各对称安装14个芯模座4。凸模芯棒3与芯模座4之间套上O形圈6之后再用紧定螺钉7固联。启动预设程序开始注吹，动模板等即推动翻转模板及两边成型模前进到如图2-45所示位置，完成合模与锁紧；注塑机以140MPa压力将熔融塑料从注射嘴1喷出，充填整体管坯凹模2（固联在定模板上）的空腔以注出管坯。随后，翻转模板及其上模具退离，凸模芯棒连同管坯一并拔出，安装在动模板上的开合模打开，翻转模板转动180°后再次前进到合模锁紧位置。

在注射嘴1喷出高压熔融塑料的同时，0.7MPa压缩空气由翻转模板侧面气道进入芯模座中的通气室8，再通过芯模座与芯棒肩部结合处气隙将管坯撑开，吹胀出与开合模10型腔形状相一致的中空制品。

一次注吹完成后，动模板后退，开合模按程序打开而将全部14个制品排出。以后周而复始继续前一次的注吹同步动作。

注吹期间，为使芯棒和芯模座始终能维持一定的温度，以防止管坯固化，翻转模板内还开有油道，高温油经过油管9流入芯棒盲孔以直接加热芯棒，油液在翻转模板中的循环进出方向如图中箭头所指。

翻转模板两侧安装有两个半轴，借助于液压-齿条齿轮机构可实现绕模具框架（图中未画出）的翻转。此框架则能沿注塑机的4根导柱做轴向移动，以实现注吹塑料瓶的合模和开模。

全自动吹瓶机实现周期出瓶工艺动作，其最大特点是整个制瓶过程无须人工参与，没有任何需要清理的夹边余料，可以避免中间环节的污染。利用某些辅助装置，如空气输送管道等可以将吹制成型的饮料类包装瓶直接送入封装工位。模具使用的压缩空气一般应由无油润滑压缩机提供，并经过过滤清洁处理。如此可满足儿童饮料瓶生产过程中的卫生要求。

吹瓶用的压缩空气来自储气罐，外部导管通过动连接与翻转模板上的气道相通，芯模座则通过偏离轴心线 17.25mm 的 $\phi3$ 轴向小孔与翻转模板气道相连，芯模座内 $\phi34.5\text{mm}\times10\text{mm}$ 的环形内槽形气室由此形成一个微型储气室[22]。最终涉及吹瓶质量的气道关键在于芯模座与芯棒的配合承载肩部。除必须在两者有较严格配合要求的一段 $\phi17.5_{0}^{+0.01}$ 孔内，沿孔壁拉出 8 道周向均布的 $R1$ 轴向气槽外，最初还无可奈何地在芯模座 $\phi17.5\sim\phi23$ 的环形端面上对应开出 8 道宽 4mm 深 0.03～0.05mm 的径向气槽（见图 2-46）。

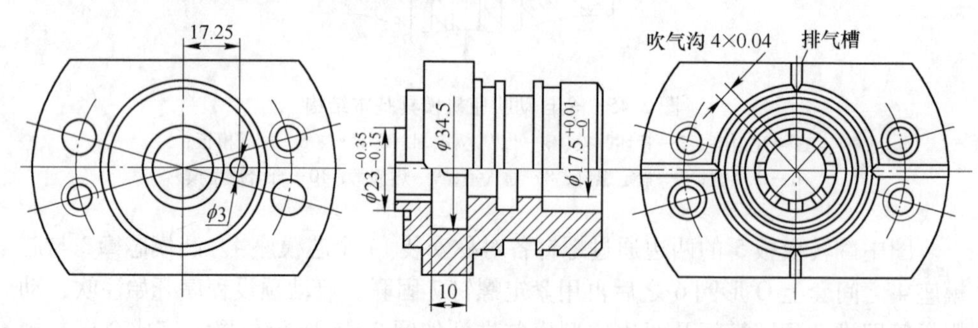

图 2-46　芯模座基本形状

尽管这 8 道径向气槽是用自制夹具在万能工具磨床上加工的，并尽可能使每个气槽尺寸基本保持一致，但深浅尺度极难把握。因为深度稍大，熔融塑料易于进入堵塞气道，气槽过浅同样也容易导致气路不畅。

学校领导根据厂长要求，指派笔者任机电厂总工程师。经过调查研究，笔者很快了解到本校产品具有很大价格优势的同时，也存在吹瓶故障与废品率逐步增加的问题。根据厂长的观点，笔者认为改进吹气系统结构将是扭转产品质量和吹瓶生产效率迅速下滑趋势的关键。

✦ 创　新 ✦

开始出现的废品主要表现为吹瓶不饱满。开始时每 14 个瓶中只有一、两个欠完整，以后就有更多的瓶子出现缺陷。每逢用户来电话反映废品问题，厂里都要立即派人前往广州用户工厂进行现场处理。维修师傅反映，来回奔波不说，最艰难的是现场维修。这是因为，一旦出故障停机，电源及电热系统已切断，固化紧套于芯棒上的坯管首先必须人工逐个费力清除，然后须将出故障的芯模座连同芯棒逐个从翻转模板上拆下，致使导热油液四溢，结构的紧凑使空间狭小难以清理。如果恰遇芯棒处于凹模之中未曾拔出，那么处理的工作量就更大。

维修师傅们处理问题的方法是，凡是发现通气不畅的芯棒组，便直接作现场更换。这虽然可以减少用户的停产时间，但根本问题并未解决。

一、故障分析

根据维修师傅们反映的情况，这些故障基本源于吹气通道设计的欠合理。

芯模座上 $\phi17.5\times2.75$ 的环形端面支承着芯棒的环形肩部，并直接承受来自高压熔融塑料的轴向压力 F，此力大小的计算式为：

$$F = fKAP \tag{2-44}$$

式中，f 为载荷系数，取 $f=1.2$；K 为压力损耗系数，根据模具的实际结构取 $K=0.7$；A 为芯棒轴端投影面积，即 $A=23^2\pi/4=415.48\text{mm}^2$，其中 23 为芯棒最大直径（mm）；$P$ 为注塑机的公称注射压力，取 $P=140\text{MPa}$。

将其代入式（2-44）得 $F=4.886\times10^4\text{N}$。

芯模座环形截面的承载面积 S 为：

$$S=\pi(23^2-17.5^2)/4-8\times11.2=85.35\text{mm}^2$$

其中，11.2 为芯模座环形端面径向气沟的投影面积（mm^2）。据此，芯模座环形端面的挤压应力 p_j 为：

$$p_j=4.886\times10^4/85.35=572.5\text{MPa}$$

若按较为冒险的做法取材料的许用挤压应力为其屈服极限的 0.8 倍，则选材时只需使其屈服极限 $\sigma_s\geqslant716\text{MPa}$ 即可。据此，芯模座材料选用 45Mn2，经调质处理似乎可满足使用要求。

曾尝试用功率 2kW 的 CO_2 激光发射器对芯模座承压面进行激光热处理，激光光斑直径接近 3mm，与承压环形面宽度基本吻合，将激光光斑照扫一圈，即可完成对其表面的淬火处理，并使淬火深度接近 1mm，表面硬度超过 50HRC。用 45 钢调质后激光淬火也应该能满足使用要求，但一般应用起来有很大困难。

如果不讲究选材或不进行表面硬化处理，则在每小时近 400 次注射开模，且高达 572MPa 以上脉动循环挤压应力作用下，芯模座环形端面会很快被压溃，从而导致深度仅为 0.03～0.05mm 的吹气沟变浅，气道被堵塞，吹瓶废品率增加，使吹瓶过程难以维持下去。

相对于偏大的实际挤压应力，气道结构设计的缺陷主要有：

（1）选材与热处理要求过于严格。否则其过气沟的支承面挤压强度偏低，将最终导致气沟功能丧失。

（2）芯棒与芯模座之间的气沟始终处于敞开状态，极难避免注射时的胶体或吹气时的异物进入并堵塞气道。

8个气沟虽然用万能工具磨床加工，但未能实现全自动化。由于靠手感逐个加工，极难保证所有气沟过气截面积一致，致使吹瓶时气流不均匀，吹瓶的百分之百合格率几乎无法确保。

二、结构创新

笔者构思设计了新的吹气系统结构。其主要特点是：注射塑料胶体时，气隙完全闭合；吹气时，气隙全程敞开。这就克服了原有气道系统强度不足、过气通道加工困难以及气隙易被堵塞等各种弊端。改进后的气道结构如图2-47所示。

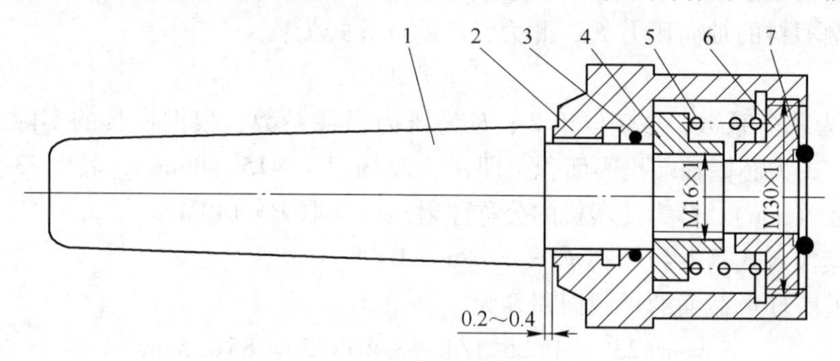

图2-47　吹气通道的创新结构

1—芯棒；2—芯模座；3，7—O形圈；4—螺母；5—弹簧；6—螺环

图中螺母4将芯棒1轴向定位于芯模座2上，但必须保证芯棒连同螺母能在模座上有0.2～0.4mm的轴向移动量。螺环6拧紧在芯模座螺纹孔中，从而使气隙弹簧5获得足够的预紧压力，以确保芯棒肩部与芯模座支撑面间形成足够大的气隙，压缩空气得以均匀通畅，使塑料中空制品成型饱满准确。但在注射管坯时，高压熔融的塑料胶体进入型腔，芯棒受到很大的轴向压力，迫使弹簧进一步压缩，原先的0.2～0.4mm气隙将完全闭合，高压胶体无法进入，既不会堵塞气道，也不会在瓶口内部形成任何细微飞边，这对于提高饮料瓶的卫生程度是十分有益的。

✦ 优　化 ✦

笔者创新改进全自动吹瓶机的气道系统时，所遇到的最重要问题是圆柱压缩弹簧的设计计算，这是取得最满意吹瓶效果的关键。

一、弹簧设计计算

（一）弹簧上的作用力

根据注塑机的公称注射压力及相关推荐建议，作用在芯棒投影面积上的压力

不低于[23,24]

$$F_1 = 0.35 \times 140 \times 20^2 \times \pi/4 = 1.54 \times 10^4 \text{N}$$

其中，0.35 为最小压力损耗系数；140 如前所述为注射压力（MPa）；20 为芯棒平均直径（mm）。

注射的塑料管坯在气隙附近的内径为 $\phi 23$，其壁厚为 1mm，吹塑前气隙开启，引起管坯伸长，其伸长率可取为 $\varepsilon_+ = 0.1$。此外，管坯头部有一平均直径为 $\phi 3.4$、长度为 5mm 的注射浇口，在吹塑工位，此浇口将在弹簧支承下的芯棒与瓶底模挤压作用下压扁至 1mm，故其压缩率 $\varepsilon_- = 0.8$。

当吹瓶用塑料处于 110℃ 温度时，其弹性模量可取为 $E = 16\text{MPa}$，故此知使管坯局部拉伸及料头挤压的作用力应为：

$$F_2 = \pi E[3.4^2 \varepsilon_- + (25 - 23^2)\varepsilon_+]/4 = 237\text{N}$$

因此装配时，作用于气隙弹簧上的预压力须满足：

$$237\text{N} \leqslant F_{\min} \leqslant 1.54 \times 10^4 \text{N}$$

设气隙达到 0.4mm 最大值，那么在一个工作循环中，气隙弹簧所受的最大工作载荷为 $F_{\max} = F_{\min} + 0.4k$，其中 k 为弹簧刚度，$F_{\min}$ 为安装弹簧时的预紧力，设计时初定 $F_{\min} = 290\text{N}$。

（二）气隙弹簧材料选择

取注-吹平均工作周期为 8s，机器每天工作两班，每年工作 300 天，弹簧预期寿命 5 年，则弹簧总应力循环次数为 1.08×10^7 次，故弹簧材料应按 I 类选取。根据本地条件，选材料为 65Si2MnVA，其许用应力 $[\tau] = 0.3 \times 1863 = 559\text{MPa}$。

（三）弹簧安装的允许尺寸

如图 2-47 所示，支承气隙弹簧的螺环外螺纹最好定为 M30×1，因此弹簧外径限制为 $D \leqslant 28$，将芯棒固联于芯模座的螺母则为 M16×1。

螺环与螺母均需做成阶梯形，以使其同时起弹簧内导柱作用，故弹簧内径应为 $D_1 \geqslant 20.5$。由于创新后的芯模座底端有限长度的孔内需装配螺母、螺环以及控制气隙开启的弹簧，故此预紧后的弹簧长度不应大于 17.2mm。为了保证预定的气隙尺寸要求，设计与制造时必须使芯棒与模座配合处的轴长超过孔长 0.2～0.4mm。

（四）气隙弹簧优化设计

一般来说，弹簧的设计是一项较为复杂的工作，其制约因素很多，往往需要试凑。但方便的是，前人在弹簧的计算机优化设计方面，已经做了大量的工作，并有许多成熟的程序可供选用。目前人们一般按重量最轻，或一阶自振频率最高为弹簧优化设计的目标函数。

毫无疑问，只要求出了圆柱弹簧的钢丝直径 d、弹簧中径 D_2 和工作圈数 n，问题就得到了解决，因此优化设计的变量可取为 $X = [x_1, x_2, x_3]^{\mathrm{T}} = [d, D_2, n]^{\mathrm{T}}$。

观察弹簧的各项计算公式，发现只有弹簧重量，自振频率、稳定性和刚度等四项计算式含有全部设计变量。因此选四者中的一个或几个为目标函数是较为有利的。但是，对用于全自动吹瓶机的气隙控制弹簧而言，不存在失稳和共振问题，所以重量和刚度可优先考虑为目标函数。

1. 考虑重量为最轻的优化

目标函数为：

$$F_1(x) = 1.925 \times 10^{-5}(1.5 + x_3)x_2 x_1^2 \tag{2-45}$$

其中，1.5 为被并紧的钢丝圈数。

约束条件为：

$$\begin{cases} g_1(x) = 28 - x_1 - x_2 \geqslant 0 \\ g_2(x) = x_2 - 20.5 - x_1 \geqslant 0 \\ g_3(x) = x_1 - 2 \geqslant 0 \\ g_4(x) = 4 - x_1 \geqslant 0 \\ g_5(x) = x_3 - 2.5 \geqslant 0 \\ g_6(x) = 10 - x_3 \geqslant 0 \\ g_7(x) = 16.8 - (1.5 + x_3)x_1 - 0.2x_3 \geqslant 0 \\ g_8(x) = (1.5 + x_3)x_1 + 0.2x_3 - 12 \geqslant 0 \\ g_9(x) = 559 - 1304x_2^{0.86}/x_1^{2.86} \geqslant 0 \\ g_{10}(x) = \dfrac{559 + 886x_2^{0.86}/x_1^{2.86}}{1304x_2^{0.86}/x_1^{2.86}} - 1.5 \geqslant 0 \\ g_{11}(x) = \dfrac{82000x_1^4}{x_3 x_2^3} - 320 \geqslant 0 \end{cases} \tag{2-46}$$

其中，$g_1(x) \sim g_8(x)$ 为几何约束条件；$g_9(x)$ 为强度条件；$g_{10}(x)$ 和 $g_{11}(x)$ 分别为疲劳强度条件与刚度条件；$g_{10}(x)$ 中的 1.5 为疲劳安全系数；$g_{11}(x)$ 中的 320 为初定的最大工作载荷 $F_{\max}$ 值。

2. 考虑刚度为最大的优化

气隙弹簧通常都处于预压紧状态，注射管坯时，弹簧将继续压缩 0.2 ~ 0.4mm，以使气隙完全封闭。因此只有使该弹簧复位时具有最大刚度，才能使气隙充分开启。据此，目标函数应为：

$$F_2(x) = 1 \times 10^{-4} x_3 x_2^3 / x_1^4 \tag{2-47}$$

其约束条件为式（2-46）中的 $g_1(x) \sim g_{10}(x)$，而 $g_{11}(x)$ 则变成目标函数。

3. 考虑疲劳强度为最高的优化

尽管取疲劳强度为优化目标只涉及 x_1 和 x_2 两个变量，但由于该弹簧长期处于变应力作用之下，因此以疲劳强度为优化目标仍然是有意义的。其目标函数为：

$$F_3(x) = \frac{1304x_2^{0.86}/x_1^{2.86}}{559 + 886x_2^{0.86}/x_1^{2.86}} \tag{2-48}$$

此时，式（2-46）中的 $g_{10}(x)$ 已成为优化目标，而其余仍然为约束条件。

4. 同时考虑多目标的优化

将上述单独考虑的目标函数综合起来，分别取加权因子为1、1和0.1，采用加权组合法建立优化的统一目标函数为：

$$F = F_1(x) + F_2(x) + 0.1F_3(x) \tag{2-49}$$

与此目标函数相对应的约束条件共有9项，即式（2-46）中的 $g_1(x) \sim g_9(x)$ 。

5. 优化结果分析

为便于对照，现将上述四种优化目标的计算结果汇总于表2-7。

表2-7 气隙弹簧的优化计算结果

计算条件	x_1	x_2	x_3	$F(x)$
重量最轻	3.497	23.997	2.5	0.0226
刚度最大	3.632	24.132	2.5	0.0250
疲劳强度最高	3.668	24.168	2.5	0.5497
三目标综合	3.5	24.0	2.5	0.1051
圆　整	3.5	24.0	3.0	

表2-7所给三目标综合条件下的计算结果除 x_3 稍有调整外，x_1 和 x_2 均直接来自优化计算值。在实际的改进设计中，笔者正是采用这一组圆整后的数据委托本地的弹簧生产厂家成批制造气隙弹簧的。图纸中弹簧节距取为7mm，两端经磨平后，其自由高度为25mm。虽然这一尺寸使实际的并紧圈数由设计的1.5减少为实际的1.14，但并未影响该弹簧的使用效果。在此气隙弹簧的控制下，管坯注射时气隙完全闭合；而在吹瓶工步，气隙自动充分开启。采用这一新的气道结构，再未出现因气道不畅而发生的成瓶不饱满或瓶形歪斜不对称的现象，这种改进得到了用户很高的评价。

二、结构创新后的典型零件

由于在模具气道结构中引入了气隙弹簧，模具本身必须做相应改动。当然，模具的外部形状尺寸基本无变化，变动最大之处是芯模座的内部。此外，芯模座用以支撑芯棒肩部的环形面上不再开出径向气槽，从而成倍地提高了该环形面的承载能力。图2-47给出了芯模座主要结构的变动情形。这一变动有利于气隙弹簧及预紧螺环的安装。除芯棒上M16×1的螺纹位置有所变动外，其余零部件都不受任何影响。

用于气隙弹簧两端定位和预紧的螺母与螺环结构如图 2-48 所示。其中螺母一端开出 4 个均布径向槽，而在螺环一端钻有 4 个均布小孔。这些槽和孔可方便专用套筒扳手的装拆施工。

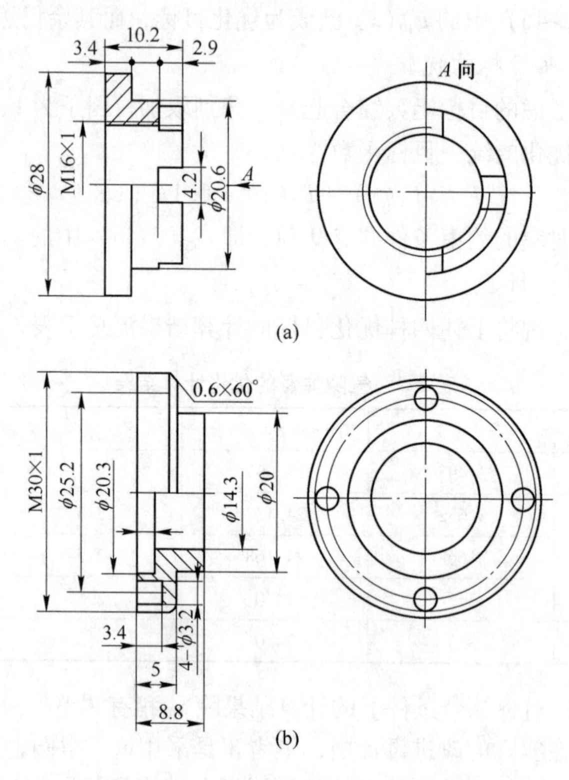

图 2-48　气隙弹簧定位零件

（a）定位螺母；（b）定位螺环

✦ 点　评 ✦

由弹簧控制气隙的自动开启是对原有气道系统的重要改进创新，是保证价值达近百万元人民币的机器能产生重大效益的关键。

弹簧虽小，但其设计却相当复杂。特别是该气隙弹簧受约束条件过多，按部就班地进行手工计算相当费时费事。稍微省事的方法只有先凭经验直接定出符合几何结构尺寸要求的弹簧钢丝直径 d、弹簧中径 D_2 和钢丝总圈数 n_1，然后进行相应验算。如果应用工程软件，则计算极为快捷准确。可见机械设计师掌握多种工程软件十分必要。

✦ 口　诀 ✦

压气制出中空瓶，注吹同步最省心；
余料全无效益显，弹簧虽小大创新。

✦ 思　考 ✦

（1）试列举最常用的 10 种中空塑料制品名称。
（2）中空塑料制品的挤吹与注吹两种工艺有何异同？
（3）注吹工艺能否适于一切塑料中空制品的生产，为什么？
（4）优化设计的数学模型包括哪些内容？

[案例 2-7] 重型钢轨轨端帽形淬火机的创新设计

◆ 目　　的 ◆

借此案例介绍如何根据现场条件确定机械设计所必需的力能参数；介绍钢轨轨端帽形淬火机的结构组成以及通过实验确定合理工艺参数的方法；指出钢轨全长淬火移植借用轨端帽形淬火方式的可行性。

◆ 背　　景 ◆

1985 年 4 月，昆明工学院攀枝花钢铁公司函授站冶金机械专业毕业班还有两位同学未落实毕业设计指导老师。

原来，作为攀钢轨梁厂青年工人的两位函授毕业班同学，根据工厂技改要求主动选了钢轨轨端淬火机的设计课题，并在机构组成与部件设计方面已经取得一定进展。为此他们报告学校函授部，要求以此题目作为毕业设计。当时学校有关专业教研室认为该设计题目明显缺少力能参数条件，因而不宜选作毕业设计题，故此一时未能落实指导教师。

时间紧迫，学校培训部领导和两位同学都相当着急。恰逢笔者当时已被选定为攀钢函授站其他几位学生的毕业设计指导老师，这两位同学和学校培训部便一致希望笔者再多担当些责任。

笔者多次任攀钢函授教学站的面授主讲教师，因而有机会由学生陪同数次参观工厂生产现场，自然对钢轨热处理装置的现状与革新方向有一定了解，认为学生选钢轨轨端淬火机做毕业设计应当值得鼓励。其实，该题目并不缺乏理论分析与理论计算成分，学生在机构运动学分析以及重要传动件强度计算方面同样能得到充分的训练。因此在学生要求和函授部领导的支持下，笔者指导其他学生研究钢轨矫直降噪课题的同时，又一并指导这两位同学，得以有机会直接参与淬火机各设计环节的讨论与审定。

众所周知，原有铁路是由一根根钢轨通过“鱼尾”夹板和螺栓联接起来的。每两根钢轨之间都留有缝隙以适于热胀冷缩。不难理解，每当火车经过，车轮在钢轨接缝处都要产生轮轨之间的碰撞与冲击，致使钢轨端部总要先于其他部位发生压溃、过度磨损和表层金属剥落等现象。为此对轨端进行淬火处理以延长整根钢轨的使用寿命具有特别重要的综合意义。

✦ 构 思 ✦

（1）淬火机应满足的基本要求。该淬火机应适于处理 43～75kg/m 规格范围内的重型钢轨；其淬火部位为每根钢轨两端长度各为 150～170mm 的钢轨段。钢轨淬火硬度为 HRC32.5～40.5。从钢轨的横截面看，轨顶淬硬区具有“帽子”形状，即从轨顶踏面到下颚部，钢轨基体由 6～10mm 厚度的淬硬层所包覆。钢轨踏面以下淬硬层深度应不小于 10mm，而两侧淬硬层深度应不小于 6mm。对长度为 25m 的钢轨，要求每小时淬火生产率不低于 30～35 根。

（2）淬火机工作环境。钢轨生产中的淬火工序处于生产线的最后区段。已被矫直的钢轨直立于台架上等待推钢机推送。钢轨两端各有约 1.5m 长钢轨处于悬空状态，其轨底距地面约 600mm。钢轨轨端淬火机应与此工作环境相协调。

（3）淬火机结构构思。攀钢所产钢轨标准长度为 25m，其两端的淬火宜由两台机器各自独立完成。为防止淬火时钢轨出现不规则移动，采用气动夹具将进入淬火工位的钢轨中部夹紧。

固定于基础上的淬火机机座中心线应平行于钢轨。淬火机的滑台能沿机座上的凸起三角与平面导轨做往复移动。当钢轨被推至淬火工位并被夹紧后，滑台纵向前进以实施对钢轨轨端的加热与冷却，然后滑台退出并开始下一个工作循环。显然，工作滑台应具有导向、加热与冷却等功能。

无疑，可以采用电感应线圈加热，而喷淋合适的介质即可进行冷却。由于钢轨仅在中部固定，悬空的两端未必能精确对准淬火机中心，为此必须借助机床滑台的专用部件在移动中迫使悬空钢轨准确对中。

✦ 计 算 ✦

设计钢轨轨端淬火机所需要的基本参数主要来自两个方面，即生产线上的工作节拍和工作台所受生产阻力。

（1）确定生产节拍。根据设计任务，定生产率为每小时淬火 32 根钢轨。于是每根钢轨淬火周期为 110s。工作滑台平均移动速度设为 75mm/s，则其前进 600mm 行程用时约 8s，其余时间则用于加热、冷却、后退以及夹紧放松和推送钢轨等。根据以往经验，感应加热 10mm 深度，用时一般不少于 60s。

工作滑台前进到位后感应器即通电加热约 1min，返回喷水冷却则须耗时 25s。由此可确定工艺循环如表 2-8 所示。

表 2-8　钢轨轨端淬火机工作循环顺序

喷水器	静　止					喷淋
感应器	静　止				感应加热	静止
工作台	静止			前移	静止	后退
推钢机	静止	推钢	静　止			
夹具	松开		夹　紧			
时间/s	0　4	10	15	22	85	110

（2）计算工作台驱动力。当时铁路对 50kg/m 规格的钢轨需求量最大，故以此种规格钢轨为例计算工作滑台驱动力。该类钢轨轨顶与轨底宽度尺寸分别为 70mm 和 132mm。当推钢机将钢轨推至待淬火位置后，气动夹具在距离轨端 10m 处将钢轨夹紧。由于多种原因的影响，钢轨轨端中心与淬火机工作中心线肯定存在一定程度的偏差。考虑到极端情况，设该偏差量为 15mm。故采用一斜板拨正。如图 2-49 所示，将钢轨拨正 15mm 所需作用力 R'_x 的计算可借用悬臂梁的挠度计算式[25]：

$$y_{\max} = \frac{Fl^3}{3EI} \tag{2-50}$$

将 $l = 10000\text{mm}$，$E = 2.1 \times 10^5\text{MPa}$，$I = 3.77 \times 10^6\text{mm}^4$ 和 $y_{\max} = 15\text{mm}$ 代入，即得

$$R'_x = F = 35.6\text{N}$$

再考虑摩擦阻力的影响。设摩擦系数 $f = 0.15$，摩擦作为集中力作用于悬臂梁中点，则由 $10R''_x = 5F = 5 \times 0.15 \times 10 \times 500$（钢轨每米重 500N）求得：

$$R''_x = 375\text{N}$$

两者相加得：

$$R_x = R'_x + R''_x = 410.6\text{N}$$

至此可求推动底对中块移动的作用力 $R_y = R_x \tan 30° = 237\text{N}$，此处同样必须考虑克服工作台所受摩擦力的作用。取工作台总质量为 300kg，三角导轨的当量摩擦系数 $f_v = 0.15/\sin 45° = 0.212$，于是工作台所受摩擦力为 $0.212 \times 3000 = 636\text{N}$。

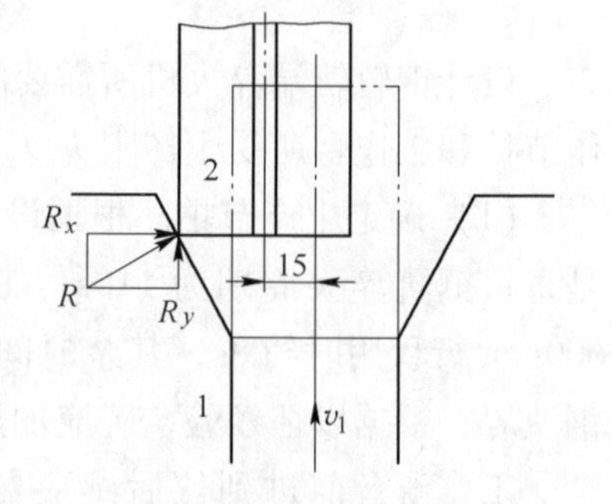

图 2-49　底对中力分析

考虑到碰撞与冲击形成动载荷，取动载系数 $f_P = 1.5$，则工作台驱动油缸的驱动力不应小于：

$$F = 1.5 \times (237 + 636) = 1340\text{N}$$

即使 75kg/m 规格的钢轨淬火，所用油缸推力也

不超过3000N，普通油缸很容易满足使用要求。

✦ 结 构 ✦

由于要求钢轨轨端淬硬部位形似帽子，因此用于加热的感应线圈就只能按帽形排列，才能使钢轨轨端顶部加热区的帽形更加厚实。设计如图2-50所示的5串联回路感应器，可使轨顶帽形区域富集强大的集肤电流并相应产生热效应。但是，这种感应器使得淬火机滑台连同感应器只能相对钢轨作纵向运动。这就在较大程度上决定了该淬火机所具有的结构如图2-51所示。

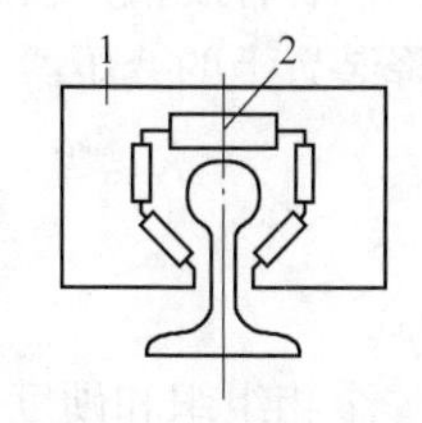

图2-50 帽形感应器

1—支架；2—线圈

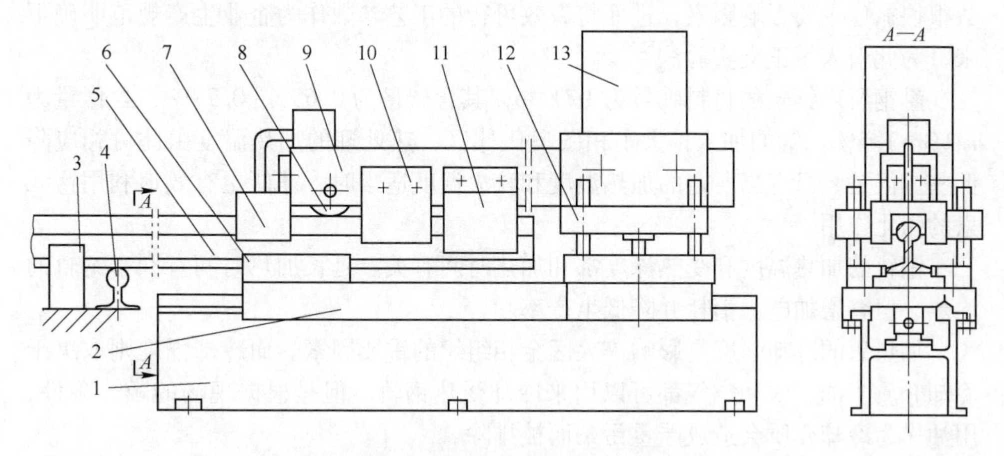

图2-51 平移式轨端淬火机基本结构

1—床身；2—滑台；3—夹具；4—支架；5—钢轨；6—底对中块；7—喷水装置；8—滚轮；9—悬臂梁；10—顶对中块；11—感应器；12—升降装置；13—变压器

图中床身1用以支持全部运动部件，其床身导轨以下的中部安装有驱动滑台的液压油缸；滑台2具有较长的轴向尺寸；夹具3在待淬火钢轨被推至设定位置后，即由压缩空气驱动在距钢轨一端10m处将钢轨夹紧；支架4由若干平行钢轨组成，以使待淬火钢轨能在其上呈立式排列并由推钢机推动做步进移动；钢轨5为待淬火者；本身经热处理淬硬的底对中块6用螺栓固定在滑台上；喷水装置7包括喷水器和小型吸水箱，两者用一管相连，在喷水器面向钢轨加热面侧板上，分别钻有$\phi1.5\sim2.5$的斜孔，以使冷却介质能成30°角喷向钢轨；滚轮8既起支撑作用，也能使感应器上匝线圈到钢轨踏面距离始终保持为4mm；矩形钢管悬臂梁9用以支承和安装轨顶淬火所需关键装置；顶对中块10在底对中基础上以确保钢轨轨顶与感应器轴心线对齐，以使感应器两侧线圈与钢轨两侧之距相差不超过1mm；感应器11是在一门洞形支架内安装有5个单匝串联线圈，由于通过感应器线圈的电流可达2800A，因此施感线圈采用可通冷却水的矩形紫铜管制作；用4根立柱导向的升降装置12用于升降悬臂梁系统，以使该淬火机能实施43～75kg/m范围内各种规格钢轨的淬火，具体升降驱动力来自与滑台固联的直立油缸；安装在升降装置上的变压器13用于将直流发电机发出的2500Hz电源减压至40V[26]。

✦ 工　艺 ✦

金相组织和硬度分布是钢轨出厂前必检的重点项目，因此热处理质量直接影响钢轨产品的出厂。影响钢轨中频淬火质量的因素很多，而且这些因素之间还相互依存与制约。为使淬火机最大程度地发挥效益，有必要通过尽可能少的实验次数很快抓住主要影响因素，进而将有效可行的工艺参数作为企业生产规范明确下来，为此引入了正交实验法[27]。

攀钢所产钢轨的材料牌号为U71Mn，其含碳量为0.65%～0.77%，含锰量为1.1%～1.5%。锰的加入扩大了相图奥氏体区，热处理的加热温度由此可相应降低些。但是，只有当所定的加热温度和淬火温度适当时，才能更有效地利用锰元素的强化作用。

钢轨的加热温度和受热深度都和加热时间有关。延长加热时间有利于钢轨的均热，但会增加电力消耗并降低生产率。

加热后的冷却强度是影响淬火区金相组织的重要因素。而冷却强度则取决于冷却介质。油、水和空气都可以用来冷却受热钢轨。但是根据现场的敞开条件，用油作为冷却介质会造成严重污染而被排除。

正交实验先后分两轮进行。第一轮借用正交表$L_8(2^7)$分别对热处理温度、感应状况和冷却方式等三类因素进行了24次实验，发现对热处理质量影响最大的因素为感应器结构、加热时间、冷却介质、冷却方式与回火温度等。在第二轮正交实验中，选择7个重要因素，同样按每一因素两个水平进行8次实验，确定出如表2-9所示能满足工艺要求的工艺规范。

表2-9　轨端淬火工艺参数

名　称	指　标	名　称	指　标
感应器	单匝5回路	淬火长度/mm	150～170
加热时间/s	48	均热时间/s	18
冷却介质	气水二相	气压/MPa	0.5
水温/℃	－80～70℃	用水量/L	0.38
喷水雾时间/s	25	回火温度/℃	520

✦ 效　果 ✦

在一大批经过帽形淬火的75kg/m钢轨中随机抽取8根，分别从其轨端切下20mm长的轨段，然后逐一由外及里按图2-52所示，沿*A-A*、*B-B*和*C-C*三线每隔3mm打点测量其硬度值并汇总于表2-10中。由表2-10可以看出，除*A-A*线上12mm深处硬度稍低外，其余各点硬度都达到攀钢规定的指标。

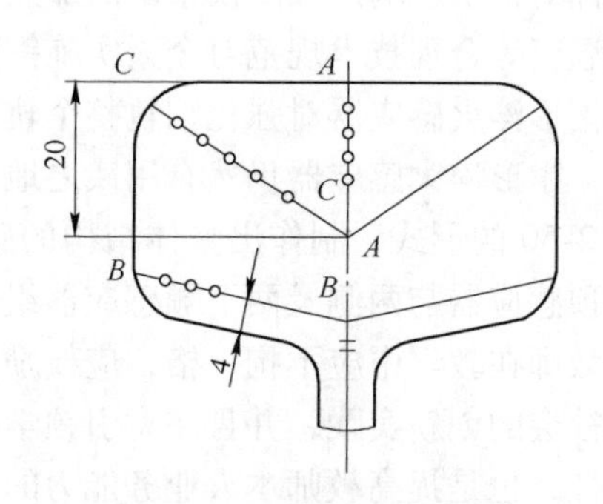

图2-52　钢轨横断面测点

表2-10　钢轨横断面测点硬度值（HRC）

深度/mm	3	6	9	12	15
*A-A*线	35.8	35.6	35.3	32.0	—
*B-B*线	37.5	36.2	33.1	—	—
*C-C*线	35.1	35.3	35.6	37.1	35.9

与横截面硬度测定相类似，沿钢轨中心线切下200mm长的纵向试样后，按距轨顶3mm、6mm和10mm三个深度，从轨端开始到基体为止，每隔5mm沿纵向打点测定硬度值。结果显示，在3mm和6mm两个深度，在从轨端起算的近150mm纵向长度上，各点硬度值都在标准范围之内。即使深度达10mm线上，硬度值达标的轨端长度也超过了50mm。

所测硬度值数据及其分布情况说明，钢轨轨端帽形淬火所用感应器、加热时间与冷却介质的选择与组合都是合理的。

为评价轨端帽形淬火钢轨的使用效果，攀钢公司会同铁道部门在同一时间和同一铁道线上对比铺设了帽形淬火钢轨和普通平顶淬火钢轨。经承受1亿吨以上总运输量后检测发现，普通平顶淬火钢轨不仅磨损量明显超过帽形淬火轨，而且在普通淬火轨端发现了明显的压溃痕迹。

由于帽形淬火较大程度改善了钢轨轨顶下颚部的强度，因此检测中还发现，其轨端下颚与“鱼尾”板连接处并无塑性变形与连接间隙的增大。这就有力地说明，帽形淬火轨端具有更强的承受车轮频繁冲击的能力。

✦ 点　评 ✦

近年来，我国铁道技术发展举世瞩目，钢轨的长距离无缝对接几乎普及全国，原先每根钢轨两端都要留出连接间隙的工艺规程已经成为历史，全长轨顶淬火已经成为必然。因此，仅仅在钢轨轨端实施热处理的工艺已经失去了意义。但是，针对钢轨轨端淬火所摸索出的加热及均热时间、冷却介质及冷却时间、自温回火温度等合理技术规范对今天实施钢轨全长淬火仍然具有参考价值。

帽形淬火感应器对强化钢轨整个轨顶的强度具有决定性意义。今后钢轨全长淬火，帽形淬火感应器仍然有用武之地。但其结构形式应当多样化，应当既可以按图2-50的形式，制作出整体结构的感应器，也可以采用组合方法，将传统中的平顶感应器与两侧及两下颚感应器组合起来以实施完整的帽形淬火。

教师在教学中应不拘一格，应鼓励、支持和热心指导学生联系实际和进行有益于社会的创新实践，并且注意引领学生理论与学术水平的提升。这是教师应有的责任，也是提高教师本人业务能力的难得机会。

✦ 口　诀 ✦

丝绸新路铁轨铺，东西南北通有无；
全长淬硬成帽状，风驰电掣举世殊。

✦ 思　考 ✦

（1）感应加热的原理是什么？

（2）中频淬火与高频淬火有何差异？

（3）什么是自温回火？

（4）目前我国铁路钢轨接头几乎全部采用焊接连接，因而全长无接缝。请思考如何解决热胀冷缩问题？

[案例2-8]　减振器的创新设计

◆ 目　的 ◆

振动是机器和机械工程中的普遍现象，并且在多数情况下是有害于生产的。控制振动的措施有主动和被动之分。本案例以理论模型为基础，通过两个实例介绍振动的控制方法，借此推广和普及抗振与减振的基本知识。

◆ 概　述 ◆

在人类的生产活动中，利用振动和控制振动始终是一对典型矛盾的两个方面。在笔者指导大学生的机械创新设计与制作竞赛活动中，就有多组学生利用振动分选或输送物品或者用于破除故障等。与此相反，一些学生的作品就曾经屡受振动的困扰，而不得不千方百计排除振动。

有趣的是，无论是利用振动还是控制振动，其理论模型都基本一样。因此只要具有较为坚实的机械振动理论基础，就都能较好地利用振动或者控制振动。

现在人们可以从两个阶段着手控制振动。首先是在设计阶段，有意识地使设计参数能确保产品不传播或不受振动干扰。其次对于振动超标的现有机械，则采用“事后诸葛亮”方法，进行补救式的减振、消振或隔振。本案例所述实例都属于“事后”不得已而为之的处理方法。

减振[28]和隔振[29]是既有联系又有区别的两个概念。减少各类机械中所有不需要的振动的措施称为减振。实际工作中，人们特别重视机器某关键部位或某关键频率范围内的振动的衰减。通常采用的减振措施有：减少振源的激励作用、避开共振区、增加系统阻尼和使用减振器。

而隔振则指利用合适的弹性装置安装机器以隔断机械振动传播路径的措施。一般，隔振有主动和被动之分。图2-53（a）之所以称为主动隔振是因为隔断了机器向支承基础传播的振动。而图2-53（b）则

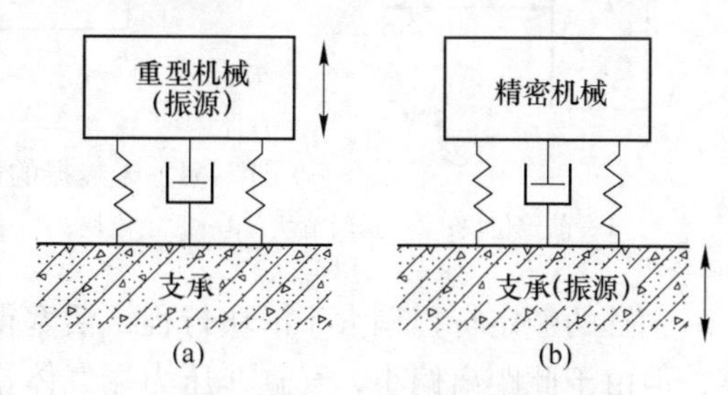

图2-53　隔振原理示意图

（a）主动隔振；（b）被动隔振

隔断了来自支承的振动，以使精密机器仪表等不因外部振动而受损。许多物品的运输几乎都要进行隔振处理。

这里还有必要强调“震”与“振”的区别。平时有人总把“减振器”错写成“减震器”，还不知道错在哪里。笔者的导师屈维德教授曾经在多种场合多次解释，机械是人用手制造出来的，因此机械振动中的“振”有提手旁。下雨是自然现象，自然界中的地震一类震动中的“震”则冠以雨字头。屈维德先生的形象解释能有效化解人们关于“震”与“振”之间的纠结。

✦ 实 例 ✦

一、一种送料机构“减振器”的创新设计

笔者之子在广东从事电器零配件生产，采用气动装置实现冲压的自动送料，其频率为每分钟送料 120 次。活塞杆外伸端通过螺纹直接拧入送料滑块螺孔而使两者成为一个运动构件。由于工件极为小巧，送料滑块似无任何生产阻力。但是工作循环往往不到 3 千次，活塞杆就从联接滑块的螺纹尾部断裂，不得不频繁停工维修。

送料机构如图 2-54 所示。通过前、后定位块 1 和 3 的约束，迫使送料滑块 2 行程能准确保持为 53mm，其定位误差不超过 0.02mm。在广东，与小吨位冲压送料配套的气缸总成制品相当精巧，图 2-54 中的活塞杆 4 仅有 5mm 直径。气缸 5 额定行程为 60mm，内径 $\phi16$ 。用于固定气缸的连接板 6 用螺栓固定于冲床工作台上。

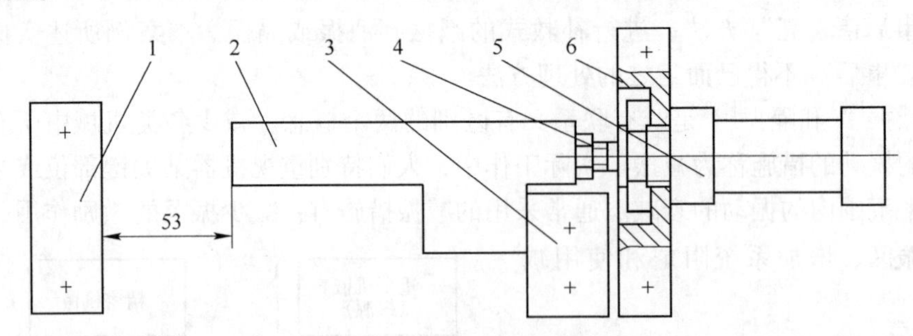

图 2-54　未隔振的送料机构

1—前定位块；2—送料滑块；3—后定位块；4—活塞杆；5—气缸体；6—气缸连接板

气缸的额定行程稍大于滑块行程，活塞得以在气缸两端都获得一定的缓冲距离，但由于此距离偏小，气缸非压力端气体排出过快几乎无滞后，以致缓冲作用基本不能体现出来。滑块与前后定位块的硬性碰撞产生很大的惯性力，仅仅数千次循环就使往复滑动的整体构件从最薄弱的活塞杆螺纹联接尾部断裂。

（一）创新设计

为解决活塞杆非正常断裂问题，笔者之子构思并自己动手制作出一个“减振器”，将其安装到送料机构上即得图2-55所示装置。

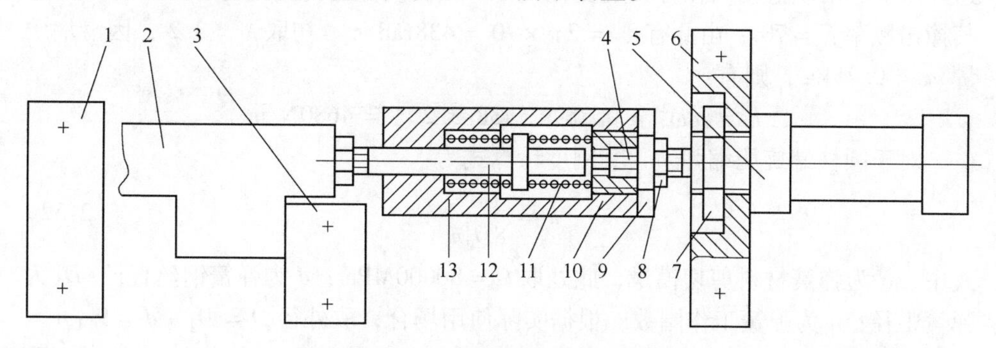

图2-55 安装有隔振器的送料机构

1～6—同图2-54；7～9—并紧螺母；10—连接螺套；11—弹簧；12—连接滑动杆；13—连接套

图中，序号1～6与图2-54相同；7～9分别为并紧气缸、活塞杆和螺套且起防松作用的螺母；螺套10的内螺纹用以与活塞杆联接，而外螺纹则拧入连接套13并与之形成一个整体；圆柱螺旋压缩弹簧11共有两个，分别从两端套入连接滑动杆12；杆12与套13之间组成间隙较小的动配合，并应保持良好的润滑状态。

气缸通入0.7MPa压缩空气，活塞杆即获得推拉滑块的动力。由图2-55可知，活塞杆产生主动推拉作用力时，套在杆12上的两个弹簧就处于并联状态；而当送料滑块的惯性力发挥作用时，杆12上的两个弹簧就只有一个承受冲击。由于此时弹簧刚度相对较小，致使系统固有频率降低，从而有可能获得更好的隔离振动于活塞杆之外的效果。

活塞杆推拉时，弹簧可使滑块的冲击得以延时，从而使振动有所衰减，弹簧无疑起了减振作用。反之在滑块惯性力作用下，单边弹簧使活塞杆所受冲击力度减弱，此时的弹簧便相当于“隔振”。图2-54中的活塞杆主要因滑块的惯性力反复作用而断裂，而图2-55中的弹簧将惯性力隔离，活塞杆由此得以安全运行。由此可见，称图2-55的中间部分为“隔振器”更为贴切。

（二）理论分析

由文献［12］和［29］，有隔振系数计算式为：

$$\eta = \frac{\sqrt{1 + (2\zeta\lambda)^2}}{\sqrt{(1 - \lambda^2)^2 + (2\zeta\lambda)^2}} \tag{2-51}$$

式中，频率比 $\lambda = \omega_j/\omega_n$，其中 ω_j 为激励频率而 ω_n 为隔振系统固有频率，且 $\omega_n = \sqrt{k/m}$；k 和 m 分别为隔振弹簧刚度和系统质量，一般取 $\lambda = 2.5 \sim 5$；阻尼比

$\zeta = c/(2\sqrt{mk})$，其中 c 为阻尼系数，若不考虑阻尼则有 $\zeta = c = 0$。

虽然气缸每分钟往返 120 次的工作频率肯定对送料系统形成周期性激励，但这并不等于滑块撞击时惯性力的变化频率。设滑块撞击时间约为 0.015s，则可定其撞击频率 $f_j = 70$，由此有 $\omega_j = 2\pi \times 70 = 438\text{rad/s}$。初取 $\lambda = 3.2$，因滑块质量 $m = 0.25\text{kg}$，则有：

$$k = m\omega_n^2 = 0.25 \times (438/3.2)^2 = 4680\text{N/m}$$

对于圆柱螺旋压缩弹簧，其刚度计算式为：

$$k = \frac{Gd^4}{8D_2^3 n} \tag{2-52}$$

式中，G 为弹簧材料剪切模量，此处取 $G = 80000\text{MPa}$；d 为弹簧钢丝直径；D_2 为弹簧中径；n 为弹簧工作圈数。根据实际使用场合，取外径 $D = D_2 + d = 9$，$n = 7.5$，则由式（2-52）求得弹簧丝直径取值范围为 $d = 1.1 \sim 1.2$，比较之下取 $d = 1.1$ 为合适。

（三）应用效果

经过笔者计算与比较，笔者之子决定采用 60Si2Mn 的 $\phi 1.1$ 弹簧钢丝，自行绕制了外径为 9mm，自由高度为 20mm 的弹簧。将其安装在图 2-55 所示机构中。使用一年来再未发生活塞杆断裂事故，送料非常顺利。

二、一种动力减振器的创新设计[30]

（一）基本原理

动力减振就是以动制动，或者说是用小物体的振动来控制重要大物体的振动。用振动消减或减轻振动是一种很有效的方法。

典型的动力减振原理可用图 2-56 来说明。图中 m_1 和 k_1 为主系统（如机器）的质量与支承系统的弹性刚度；m_2、k_2 和 c_2 则分别代表附加系统的质量、支承弹性刚度和阻尼系数；$Pe^{i\omega t}$ 代表主系统质量所受到的周期性激励。该图示系统的振动微分方程可以写成：

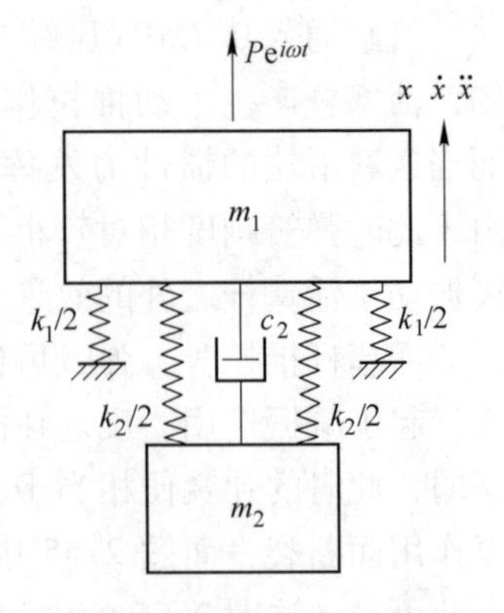

图 2-56　动力减振原理

$$\begin{cases} m_1\ddot{x}_1 + c_2(\dot{x}_1 - \dot{x}_2) + (k_1 + k_2)x_1 - k_2x_2 = Pe^{i\omega t} \\ m_2\ddot{x}_2 + c_2(\dot{x}_2 - \dot{x}_1) + k_2x_2 - k_1x_1 = 0 \end{cases} \tag{2-53}$$

设系统中各质量体的受迫振动稳态解为：

$$x_1 = A_1 e^{i\omega t}, \quad x_2 = A_2 e^{i\omega t}$$

将其代入式（2-53）即可得质量块 m_1 和 m_2 的振幅 A_1 和 A_2。两者的无量纲化处理结果为：

$$A_1^2 = \delta_{st}^2 \frac{(\alpha^2 - \lambda^2)^2 + (2\zeta\alpha\lambda)^2}{[(1-\lambda^2)(\alpha^2-\lambda^2) - \mu\lambda^2\alpha^2]^2 + (2\zeta\alpha\lambda)^2(1-\lambda^2-\mu\lambda^2)^2} \tag{2-54}$$

$$A_2^2 = \delta_{st}^2 \frac{\alpha^4 + (2\zeta\alpha\lambda)^2}{[(1-\lambda^2)(\alpha^2-\lambda^2) - \mu\lambda^2\alpha^2]^2 + (2\zeta\alpha\lambda)^2(1-\lambda^2-\mu\lambda^2)^2} \tag{2-55}$$

式中，$\delta_{st} = \frac{P}{k_1}$，$\lambda = \frac{\omega}{\omega_{n1}}$，$\alpha = \frac{\omega_{n2}}{\omega_{n1}}$，$\omega_{n1} = \sqrt{\frac{k_1}{m_1}}$，$\omega_{n2} = \sqrt{\frac{k_2}{m_2}}$，$\mu = \frac{m_2}{m_1}$，$\zeta = \frac{c_2}{2\sqrt{m_2 k_2}}$。

若不计附加质量系统的阻尼，则有 $\zeta = 0$。如果此时令 $\alpha = \lambda$，那么由式（2-54）可知，主系统质量的振幅 $A_1 = 0$。可见，附加系统有可能完全消除主系统的振动。

$\zeta = 0$ 时的式（2-54）和式（2-55）可分别简化为：

$$A_1 = \delta_{st} \frac{\alpha^2 - \lambda^2}{(1-\lambda^2)(\alpha^2-\lambda^2) - \mu\lambda^2\alpha^2} \tag{2-56}$$

$$A_2 = \delta_{st} \frac{\alpha^2}{(1-\lambda^2)(\alpha^2-\lambda^2) - \mu\lambda^2\alpha^2} \tag{2-57}$$

若无减振器，式（2-56）可进一步简化为：

$$A_1 = \frac{\delta_{st}}{1-\lambda^2} \tag{2-58}$$

由式（2-58）可见，只要 λ 等于或接近于1，系统就会发生剧烈振动。反之在安装有减振器后，即使 $\lambda = 1$ 也不会有大的危险。

按文献［8］推荐，有阻尼的附加系统具有最佳减振效果的条件是取 α 值为：

$$\alpha = \frac{1}{1+\mu} \tag{2-59}$$

而在 $\zeta = 0$ 的情况下，必须合理选择附加质量，以使：

$$\mu \neq \frac{(1-\lambda^2)(\alpha^2-\lambda^2)}{(\lambda\alpha)^2} \tag{2-60}$$

否则，会出现新的共振点。

式（2-59）和式（2-60）为人们合理选择动力减振器参数提供了方便。

（二）结构设想

但是在实际应用时，人们很难准确了解主系统所固有的参数，因此就很难事先恰到好处地将减振器设计出来。为此在不考虑阻尼系数的前提下，视 m_2 和 k_2 为可调参数，据此构思动力减振器的结构。

其实，刚度的调整最为容易。假如有一挂重物的悬臂梁，改变重物的悬挂位置，其刚度即随之变化。为防止形成附加力矩，用作动力减振器弹性元件的悬臂梁可如图 2-57 做成对称结构。图中悬臂梁既可以是矩形截面，也可以是圆形截面。如用一光轴做悬臂梁，调整重物悬挂点将更加方便。

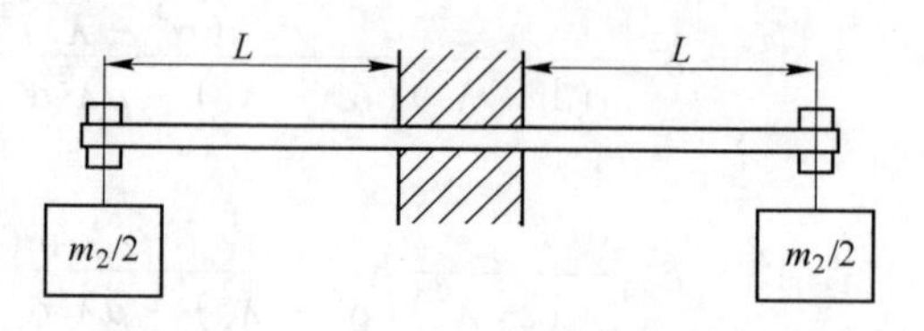

图 2-57　一种动力减振器的对称结构

一般，可以根据机器铭牌确定机器质量，再考虑与机器连成一体的其他附属物，便可大体确定振动主系统的总质量。然后取质量比 $\mu = 0.1 \sim 0.02$，对定速运转的机械，μ 值可取小些。将 μ 代入式（2-59）可得 $\alpha = 0.909 \sim 0.98$。

将 $m_2 = \mu m_1 = (0.1 \sim 0.02)m_1$ 和 $\omega_{n2} = \alpha\omega_{n1} = (0.909 \sim 0.98)\omega_{n1}$ 代入 $k_2 = m_2\omega_2^2$ 即可求得：

$$k_2 = (0.0826 \sim 0.0192)m_1\omega_{n1}^2$$

或者，

$$k_2 = (0.0826 \sim 0.0192)m_1\omega^2 \tag{2-61}$$

根据材料类别、截面积形状和大小，即可由 $k_2/2$ 求出悬臂长 L。

$$\begin{cases} L = \sqrt[3]{\dfrac{3E\pi d^4}{32k_2}} & （圆形截面）\\ L = \sqrt[3]{\dfrac{Ebh^3}{2k_2}} & （矩形截面）\end{cases} \tag{2-62}$$

式中，d 为圆截面悬臂梁的直径；b 和 h 则分别为矩形截面梁的宽度与厚度。

由于存在诸多不确定因素，因此按式（2-62）求得悬臂长 L 的最大值后，只要条件允许，最好能将梁长度再增加 15%，以扩大 k_2 的调整范围。

（三）实际应用

笔者建议将此种减振器安装在单缸柴油机驱动的锤片式粉碎机机组支承楼板之下（见图 2-58）。经过调试，楼面振动幅度有明显降低[30]。

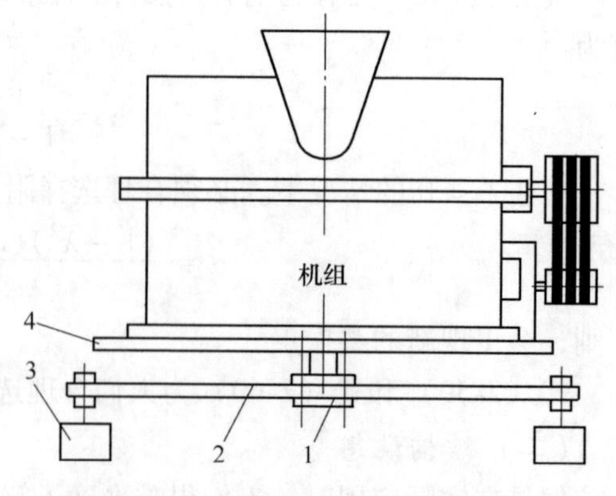

图 2-58　动力减振器的实际应用

1—固定装置；2—板弹簧；3—附加质量块；4—楼板

图中板弹簧 2 借助 U 形螺栓等组成的装置 1 固定于支承楼板 4 的横梁上；附加质量块 3 也通过稍小型的 U 形螺栓对称固定于板弹簧两侧。在板弹簧上移动质量块时，必须注意使两者总保持对称。

可调刚度的板弹簧用 65Mn 钢制造，其长度 $L = 180$，横截面 $b \times h =$

30×10 。板端悬挂质量块 $m_2/2 = 12\text{kg}$ 。

该减振器是笔者早年在贵州，针对粉碎酿酒代用原料而安装以减轻楼板振动的。那时的老百姓本来就不喜欢这种酒，改革开放使酿酒原料大为丰富，没有必要再用那种代用品，锤片式粉碎机便因此在该酒厂失去用场。但是这一动力减振的方法在许多其他场合仍然具有应用价值。

✦ 应　答 ✦

机械振动学是一门相对深奥的学科，但它并不神秘。有时稍经点拨，就能让人走出困境。

一、应答昆明一家锻造厂的咨询

1982 年春季，笔者刚刚被留校任教。一天刚离开导师办公室来到楼下，遇一人匆匆走来，见笔者就说："我要找屈维德教授，请帮忙。"笔者回答，"我刚从他办公室出来，他这会正忙。我是他学生，有事可先跟我说。"于是，来人诉说其所在锻造厂多台空气锤锻打时，振动波传播开来，附近民居墙体开裂，老百姓投诉得紧。因此想请屈教授帮忙处理。笔者当即答复："给你们出两个主意。一是挖出隔离沟，沟内混杂填上大小石块；二是重新安装空气锤砧座，注意在砧座下排放两层沥青煮过的方条松木。如果不行，再带你们找屈教授。"事后汇报，屈老师高兴地指出：你答复的很好！他们按此方法一定能有效隔振。

二、应答湖南益阳一家食品厂的咨询

2016 年春节刚过几天，笔者忽然接到本学院一位 2012 级毕业研究生的电话。原来，该同学在湖南益阳一家食品厂就业。接通电话后，该研究生的同事即介绍道，工厂的振动与噪声扰民，特别是有三、四家民居受振动困扰尤其严重，致使百姓不断投诉。

原来，这三、四家居民房屋离工厂大功率压缩机较近，压缩机转速高，振动相对较大，邻近的民房地面时刻都有震感。此外大功率鼓风机与引风机发出的噪声传播到居民生活区，夜晚都达 70 多分贝。

笔者在电话中还了解到，工厂一时难以重新安装调试大型设备，故此希望笔者给予一些指点。笔者首先反问，你们为何不就近到长沙的环保部门或高校求援？对方回答不知道应该找哪家单位。到此笔者当即答复：在压缩机与民居连线的垂直方向挖出约 2m 的深沟，然后填进大小混合的石块，上面再铺以木板（水泥板亦可但不得灌水泥砂浆）。至于噪声，由于都属于空气动力性，采用消声器即可。对于鼓风机，消声器需安装在其进风口处，而对引风机则应安装在出风口

端。最后笔者提醒对方，如果有问题可再来电话。2016年5月下旬，学生通过电话告诉笔者，企业已找到一家生产消声器的环保公司来承包此技改项目。学生反映，从施工情况看，这家公司的做法与笔者所述应该是一致的。

✦ 点 评 ✦

弹性元件与阻尼元件在缓冲[31]、减振与降噪中具有极为重要的作用。各种形式与各种材料制作的弹簧是使用最广泛的弹性元件。但是，其他如压缩空气、多种液体也同样能够吸振和缓冲。多数弹性元件还同时具有阻尼功能，泡沫塑料则以阻尼为主，也同时具有一定的弹性。由于泡沫塑料特别易于成型，因此今天各种包装材料中，能吸振缓冲的泡沫塑料已经得到广泛应用。

现代人类社会中的振动与噪声问题变得更加普遍与突出。因此机械工程技术人员学会灵活运用各种弹性和阻尼材料也就变得更加重要。

✦ 口 诀 ✦

超常振动出险情，弹簧蓄势便无惊；
事先摸准幅频值，巧施算计削陡峰。

✦ 思 考 ✦

（1）机械中的振动是如何形成的？
（2）减振与隔振有何异同？
（3）什么是共振，如何避免共振？

［案例 2-9］　高楼缓降逃生器的创新设计

✦ 目　　的 ✦

通过此案例说明，爱心是激发创新灵感、驱动创新思维与创新设计，激励人们勇敢面对困难和挑战并取得成功的一种原动力；同时借此案例介绍高楼缓降逃生器设计的基本要求，动力学参数的确定方法，以及“一物多用”创新构思的形成、实现方式与应用场合。

✦ 背　　景 ✦

2008 年 5 月 11 日，笔者在成都出席的全国机械基础课程教学论坛刚刚结束，正准备乘坐次日晚上火车返回广西。谁知次日中午刚过，大地震突然暴发。笔者所住酒店 6 楼摇摆不止，吱吱嘎嘎作响竟长达四五分钟之久。

随后从收音机中听到，震中位于汶川，距成都 91km，播音员不停地播出求助救援及救援装置的消息。

笔者回到学校，即向系领导汇报自己的想法：在全系学生范围内组织一次机械创新设计竞赛，题目就定为“便携式救援机械的创新设计”。领导当即表示支持。系团总支很快发出通知，不仅本系学生积极报名，连汽车系学生闻讯也要求参赛。为了帮助同学们开启思路，笔者事先拟定了 10 多个题目以抛砖引玉或供大家参考。

当年 11 月，又传来一个不幸的消息：11 月 14 日上午 6 点 10 分左右，位于上海中山西路 2241 号的上海商学院内发生火灾，四名女生从 6 层楼高的宿舍跳楼逃生，不幸全部身亡。同学们无不为之同情和惋惜。刚刚进入大学二年级的机械专业 07 级的几位学生，当即决定以“高楼缓降逃生器”为题进行创新设计，并请主讲机械原理课程的笔者作其创新团队的指导教师。

✦ 设　　计 ✦

一、调研学习

那时，报名参加便携式救援机械创新设计的同学反映，市面上可供借鉴的商品相当少见。看到学生求助的目光，笔者突然想起，消防队一定装备有各种救援设备。于是马上联系本校工会的一位同志，他曾经担任过柳州市消防大队的政委，请他出面陪同笔者共同带领学生参观，效果会更好。很快，这位同志应笔者之请立即联系位于学校不远处的柳州市消防大队，然后与笔者一起带领学生前往学习。消防大队当时的政委高兴地接待了大家，并且亲自给同学们展示各种各样的救援设备。如破障、攀爬、抛射、缓降与剪扩等轻型救援装置，使同学们大开眼界，大长见识。正着手设计逃生缓降器的同学对如图 2-59 所示的缓降器则极感兴趣，反复琢磨其工作原理与内部结构。

二、方案讨论

在笔者指导下，几位学生首先分析了图 2-59 缓降器的优点与不足。其明显的优势是主体结构轻巧，便于携带。但不足主要是下降绳索单独卷绕，增加了整体体积；其次是用途单一。作为居家特别是农家用具，平时应该适于提升重物，因此基本结构应适于升降兼用，升降绳索与升降主机连成一体，而传动机构则以齿轮传动较为适宜。

考虑到设计对象所要具有的缓降与提升重物两种功能，其主从动件的角色将交替变化，故此认为采用直齿轮传动较为合适。提重时，为使手摇省力，宜采用减速传动方式。而缓降的动力直接来自逃生者自己的体重，为防止加速下落，宜采用摩擦力矩以实现平衡。为此决定选择如机构简图 2-60 所示的传动系统。

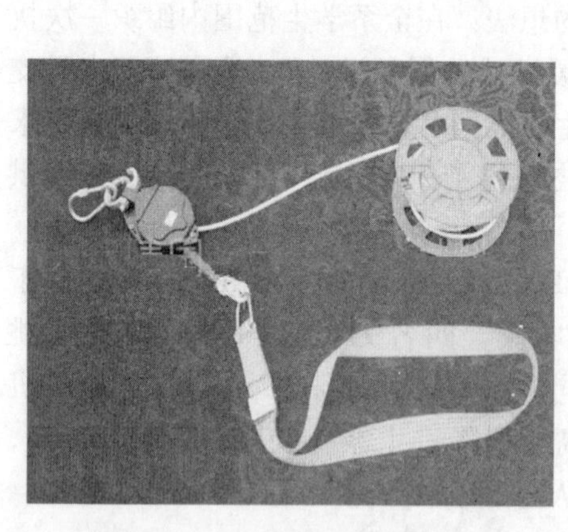

图 2-59　一种消防用缓降器

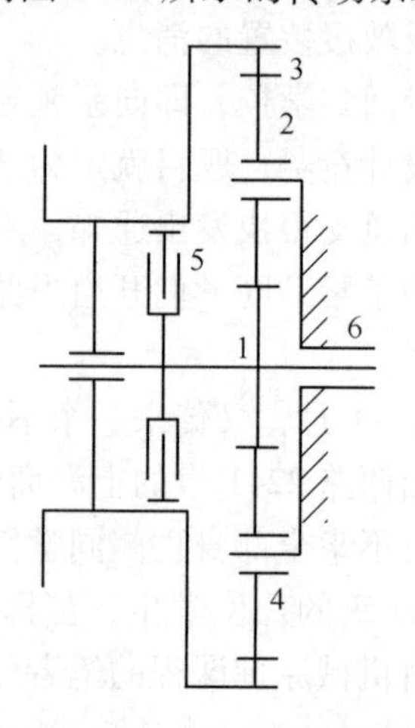

图 2-60　缓降传动机构

当提升重物时，由操作者使用手柄摇转齿轮 1，经由惰轮 2（4）驱动内齿轮 3 及其滚筒一并反转。反过来，当逃生者跨上绳索套下降时，滚筒连同齿轮 3 转动，齿轮 1 即增速反转。套装在齿轮 1 轴上径向槽中的质量块 5 受惯性力驱使而压紧滚筒内壁。由此形成的摩擦力矩足以平衡逃生者体重形成的主动力矩。

三、参数确定

决定缓降器关键尺寸的参数是下降速度、阻力矩和离心惯性力。

1. 确定下降速度 v

据了解，伞兵在标准大气条件下垂直下降的速度不得大于5m/s[3]，则：

$$h = \frac{v^2}{2g} \tag{2-63}$$

式中 h——自由落体的高度，m；

g——重力加速度，m/s^2。

将 $v = 5m/s$ 和 $g = 9.8m/s^2$ 代入式（2-63）得知伞兵跳伞落地的安全速度应该相当于从 $h = 1.28m$ 的高处徒手下跳的速度。但是不要忘记，伞兵战士全都训练有素，因此从老弱人员安全逃生角度考虑，规定从0.5m高度自由跳下的落地速度定为缓降速度的上限是恰当的。由式（2-63）有：

$$v = 3.13m/s$$

设下降绳索缠绕在一直径为 D_0 的圆柱管筒上，则该管筒的转速为：

$$n_{max} \leqslant \frac{60 \times 1000v}{\pi D_0} \tag{2-64}$$

设 $D_0 = 60 \sim 110$，即有 $n_{max} \leqslant 543 \sim 1000r/min$

2. 确定阻力矩 T_r

设缓降逃生者为带有小孩的成年人，其总重达800N，此时卷绳筒直径取为 $D_0 = 85mm$，则有：

$$T_{rmax} = 800 \times 85/2 = 3.4 \times 10^4 N \cdot mm$$

3. 离心惯性力计算

取摩擦力矩 $T_f = 1.1T_r = 1.1 \times 3.4 \times 10^4 = 3.74 \times 10^4 N \cdot mm$，设制动毂内径为90mm，则制动摩擦力 $F = 830N$。取摩擦系数 $f = 0.15$，惯性力 $P_i = 5540N$。在图2-60中，取 $z_3 = 5z_1 = 85$，于是，对于标准齿轮啮合传动，有 $z_2 = z_4 = 34$。当 $n_3 = 600r/min$，则 $n_1 = 3000r/min$ 或者 $\omega_1 = 314rad/s$。设离心块质量为 m_e，则：

$$m_e = \frac{P_i}{e\omega^2} \tag{2-65}$$

取 $e = 35mm$，即得 $m_e = 1.60kg$。若采用8块离心质量块，则每个离心块的质量必须大于0.2kg。

四、强度计算

齿轮是强度计算的重点。考虑到传动齿轮将处于半开式状态，因此齿根弯曲强度是计算的主要方面。为减小尺寸，取 $z_1 = 17$，其材料取为40Cr钢调质。齿轮模数计算式为：

$$m \geqslant \sqrt[3]{\frac{2KT_1}{\phi_d z_1^2 \varepsilon}\left(\frac{Y_{F\alpha_1} Y_{S\alpha_1}}{[\sigma_{F_1}]}\right)} \tag{2-66}$$

对于直齿轮传动，本来 ε 是恒等于1的，但从图2-60所示传动方式考虑，每个齿轮都是有两个轮齿同时参与啮合，故此取 $\varepsilon = 2$，再取 $K = 1.4$，$\phi_d = 0.4$，查表得 $Y_{F\alpha_1} = 2.97$，$Y_{S\alpha_1} = 1.52$[32]，并且求得 $[\sigma_{F_1}] = 420\text{MPa}$，故此由式（2-66）求得 $m \geqslant 1.54\text{mm}$，取为标准值即有 $m = 2\text{mm}$。

五、基本结构[33]

根据上述分析与计算，高楼缓降逃生器的主体结构如图2-61所示。其机架1由左、右各一边板通过三个双头长螺栓联接而成，除右边板固定有两个惰轮心轴外，两板其余尺寸没有差异；齿轮副2由模数 $m = 2\text{mm}$ 的 $z_1 = 17$、$z_2 = z_4 = 34$ 和 $z_3 = 85$ 的齿轮组成（见图2-60）；转轴3通过一对6203深沟球轴承安装在两边板上，轴上装有齿轮 z_1 和离心滑块系统4的支承毂，该轴外伸左端铣成方形以便使用手柄摇转；卷筒6则通过一对6204轴承支承在转轴上，卷筒中部的绕绳

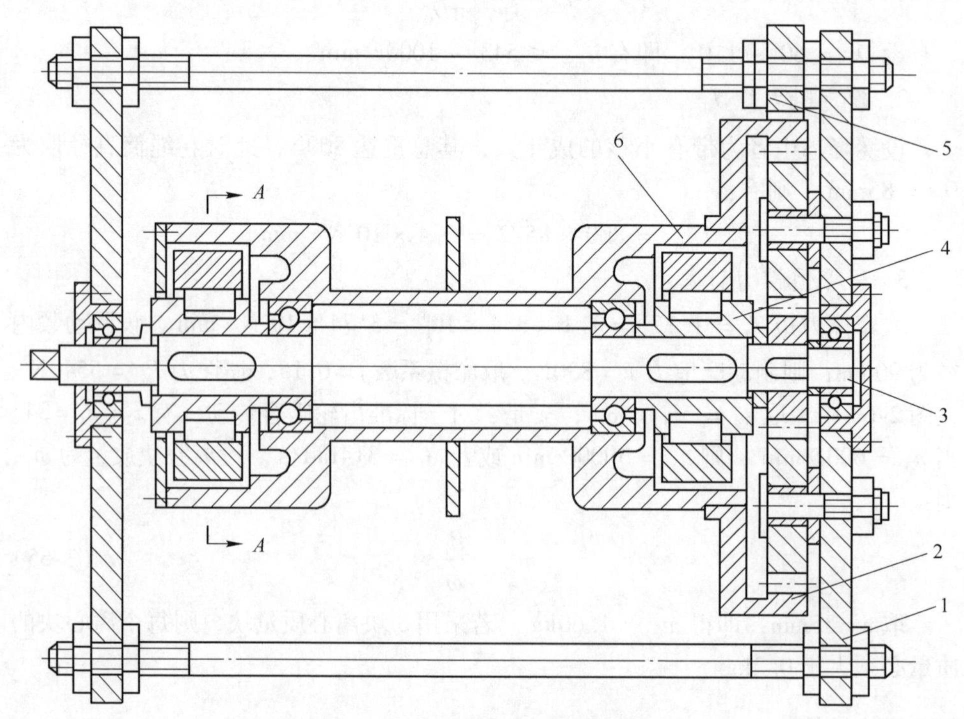

图2-61　缓降逃生器整体结构

1—机架；2—齿轮副；3—转轴；4—离心块系统；5—摩擦止动爪；6—卷筒

部分通过隔板一分为二使两边钢丝绳反向绕转，以便实现人员的连续缓降；摩擦止动爪5空套在机架顶部的联接螺栓上并可正反摆转，其作用在于手摇提升重物时，可防因操作者疏忽重物下坠而使卷筒反转。

缓降器中起关键缓降作用的离心块装配关系通过图2-61中*A-A*剖视示于图2-62。图中转轴1通过普通平键周向固定离心块支承毂2，而离心块3则能在支承毂槽内作径向自由滑动。

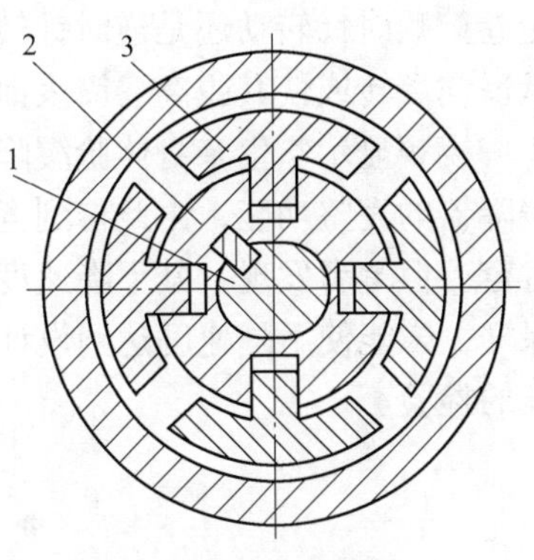

图2-62　离心块系统

1—转轴；2—支承毂；3—离心块

在缓降器即将完成组装之际，笔者一再交代几位同学：检验缓降效果时，一定要慎之又慎，只能用沙袋反复做缓降与提升实验，千万不要擅自“亲身体验”。但学生对自己的作品充满自信心，最终还是在学校实验大楼二楼通过缓降器数次亲自下降到地面，视频显示，其下降速度很低，安全的确有保障。该作品在全国大学生机械创新设计竞赛的广西赛区获得一等奖。

✦ 点　评 ✦

本校在2008年“5·12”大地震后，自行发动学生开展便携式救援机械创新设计竞赛活动，既培养了同学们的爱心与社会责任感，又锻炼了他们敢于创新、敢于成功解决实际问题的能力，同时还使本校学生得以创造33个作品参加2010年全国大学生机械创新设计竞赛，使本校学生创新设计能力与水平在广西区内继续保持领先地位。

图2-61所示缓降器，利用人的体重驱动增速齿轮机构，使离心滑块产生的离心力紧压钢丝绳卷筒制动毂内壁，以此阻止卷筒的快速转动，从而实现人员的缓降逃生。

该缓降器的结构简洁且对称感强。转轴上的两种规格的深沟球轴承以及离心滑块系统基本都对称安装，这就增强了轴的承载能力。而直齿轮传动中，每一个齿轮都有两个齿同时参与啮合传动，从而有利于实现传动的小型化。

人们生活中并非时刻都有灾难。仅仅用于逃生的缓降器在多数时间里都会闲置不用。为此扩大其功能，以使紧急时用于逃生，而平时可用来提升重物等。但是，采用减速传动提升重物，直齿轮副虽然效率较高，但却缺乏自锁能力。万一操作不当，提升到半空的重物突然下落，就有可能出现不必要的麻烦。为此同学们按照老师的提示，采用如图2-63所示的摩擦止动爪，圆满地解决了问题。因为在图示位置，卷筒逆时针旋转提升重物，摩擦止动爪不形成阻力；但若卷筒顺时针转动，卷筒外表面与止动爪接触处的摩擦力便立即发挥作用。这正如竞赛的评委老师所反映的，止动爪的巧妙应用使他们眼睛一亮。当然用于逃生前，无论卷筒顺时针转动还是逆时针转动，都应注意将止动爪反向翻转或使其脱离卷筒表面。

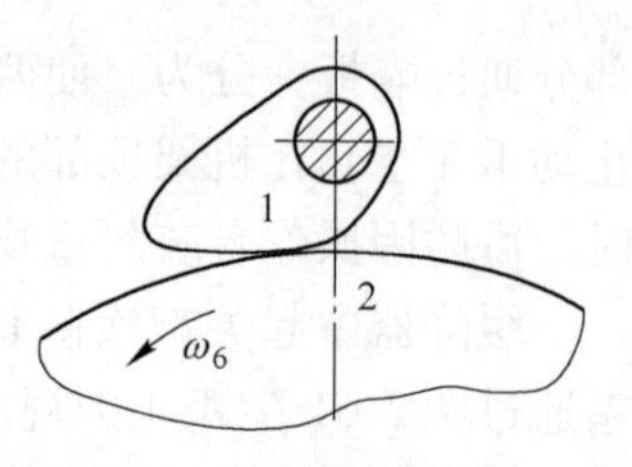

图 2-63　卷扬重物止退

1—摩擦止动爪；2—卷筒

视频显示学生亲身体验缓降过程，有力地说明了缓降器的完整功能，由此得到竞赛评委老师们的一致肯定。但笔者发现，其下降速度偏慢，说明作品偏于保守，未能使下降速度达到设计指标。作为正式产品时，其下降速度应经得起标准的检验。

✦ 口　诀 ✦

一物多用靠创新，双向传动管降升；
危急关头逃生路，平常巧使省力能。

✦ 思　考 ✦

（1）你见过哪些逃生装置，其原理及功能如何？

（2）计算直齿轮齿根弯曲强度时，为什么只按一对齿啮合计算，那么为何此案例却考虑为两对齿同时参与传动？

（3）为什么计算齿轮模数后本案例不验算齿面的接触疲劳强度？

[案例 2-10]　水陆两用自行车的创新设计

✦ 目　的 ✦

强调基本概念和基本理论对指导铰链四杆机构设计和应用的重要作用；强调灵活运用基本知识的重要性；强调在学术研究中树立和培养敢于坚持正确立场、不畏“权威”和敢于否定与敢于肯定思想观念的重要性。

✦ 背　景 ✦

2011 年 5 月，笔者为 2009 级机械专业学生讲授机械设计课程时，正好传来第五届全国大学生机械创新设计竞赛主题与竞赛内容的消息。这一届的竞赛主题是：“幸福生活——今天和明天”，竞赛内容为：“休闲与娱乐机械的创新设计”和“家用机械的创新设计”。

笔者在课堂上将竞赛通知转告全体同学，希望大家积极准备，选择自己喜欢的课题，踊跃报名参赛。同时还表示，同学们可以把自己选好的题目作为期末的课程设计题，笔者都会一视同仁、乐于指导。

笔者还希望，同学们尽可能利用课余时间到市面上进行调研，多到图书馆查找资料，更要利用好绝大多数同学拥有电脑的优越条件，多上网搜索，以从中获得启发，尽早确定设计题目。

笔者还利用电视上的一则报道启发大家：长沙的几个年轻人，利用废旧矿泉水瓶，粘接组合起来，做成一艘游船，并且成功地从长沙划到湘潭。

机械工程及自动化专业 2009 级同学热情很高，他们很快就组织了多个创新设计小组。其中一位河南籍女同学自告奋勇当组长，她们决定选做“水陆两用自行车”，并要求笔者指导。

爱水，爱玩水是人的天性。现在，随着国家经济的发展和人民生活水平的不断提高，人们的健康意识和绿色环保意识越来越强，紧张工作之余，前往湿地或城市周边水域观景、漫步和呼吸新鲜空气已经成为时尚。柳州水资源丰富。柳江蜿蜒曲折绕城而过，江水清澈，水体饱满，市区和本校校园内也有多处可供娱乐的水体资源，但适于人们水上休闲娱乐的设施并不多见。在此情况下，学生们选做水陆两用自行车就具有很强的针对性。

✦ 调　研 ✦

确定创新设计题目后，调研就摆到了第一位。同学们将调研重点放在了两个方面。首先是柳州市区各大公园及大型商场，其次是上网进行大范围搜索。

柳州拥有多个含宽阔水面的公园，水面游船不少，但无任何能在水面上骑行的设施。商场中也不见类似的器物。网上显示的多是如图2-64一类的水上自行船。该装置实际是在两小船之间固定一个自行车，后车轮上安装几个桨叶，通过脚踏和链轮驱动而划水前进。要想水陆两用，必须在靠岸后，经过拆卸使船车分离，方可骑车回家，两艘小船就只能留在水上。

图2-64　水上自行船

此外有长条形浮筒，自行车两侧各固定一个，上岸下水都是一个模式而无需调整。由于浮筒从后轮一直伸到前轮，这给陆地骑行带来转弯不灵等多种毛病，而在水中，则可能因宽度不足，重心不稳而易于倾覆。其他一些水上自行车都显得过于笨重。下水前需使用多种工具安装浮体系统，上岸后须进行拆卸方可恢复自行车形态，装拆与搬运都十分不便。另外有些水陆两用自行车采用充气气囊，这既有充气的麻烦又有不安全的危险因素。因此大家分析后认为，至少国内还没有自行车可以真正做到水陆两用。

针对调研结果，同学们提出了水陆两用自行车的设计原则，即：

（1）在水上和陆地都能通过脚踏链轮轻便自由行驶与转向。

（2）浮体与自行车车架间的联接简单而可靠。下水时浮体能很快展开，而上岸后则能轻松收缩。

（3）采用轻质泡沫塑料组成非充气性浮体，力求轻便而不易破裂。

希望借此实现小组提出的“拒绝装拆、拒绝充气、拒绝笨重，追求时尚，追求环保，追求娱乐!”的水陆两用自行车创新设计目标。

✦ 方　案 ✦

用最简单的方法实现上述目标，应该是创新设计的更高境界。在机械原理课程教学中，铰链四杆机构是最先介绍与讨论的典型基本机构。因此大家决定通过四杆机构来实现浮体的收放。

考虑到后浮体是决定整体安全的关键，因此在以一辆旧26英寸自行车为创新设计作品主体的前提下，重点对其行李架作了加固处理，并使其上部能安装一个而下部可安装两个插销。同样，前叉也相应做了改进与加固。这种处理可使作为连架杆的浮体得以通过同轴线的两个回转副与机架相联。这里出现的虚约束可使浮体位置准确而可靠，因而是必要的。

机构简图2-65中的（a）和（b）分别为自行车水上行驶与陆路骑行时前后浮体的所处位置，每一图中的左边为前浮体，右边为后浮体。由图可知，浮体就是四杆机构的连架杆或从动摇杆。浮体的这个角色使设计变得更为简单。若设想让浮体相当于连杆的角色，那么问题就变得复杂得多。

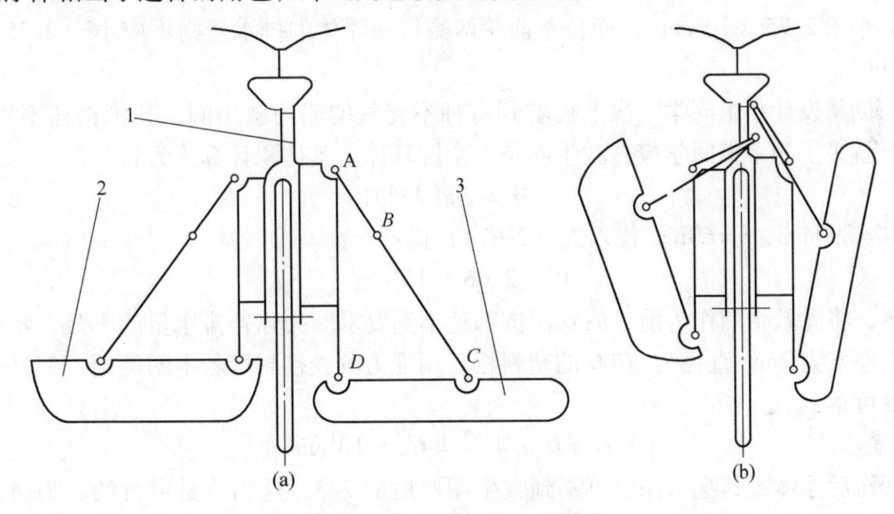

图2-65　自行车两种行驶状

（a）水上行驶；（b）陆路行驶

1—自行车；2—前浮体；3—后浮体

采用耐水绳索将浮体捆绑在如图2-66所示的支架上以构成浮体总成。四个支架是请学校附近的装修店用不锈钢矩形管焊接而成的。前后浮体支架结构一样，只是尺寸有所不同。每个支架都焊接有三个铰链套，并通过其中两个同轴线的铰链套与自行车架相联接。

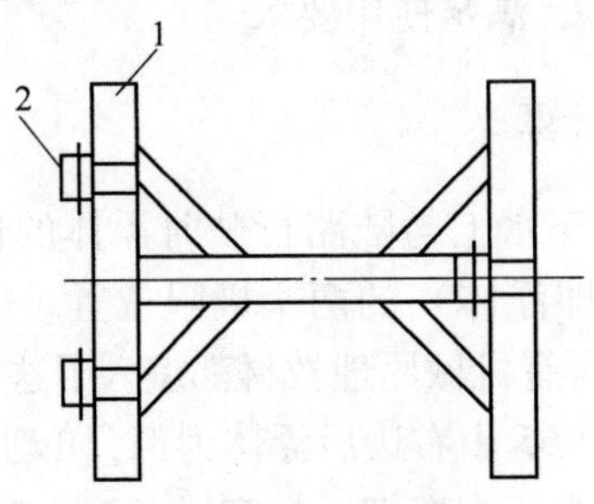

图2-66　浮体支架

1—支架；2—铰链套

✦ 计 算 ✦

一、浮体基本尺寸计算

设自行车骑行者为成年人，人、车等总质量为90kg。由此求得浮体的排水体积应不小于 $10^5 cm^3$。根据有关资料统计，自行车前后轮的载重比一般为9:11[3]。因此当前后两车轮两侧各安装一个浮体时，后轮处的每一浮体的排水量不应小于 $2.75\times10^4 cm^3$，而位于前轮两侧每一浮体的排水量则不应小于 $2.25\times10^4 cm^3$。

创新设计小组同学一次上街看到有种不充气的船用救生圈，其价格还不贵，一下就买了两个带回学校。救生圈是一个圆环体，其体积计算式为：

$$V = 2\pi^2 Rr^2 \tag{2-67}$$

将 $R=290$mm，$r=60$mm 代入式（2-67），得：

$$V = 2.06\times10^4 cm^3$$

显然，将此救生圈作为前、后置浮体都达不到要求。为弥补排水量的不足，特地再买厚度为2mm 直径为 $\phi700$ 的塑料板，用强力胶胶接封堵救生圈两面，使其排水量可达：

$$V \approx \pi D^2 h/4 = 4.62\times10^4 cm^3$$

用其作后浮体，其吃水深度可不到救生圈厚度的2/3，这当然是可行的。为防止水上骑行时出现破损导致“隔水舱”进水而损失大部分浮力，笔者建议事先用泡沫塑料块充塞其中为宜。

前浮体则采用圆台形的塑料水盆。其上下底半径分别为 $R=250$ 和 $r=170$，而高度 $h=240$。为防进水，同样采取充填泡沫塑料块并用圆形塑料板封堵之。体积计算式为：

$$V = \frac{\pi}{3}h(R^2 + r^2 + Rr) \tag{2-68}$$

求得 $V=3.36\times10^4 cm^3$，满足使用要求。

二、四杆机构各杆长度的计算

图2-65 所显示的自行车水上与陆路行驶时浮体的位置，其实就相当于显示铰链四杆机构从动摇杆（即浮体）的两个极限位置。由此条件确定四杆机构的杆长是极为方便的。几乎所有机械原理教材都编入了这种练习题。

为便于讨论，现以图2-65 中右边后浮体为例，单独将其用图2-67 表示出来。图2-67（a）中杆 AD 代表自行车车架，粗实线 CD 代表在水面上的后浮体，而细实线 C_1D 则代表上岸后浮体折转收缩后的位置。

1. 机架 AD 长度的确定

确定点 D 高度的方法是，对于图2-65（a），展开的后浮体底面离地应不小于80mm，以使固定在后车轮钢圈内侧的桨叶能充分发挥划水作用。再加上后浮体的厚度为125mm，因此点 D 离地高度为190～210mm（安装前浮体的点 D 位置应更高些）；点 A 可与行李架平齐或略高出20mm之内，据此即可定出杆 AD 长度。

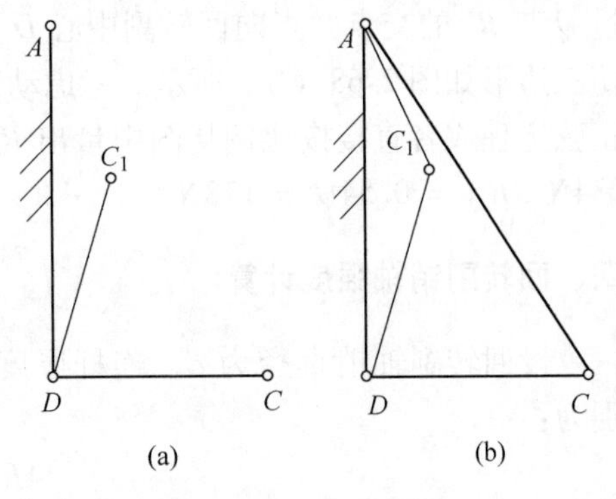

图2-67　给定死点求杆长

（a）给定条件；（b）求解杆长

2. 确定杆 CD 的长度

浮体直径决定了图2-66所示支架大小，从支架上直接量取铰链套中心距即得杆 CD 长度。

3. 确定转臂 AB 与连杆 BC 长度

为使自行车水面行驶时，浮体不发生因水面托举而出现的折转；而上岸骑行时不会因为振动或颠簸致使浮体跌落而展开，最有效的措施是使机构在此两位置都处于绝对可靠的死点位置。因此由图2-67（b）可知，线段 AC 为杆 AB 与杆 BC 拉直共线位置，而 AC_1 则为杆 BC 与杆 AB 重叠共线所致。由此必有：

$$\begin{cases} AB = \dfrac{AC - AC_1}{2} \\ BC = \dfrac{AC + AC_1}{2} \end{cases} \tag{2-69}$$

三、回转副支反力计算

为简化起见，不考虑摩擦的影响，并且只考虑与后浮体有关的作用力。

从图2-65（a）机构中取受力分析模型如图2-68（a）所示。浮体3通过固定铰 D 和活动铰 C 分别与机架4和 BC 连杆2相联接。由图2-68（a）可知，在水上的浮体受三力作用而平衡。

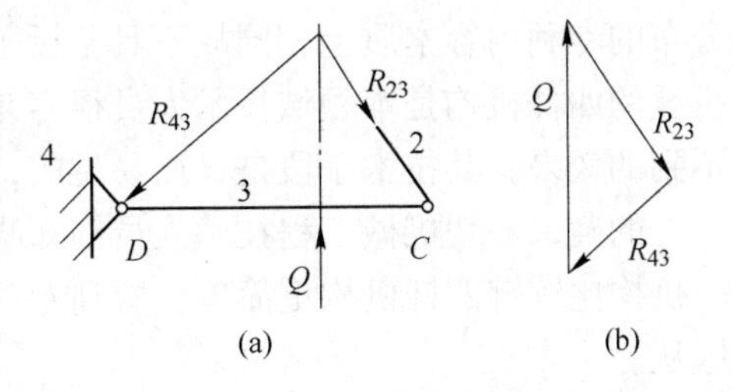

图2-68　浮体受力分析

（a）力分析模型；（b）力多边形

在图2-65（a）所示位置，转臂 AB 与连杆 BC 共线，机构处于死点位置，连杆给浮体的作用力 R_{23} 方向必重合于杆 BC，而水体托举浮体的作用力垂直向上，设其为一集中力 Q 且作用于浮体几何中心。于是机架的反作用力 R_{43} 一定通

过 Q 与 R_{23} 的交点并指向回转副中心 D（见图 2-68（a））。据此即可画出力的封闭三边形如图 2-68（b）所示。考虑动载影响，取 $Q = 1.2 \times 275 = 330\text{N}$。根据正弦定理或者直接按比例从图中量出 R_{23} 和 R_{43} 的大小。由此有 $R_{23} = 0.71Q = 234\text{N}$，$R_{43} = 0.54Q = 178\text{N}$。

四、回转副销轴强度计算

设回转副轴销直径为 d，连杆厚度为 B，则销的剪切与挤压强度计算式分别为：

$$\tau = \frac{4R_{23}}{\pi d^2} \leqslant [\tau] \tag{2-70}$$

$$\sigma_{\mathrm{p}} = \frac{R_{23}}{Bd} \leqslant [\sigma_{\mathrm{p}}] \tag{2-71}$$

从文献［32］查得：

$$[\tau] = \frac{\sigma_{\mathrm{s}}}{s_{\tau}} = \frac{180}{2.5} = 72\text{MPa}$$

$$[\sigma_{\mathrm{p}}] = \frac{\sigma_{x}}{s_{\mathrm{p}}} = \frac{180}{1.25} = 144\text{MPa}$$

将 $[\tau] = 72\text{MPa}$ 代入式（2-70），得 $d \geqslant 2.03\text{mm}$。取 $d = 6\text{mm}$。再由式（2-71）得 $B \geqslant 0.52\text{mm}$，决定取 $B = 3\text{mm}$。换言之，采用 20×3 的小型扁钢或 2 号角钢用作连杆是完全可行的。

✦ 波　折 ✦

笔者和创新设计小组同学们一致认为，水陆两用自行车采用十分简单的机构取得了意料之外的效果，因此决定在参赛之前申报发明专利。但是，到 2014 年 5 月 6 日，国家知识产权局发来审查通知书，指出该专利申请与 1984 年和 1994 年公布的专利内容本质上相同故不具备授予专利权的创造性。审查意见还指出，能折叠的四杆机构是本领域技术人员很容易想到的，这种简单的设置不会带来预料不到的效果，其技术手段是显而易见的，不具有技术难度。

的确，一切机械工程技术人员都知晓四杆机构。因为在现有机构中，没有哪一机构比铰链四杆机构更简单。看到专利审查员给出的书面意见，笔者当即表示服从。

但不久，柳州市荣玖专利事务所的专利代理人周副所长发来了对比文件，即 1984 年 4 月 25 日公布的欧洲专利 EP0106329A1。该对比专利使人眼睛一亮，因为这给笔者的申请带来了转机。

笔者用擅长的画图方法画出 EP0106329A1 所述专利中浮体总成的机构简图

如图2-69所示。图中左边部分为下水骑行时浮体被放下的位置；右边则表示上岸骑行时，浮体被抬起的情形。由于E处轴套的作用，图左的杆AE和EB便成为一个运动的整体。而在图右半部分，E'处轴套被移开，杆$A'E'$和杆$E'B'$之间便能作确定的相对运动。

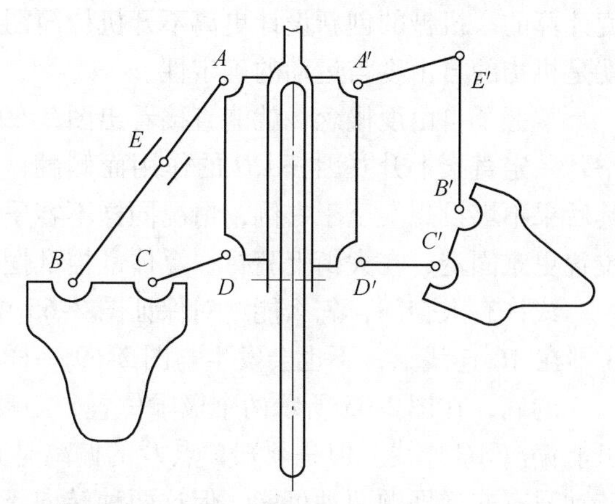

图2-69　欧洲水陆两用自行车浮体总成

作为主讲机械原理30余年的教师，自然一眼就看出了图2-69与图2-65之间的本质差异，便一挥而就写出了陈述意见。代理人周副所长据此整理后发给专利审查员。陈述意见的核心内容包括：

（1）本发明的浮体是连架杆，而对比文件中的浮体则为连杆，两者差别极大。

（2）本发明是典型的四杆机构，而在下水与上岸时，转臂AB与连杆BC分别处于共线状态，构成最稳定的三角形，其自由度等效于零。而对比文件（见图2-69）的浮体总成，在左边是四杆机构，具有一个自由度，而右边则为五杆机构，具有两个自由度。对比文件并未交待约束机构自由度的技术方法。

（3）对比文件的设计违背了机构学的基本理论，而本发明最好地利用了四杆机构死点特性，用最简单的技术手段解决了所要解决的技术问题、产生的技术效果具有突出的实质性特点和显著进步意义。

上述陈述有理有据，专利审查员所指出的本发明“不具备专利法第22条第3款规定的创造性”的审查意见显然是错误的。国家知识产权局在收到代理人的陈述意见不久，就决定给予发明专利授权[34]。

✦ 点　评 ✦

笔者讲课时，曾多次将图2-65与图2-69放到屏幕上，要求同学们区分其差异。遗憾的是，许多学完了平面机构结构分析一章的学生不能给出满意的答案。只有让学生说出每一图中构件的名称、构件数量以及运动副类型和个数，并且要求大家计算各机构的自由度后，多数同学才能较有条理地回答笔者所提问题。

机构的自由度是个极为重要的概念和知识点。学生掌握此概念的必要性源于两个方面。首先，正确掌握自由度的计算是判断所设计的机构是否正确和是否具有确定的运动；其次，机械原理的期末考试和研究生入学考试，是没有不考自由度计算的。机械的创新设计更离不开机构简图的绘制与分析。而分析的重点之一就是机构的自由度与运动的确定性。

掌握了自由度概念，就能直接看出图2-69左侧位于水面上的浮体*AB*受水托举，一定直接上升并因杆*CD*的作用而侧翻，导致“船舱”进水进而迅速沉没，其后果不堪设想。至于右侧，情况同样不容乐观。由于存在两个自由度，浮体的位置更难固定，在大街上骑行，浮体乱摇乱摆势必造成交通事故。

或许有人会问，怎么能绝对保证图2-65中*A*、*B*、*C*三点一定共线？如果点*B*不在*AC*连线上，不也会发生与图2-69一样的问题吗？

的确，在图2-65所示两个极限位置，当浮体*CD*受外力作用时，点B完全有可能偏离*AC*连线。但是须知，点*B*的偏离是其绕点*A*转动的结果，*BA*杆绕*A*的转动只有非逆即顺两种可能。但这两种转向不是“半斤对八两”，而是哪方更省能量，就向哪方偏转。毫无疑问，图2-65（a）杆*BA*总会顺时针偏转，而图2-65（b）则偏向逆时针。正是这种有选择性的偏转给机架提供了限制转臂*BA*继续转下去的机会，致使浮体*CD*无论受到多大的外力作用，也无法改变浮体在图中的位置。只有当有人搬转转臂*BA*，才能使浮体改变位置。

笔者在此所发的否定与肯定的议论皆出于对相关概念的认知与理解。对于一切从事科学研究或工程技术工作的人员，牢固掌握与灵活运用本领域的基本理论与基本概念是取得成功的关键和前提。

✦ 口 诀 ✦

水陆骑行脚力蹬，浮体连架杆支撑；
三点一线两方位，牢靠实用更求真。

✦ 思 考 ✦

（1）什么是构件的自由度，什么是机构的自由度？

（2）机构具有确定运动的条件是什么？

（3）机构的死点特性有何利弊，如何克服死点？

（4）如何使图2-69中的浮体具有确定的安全位置？

参 考 文 献

[1]《离心泵设计基础》编写组．离心泵设计基础［M］．北京：机械工业出版社，1974.

[2] 谢迪熙．离心泵叶轮流道的一种修改方法［J］．广西工学院学报，1990（2）：41～47.

[3] 高中庸．大学生机械创新设计方法与实践［M］．北京：兵器工业出版社，2014.

[4] 谢迪熙．相似设计中模型泵叶轮的修改方法［J］．广西工学院学报，1993（2）：49～54.

[5] 高中庸．全封闭整体结构变压器油泵的开发［J］．流体机械，1994（2）：6～9.

[6] 高中庸．变压器强冷油泵相似设计程序的开发［J］．广西工学院学报，1997（2）：33～38.

[7] 许镇宇，邱宣怀，等．机械零件［M］．北京：高等教育出版社，1981.

[8] 铁摩辛柯，等．工程中的振动问题［M］．胡人礼，译．北京：人民铁道出版社，1978.

[9] 高中庸．对机械零件教材中一个例题错误的讨论．广西首届机械设计教学研讨会宣读论文，1988.

[10] 高中庸．相似理论在柔性转子实验台中的应用［J］．机床与液压，1987（5）：38～45.

[11] 高中庸．涂油降噪理论与实践［M］．北京：科学出版社，2009.

[12] 屈维德，唐恒龄．机械振动手册［M］.2版．北京：机械工业出版社，2000.

[13] 高中庸．中国大百科全书·机械工程　爬行［M］．北京：中国大百科全书出版社，1987：545.

[14] 谢友柏．摩擦学面临的挑战及对策［J］．中国机械工程，1995（1）：6～9.

[15] 高中庸．机床滑动导轨爬行问题研究［D］．昆明：昆明工学院，1981.

[16] 高中庸．润滑降噪剂的研究与应用［J］．润滑与密封，1992（3）：8～12.

[17] 高中庸，黄嫦娥，高尚晗．基于摩擦摆的摩擦自激振动实验装置及其实验方法［P］．中国：201410319599.5，2014.

[18] 袁卉平．气动扳手的噪声分析与控制研究［D］．柳州：广西工学院，2011.

[19] 袁卉平，高中庸，胡志成，等．用于气动工具的新型干涉式消声器设计与研究［J］．煤矿机械，2011（4）：31～33.

[20] 高中庸，袁卉平，高尚晗．用于气动扳手的干涉消声器［P］．中国：2016101763678，2016.

[21] 高中庸．中国大百科全书．机械工程　喘振［M］．北京：中国大百科全书出版社，1987：103.

[22] 高中庸，黄鹤辉，翁铸，等．全自动注射吹瓶模气道的改进设计与优化［M］．中国塑料，2001（11）：71～73.

[23] 高中庸，翁铸，高尚晗，等．全自动注射吹塑模具的气道设计［J］．模具工业，2001（10）：29～31.

[24] 高中庸，欧迪声．全自动注射吹瓶模气隙弹簧的优化设计［J］．模具制造，2002（4）：43～45.

[25] 宋曦，赵永刚，马连生．材料力学［M］．北京：科学出版社，2010.

[26] 高中庸，唐德修，陈泰舒，等．钢轨轨端帽形淬火设备和工艺的研究与应用［J］．钢铁，1998（2）：25～28.

[27] 高中庸，唐德修，陈泰舒．正交实验法在钢轨轨端淬火研究中的应用［J］．钢铁，1997

（8）：33 ~ 37.
［28］袁立夏．中国大百科全书．机械工程 减振［M］．北京：中国大百科全书出版社，1987：373 ~ 374.
［29］张益群．中国大百科全书．机械工程 隔振［M］．北京：中国大百科全书出版社，1987：223.
［30］高中庸，高尚晗．刚度可调的动力减振器设计及应用［J］．农业机械学报，2002（5）：134 ~ 135.
［31］高中庸．中国大百科全书·机械工程 缓冲［M］．北京：中国大百科全书出版社，1987：305 ~ 306.
［32］濮良贵，纪名刚．机械设计［M］.8 版．北京：高等教育出版社，2006.
［33］高中庸，刘伟才，刘华．高楼缓降逃生器［P］．中国：2010202247222，2010.
［34］高中庸，于艳霞，吴强，等．水陆两用自行车［P］．中国：201210238949.6，2015.

第3篇
课堂教学案例篇

[案例3-1] 机械设计课程群教学与口诀诗

✦ 引 言 ✦

2003年11月初，广西教育厅专家组进校考核机械原理课程建设状况。在教研室座谈会上，课程负责人汇报到每一章都用一首七言诗将重点和难点加以归纳时，还随意道出其中两首。来自广西医科大学的教授一听，当即大加赞赏说：你们的这个特色难有人相比。

本校管理学院院长在全院的教学讨论会上说："机械原理等课程的教学方法的确值得我们学习。只是他们那个口诀诗的教法太独特，我们学起来要很费一番功夫才行"。

机械工程及自动化专业2001级学生陈勇棠，从学习机械原理课程开始就撰写并发表文章[1,2]，介绍学校机械原理和机械设计独特课堂教学方法。他在文章中说，任课老师不仅用简洁的几句诗概括每一章的难点与要点，而且在结合课程内容介绍国家科技新成果与新进展时，还在黑板上写出自己的诗作。这种教法别开生面，很吸引人。

2004~2006年期间，机械专业课程设置可能偏紧，学生总感觉时间不够，期末考试前几乎没有时间复习。机械设计课程考试结束后，许多学生向任课老师反映：考试前都没有时间看书，幸好大家能记下那些口诀诗[3]。有了诗的提醒，解题的思路就出来了。否则真有很多同学过不了关。

有鉴于此，特将机械设计课程群教学口诀和点滴教学情况介绍于后。

✦ 口 诀 诗 ✦

一、机械工程专业导论与口诀诗

专业导论课仅安排8个学时，故分4个单元讲授。

1. 机械工程概念与机械的地位

重点介绍机械工程相关概念、服务领域、工作内容和就业方向等。强调指出机械是组成现代人类社会的五大要素之一，“没有机械就没有当今世界”[4]，大家一定要珍惜自己的专业选择，并且争取有所作为。课后用四句话归纳为：

人类进步首推机，衣食住行更相依；

专业能力重基础，卓越建树必可期。

2. 机械工程师的素质与知识结构要求

本单元首先介绍几类高校本专业的培养目标及其差异，然后强调本校重点培养的是服务基层的高素质的高级应用型人才以及应具有的知识结构。此单元的口诀是：

服务基层主目标，独当一面最寻常；

数力图电全攻略，平凡岗位也辉煌。

3. 课程设置与学习方法

主要介绍本专业课程设置和大学生有别于中学生的学习方法，特别强调机械原理和机械设计课程的主要研究内容与特点、教学地位、与前后课程的联系以及在专业知识结构中的重要性等；指出这两门课程虽然难学，但对本专业非常重要而务必下决心学好，做到“脚踏实地，莫言放弃。”该单元的口诀是：

眼脑手足善协调，关键难点莫过宵；

勇于质疑多讨论，创新进取再提高。

4. 学科前沿与创新能力培养

主要介绍机械工程中设计与制造两者的关系，发展趋势和学科前沿；本校培养学生创新能力的条件、方式与要求；同时适当介绍学科建设情况以及本专业往届毕业学生继续深造的去向等。归纳本单元的口诀是：

制造前沿势必争，学科基础重创新；

百年强盛不是梦，国之根本有底层。

这里所说的底层含两层意思：一是指我国基层百姓蕴藏了强国的无穷智慧与能力；二是说服务基层大有作为，而且年轻人也必须从基层做起。

二、创新思维和机械创新设计与口诀诗

该课程安排24个学时，分8个单元讲授，每个单元3学时。

1. 我国机械工程的历史、现在与未来

主要介绍我国制造业的辉煌历史，分析近代落后于西方的两大原因：只重八股而不重视自然科学理论，闭关锁国政府腐败无能致国家贫弱。着重指出，过去大型工程建设依靠人海战术的做法已经成为历史。改革开放短短30多年，机械工程的伟大成就举世瞩目，制造强国的地位指日可待。于是有开篇的口诀诗：

文明青史堪自豪，创新伟业更可骄；
锦绣前程在足下，认准方向莫动摇。

2. 创新内涵与基本要求

首先介绍党和国家领导人关于“创新”的论述。接着指出，不能只顾名思义地将“创新”理解为就是“创造新事物，开创新局面”。然后给出“创新”的定义为：“顺应社会进步潮流，充分发挥人的主观能动作用，针对社会结构的某些或某个方面提出新构思，进而组合社会与自然的相关要素并实现该构思的过程”[5]。

该单元强调，创新并不神秘。初生牛犊不怕虎，小学生都能创新获专利。因此，学习了机械原理和机械设计、又敢于破除迷信的大学生们就一定能够作出更多的创新成果。其口诀诗为：

顺应潮流论创新，破除迷信振精神；
夯实基础讲科学，举手之间出发明。

3. 创新思维的养成

主要讨论思维概念、类型与特征等，重点指出发散思维主要表现为一题多解、一事多议和一物多用等。要求同学们在校期间应养成或坚持一题多解的好的求知学习习惯。该单元口诀是：

意识主导言与行，思维科学方创新；
发散活力无穷尽，实践技艺更精深。

4. 创新动力与创新设计选题

重点讲述竞争与需求是创新的不竭动力，理想和追求是青年学生不断创新进取的强劲推手。同学们积极报名参加机械创新设计竞赛，选好参赛题目是成功的先决条件。由此有口诀：

市场需求出商机，胜汰规律难背离；
创新赛台竞高下，成功关键在选题。

5. 机械创新设计方法

本讲主要通过实例介绍类比、移植、组合与变异四种创新设计方法的特点与应用。在讲到变异时，除将此概念与遗传作对比外，还用图片显示黄山松因地形而变异的结果，并配以主讲者自己“游黄山”的诗作：

松石云泉雪，寒冬五绝齐；
暑期游一日，观景人醉迷；
岩姿千百态，静动交相替；
国宝迎送树，臂展最称奇；
上下峰陡峭，栏链护台梯；
骄阳普照处，登顶众山低；

公园冠世界，地质名主题；
霞客当年路，斗转已星移。

这一讲的口诀诗是：

传统类比不过时，借用移植须审时；
组合才有大机械，变异创新最逢时。

6. 大学生机械创新设计竞赛沿革

主要介绍大学生机械创新设计的重要性、全国竞赛活动的发起、历届大赛的主题与内容以及本校大学生参赛的成果等。特别指出，本校学生的积极参赛一举将广西推入全国竞赛大省行列，本校学生的参赛人数与获奖数都位居广西前茅。最后还结合实例介绍获奖学生就业与深造所体现出的优势。该讲的口诀是：

机械全国赛创新，意识能力靠养成；
设计制造全方位，敢去区外露峥嵘。

7. 处理机械设计疑难的技巧

本讲主要介绍学生设计所遇困难及其解决方法，着重讨论企业生产过程中机械设备故障及其分析结果。尽管这些困难与故障表面上各不相同，但实际上只涉及力能参数计算与结构构思两个方面。这一结论有利于学生重视此两方面能力与技巧的培养与锻炼。其口诀为：

机械设计有疑难，受力分析第一关；
结构精良靠思索，敢于创新皆等闲。

8. 机械创新设计实例

这是学生最感兴趣的一讲。因为学生听了“天花乱坠”，总盼望“山水一现”。除介绍某些产品的创新设计外，本讲重点是分析本校学生机械创新设计专利作品的构思过程与整体结构。这类设计贴近学生，具有更强的启示作用。口诀为：

实干创新无定规，有利社会皆可为；
在校学子早奋力，机遇错过难追回。

创新思维与机械创新设计课程开出的8讲共配有8首七言诗，并且每一首诗中都含有一个“创新”。这种故意“重复”之作，只是为了增加“创新”一词出现的频率，给学生留下更深的印象。

三、机械原理与口诀诗

几乎各个大学机械专业的学生都认为机械原理课程难学难懂。这其实只是初次接触机械新手的误解。如果能恰到好处地抓住各章的关键，学习就会变得相对轻松快乐。

用七言诗归纳机械原理的每一章，是逐步实现的。最早开始于1983年为函授学生讲授机械原理，最先只涉及万向节，后来引入到齿轮机构，到90年代末才推开到全书。当然，随着教材的变化、听课对象的不同，也要对口诀诗作某些文字的修改或润色。函授学生最初听到口诀诗很感兴趣，认为很贴切，抓住了关键与要害；读起来上口，易于记忆。后来听全日制本科学生反映，他们也有同感。

1. 绪论

绪论一章内容不多，也不难学。但讲好这一章很重要，因为学生以后学习的兴趣与热情大多系于此。这一章着重讲授机械、机器、机构以及构件和零件的概念，并通过演示模型加以说明。最后介绍本课程所涉及的机构结构学、机构运动学和机器动力学三个经典学科分支。指出课程难学的关键在于对实际机构的抽象化处理。例如，研究内燃机所用的图形就大不同于实物或装配图纸。这种科学的抽象要贯穿全书。如果一开始就注意听好课，并善于动脑就不会感到太困难。该章口诀为：

机械单元两类分，运动制造各命名；

演示模型藏玄妙，简图抽象三本经。

其中所谓“三本经”就是指“机构结构学、机构运动学和机器的力学”。

2. 平面机构的结构分析

此章的重点是机构简图、自由度计算与机构具有确定运动的条件。其中的重要公式为：

$$F = 3n - 2P_L - P_H \tag{3-1}$$

式中，n 为机构中的活动构件数；P_L 为低副数；P_H 为高副数。但是有权威教材将此简单公式复杂化，将高副中的等径滚子作为构件加入 n 之中，然后在后面减去所谓局部自由度。

高副接触处的等径滚子，是始终围绕一个构件作定轴转动的，滚子中心的位置完全受制于该构件的定位轴线。换言之，滚子圆周任意处发生点接触都不影响该滚子中心的位置。因此不能将组成高副的等径滚子视为一个独立构件。掌握这个原则，非常有利于求解平面机构自由度问题。为此提醒大家按口诀诗行事，记牢式（3-1）即可：

活杆三乘有自由，两低一高减中求；

认准局复虚约束，记牢简式考无忧。

3. 平面机构的运动分析

本校讲授机构构件或构件上某一点的位移、速度与加速度的确定与计算，强调以图解法为主。目的在于使学生概念清晰，条理明朗。

现在的大学生读中学时没有学过科（或哥）氏加速度。进入大学后，理论力学也多不讲授此内容。这就使学生学习机构的运动分析时顿感困难。

在实际机构中，不乏作公共转动的两构件用移动副相联接者，因此不宜放弃该内容的教学。为此将这一难点概括为：

辨认科氏莫马哈，两种速度相乘加；

顺转维阿九十度，箭头直指老哥家。

后两句诗的意思是，当两构件 i 和 j 间存在科氏加速度时，将相对速度 v_r（即 v_{ij}）顺公共转速 ω 方向转 90°后的指向就是科氏加速度 a_{ij}^k 的方向。

4. 平面机构的力分析

此章的难点是作平面复杂运动构件总惯性力的计算，然后根据达朗伯原理应用静力学方法求解。由于理论力学中有过交代，这些就都不应该是太难的问题。只是由于机械原理中受力分析的对象十分明确，因此求解与理论力学略有不同而使学生感到不习惯。力和速度、加速度都是矢量，故此可用同样方法作图求解。为此机构中力与运动分析两者有相同的口诀为：

图解分析列方程，等号两边双进军；

多边形里量尺寸，比例乘出信息真。

昆明工学院机原机零教研室一位老师当年在《机械原理自学指导书》中写道：图解矢量方程的诀窍是“以等号为界，兵分两路，合兵一处，组成封闭多边形”。由此可以说，这首口诀诗实质上是这位前辈老师经验的翻版。

5. 回转副支反总力分析

这是摩擦与机械效率一章中的重点与难点内容。由于不少同学对过去所学“摩擦力与相对运动速度方向相反”理解片面，因此判断回转副支反总力方向时常常出错。如有图 3-1 所示系统，两杆 i 和 j 用回转副联接（虚线圆代表摩擦圆)，确定其总支反力的步骤为：(1) 判断两杆夹角大小的变化趋势；(2) 按夹角大小变化画出 ω_{ij}；(3) 根据同方向原则画出 R_{ij}；(4) 根据实际作用力确定 R_{ij} 与摩擦圆之相切点。讲述至此，马上就有同学指出，不是说摩擦力与相对速度方向相反吗？怎么会相同？此时老师走下讲台，边走边用胳膊擦一下学生肩头，然后问：“这位同学所受摩擦力方向与老师的运动方向是否相同？”大家的回答当然是“相同”。最后还强调指出：摩擦力与相对速度方向相反的说法没有错误，刚才老师所受摩擦力与师生间的相对速度方向当然相反。这里的“相对”两字太重要了，千万不能疏忽。讲到这里，再次要求大家对照图 3-1 认真理解口诀：

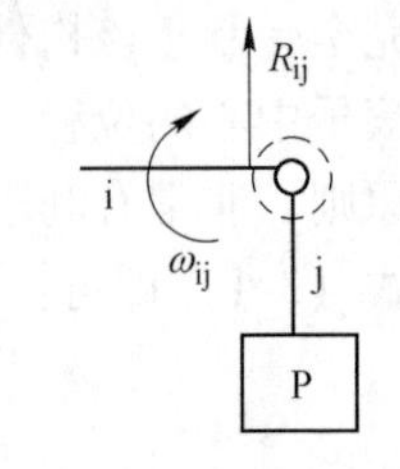

图 3-1　总支反力

轴颈转动阻耗生，摩擦圆上守平衡；

支反总力画何处？回旋方向最知情。

6. 机械效率与自锁分析

这部分内容主要是新的效率计算式推导和自锁概念。通过斜面效率计算实例与平面摩擦说明，机械的自锁有多种表述方式。与此相对应的口诀为：

机械效率无满分，反向归零锁蛮横；

驱动阻抗两上下，理想实际慎权衡。

其中的反向归零指逆行程时出现 $\eta \leqslant 0$ 的情形。此时只要不发生破坏事故，无论驱动力多大也不会发生相对运动。

7. 连杆机构基本知识

讲授连杆机构原理与设计，必从铰链四杆机构开始。现代多种多样的低副机构无不由此发源或演化。因此这就是重点，其口诀诗为：

曲柄摇杆铰连成，演化实用无穷尽；

若逢三点共一线，轻重快慢看主从。

这里所谓三点一线应该有四种情形，即在一个运动周期，曲柄与连杆以及曲柄与机架都各有拉直和重叠两次共线机会。当与连杆共线时，摇杆变为主动件便一定会出现死点；主动件曲柄与机架重叠共线必然处在一个最费力的位置，而拉直共线也有可能形成最小传动角。这里用口诀提醒同学们可避免引起混乱或顾此失彼。

8. 凸轮机构

直动尖底从动件和盘形凸轮组成最基本的凸轮机构。这一章所要介绍的从动件常用运动规律、凸轮的基本概念及其演化都以此为出发点。本章的口诀诗就是在此基础上再对反转法这一难点加以强调而形成的。考试往往会涉及凸轮基圆、压力角与从动件位移等内容，因此口诀诗力求涵盖这些知识点：

机成自动靠凸轮，尖底推回有规循；

画取廓形压力角，原理都在反转中。

9. 齿轮机构

这是机械原理教科书中篇幅最大的一章。其内容虽多，但关键要点也不过就是渐开线形成与性质、齿轮几何尺寸、啮合传动与加工等。用四句口诀也同样能够归纳：

齿廓性质记六条，标准变位在于刀；

正负零型多尺寸，四大参数细推敲。

不同教科书对渐开线性质有不同讲法，如 5 条、6 条或 7 条性质等，但实质并无差异。因为将其拆分或合并，渐开线性质数量当然就有所不同。涉及齿轮尺寸的基本参数同样如此。例如说 m、z、α、β 和 x 为五大参数也是合理的。而此处的四大参数不包括 β 是因为斜齿轮中的端面模数将 β 自然包括在内。

其实，期末复习时还可将齿轮口诀诗反其意而用之，即将其改写为：

齿廓性质哪几条？何种情况要移刀？

传动怎么去分类？多少参数共推敲？

无论从口中读出，还是在屏幕上逐句打出，这首问题诗一定会引起共鸣，使课程教学更加活跃有趣。

10. 齿轮系传动比计算

机械原理或机械设计基础课程的任何考试，没有不考轮系传动比计算的。凡机械类专业，更会考混合轮系传动比计算。因此口诀诗特别突出这一重点和难点。

行星周转曲拐撑，中心两轮分主从；
基本系里论传动，方程联解速比明。

求解混合轮系传动比的关键在于列出基本轮系传动比方程。口诀对基本轮系的识别与建立传动比方程的对象都作了强调。

11. 机器周期性速度波动的调节

本章的讲课与考试重点是机器主轴速度波动的类型与调节方法以及飞轮转动惯量的计算。其口诀为：

波动原来有周期，周期转速见高低；
高低幅度飞轮定，轮定盈亏是前提。

该口诀明确给出的信息是，任何运动体的速度本来就是波动起伏的，对于周期性速度波动，飞轮只能使波动幅度有所减少而无法使之消除。这首顶针格式的口诀最后句中的“轮”，既有具体的“转轮”含义，也有抽象的“循环”意味。

12. 刚性转子的平衡

此章虽然在考试中分量很轻，但工程实际越来越重视平衡问题。因此平衡的概念与平衡的实验装置与实验方法是讲课的重点。口诀诗的针对性也就在这里。

静动平衡两类型，转子短长各不同；
刀口光轴单配重，双面称量无离心。

13. 双万向联轴节

万向节是机械原理教科书其他常用机构章中的一节。相对于其他章，这部分内容一般都不多讲。该节的口诀为：

万向联节应成双，成双未必无损伤；
损伤叉轴两关键，关键角面靠安装。

这是机械原理教学的第一首口诀，是教学与生产实际相结合的直接结果（参见本书第一篇［案例1-1］），具有一定的工程意义。

14. 机构组合与创新

进入21世纪以后，为适应国内的创新形势，特别是为配合与引领大学生的全国机械创新设计竞赛活动，机械原理强化了创新内容的讲授。有口诀为证：

基本机构串并联，综合创新史无前；
轨迹位移随机定，飞天入海胜先贤。

与口诀中“飞天”相呼应，近年来还常在课堂上引出课程主讲者所作七律“贺神七飞天凯旋”：

苍穹边际巨伞开，神舟稳降射雕台；
入轨三天跨大步，出舱一刻激情怀；
远望遥测精操控，中斤筹运巧安排；
五星展耀太空下，千年梦想已真来！

四、机械设计与口诀诗

这是仿“机械原理”教学中的做法，用七言诗对所讲授的《机械设计》14章重点分别作出归纳或小结[5]。

1. 概论

为相应压缩学时，合并讲授教材中绪论与机械设计总论两章，将庞杂内容进一步条理化只须使用两节课时。口诀诗在介绍知识的同时，也在一定程度上起到增强同学们民族自豪感和社会责任感的作用，并借此希望激发大家的学习热情。其口诀是：

文明进步始于机，精心设计是前提；
节能降耗优环境，民富国强谁敢欺！

2. 机械零件强度

本章的重点和难点是极限应力简图的绘制与应用。此内容表面上看起来似乎无多大实用价值，但实际上具有相当突出的科学性。讲透此重点有利于帮助同学们加深对科学归纳方法的认识与理解。其口诀是：

应力简图两线收，疲劳极限在边周；
域内点出最大值，安全四路皆可求。

3. 摩擦

本来，摩擦、磨损及润滑概述并不作为单独一章讲授，而是分散到其他章节讨论。但为深化教学内容和启迪学生创新意识，此处重点介绍工程实际中的摩擦问题。

摩擦副里现犁伤，润滑选材欠审量；
边界膜承微凸体，抗磨减振噪声消。

口诀中的名词如“犁伤”和“微凸体”等均未在教材中出现。适当加以阐述，可使学生扩大知识面。

4. 螺纹联接

本章最重要的是单个螺栓所受最大轴向载荷的计算依据。从此章开始，引出了机械零件强度验算与尺寸计算这一互为逆运算的两个方面。从失效形式分析到设计准则的提出以及设计计算的完成，这是所有机械零件设计都要遵循的路线。

口诀重点归纳了螺栓设计的要点：

螺纹联接总算单，合扭成拉一点三；

联组求力取最大，借问内径可平安？

诗中点出1.3的系数，可进一步提醒学生记住拉扭复合应力状态下的螺栓强度计算公式。

5. 键联接

键联接内容简单，一般无须对此章作过多介绍。口诀重在反映键联接的基本类型、尺寸确定原则以及双键配合时的分布要求，以帮助同学们应付一般考试和设计。该口诀诗与教学模型或图形相配合，可以减少课堂用时。

周向固定键当先，平边斜楔与半圆；

端面尺寸随轴径，双槽铣切分正偏。

诗中“正”指两个半圆键共母线，“偏”则指两切向键和两个平键分别偏离120°和180°。

6. 带传动

带传动是机械工程技术人员最常遇到的问题之一。因此讲课时应当结合实际来介绍带传动的基本概念；推导主要公式之后还可饶有兴趣地在课堂上做些小实验加以验证，这不仅活跃了课堂气氛，还拉近了师生间的距离。讲解设计例题时则应要求学生注意严格遵照国家标准进行设计。本章的基本要求大多在下面的七言诗中得到体现：

胶带传动套国标，速比弹滑减分毫；

有效力推欧拉式，预紧包角在轮槽。

7. 链传动

链传动与带传动是性质不同的两类传动，但相似之处也不少，特别是两者的设计步骤基本相同。因此本章的讲授重点为链传动基本概念与基本参数的确定原则。在此基础上再通过带、链传动的对比来介绍两者间的同中之异与异中之同。口诀诗为：

标记分明识链条，转速波动多边绕；

轮齿节数奇偶配，松下紧上防卡销。

由此可知，此诗包含了链传动的关键概念。

8. 齿轮传动

这是《机械设计》教材中篇幅最大的一章，其“四多”是概念多、参数多、公式多、完成作业费时多。如果照本宣科、泛泛而谈，学生会很容易失去信心和学习兴趣。为此，将讲课重点放在齿轮三种主要失效形式与两个设计准则的关系、强度公式的导出前提及应用条件上。在讲授这条主线的过程中，还充分强调齿轮的选材与热处理，主要参数的选择原则，受力分析方法。

讲授斜齿轮轴向分力方向判别这一难点时，许多老师喜欢用右手法则与左手法则。虽然也能收到好的效果，但运用左、右手法则有可能使学生在考试时因慌乱而出错。为此将黑板擦当做一个轮齿，借此分清工作面和非工作面之后，让学生懂得只有工作面上才有载荷作用。有了这一认识就可不管轮齿左旋还是右旋，它所受轴向力一律指向工作面。写出口诀诗如下：

齿轮失效断蚀磨，轴力直指受载坡；

设计校核分场合，选参得当负重荷。

诗中“轴力直指受载坡”一句，较之其他许多说法，可更方便学生对轮齿所受轴向分力方向判断的理解与记忆。

9. 蜗杆传动

先看本章口诀：

蜗杆演化两脱胎，轴力周向错对排；

传动设计三步走，校强散热先选材。

首句揭示蜗杆是先斜齿轮、后螺旋齿轮两度演化的结果，然后强调三对分力间的特殊对应关系。此章与齿轮传动一章联系密切，同学们复习这两章时，如能将两首诗有机结合起来，就更容易理解轮齿旋向、齿轮或蜗轮转向以及受力方向间的相互关系。当然，两者在选择材料与材料配对方面差异很大，同学们在此问题上不能含糊。末句对蜗杆机构设计计算中，选择材料、计算温升与校核强度基本工作步骤作了概括。

10. 滑动轴承

滑动轴承有诗云：

合金巴氏与青铜，衬瓦承载见软功；

雷诺一维三参数，尽在动压润滑中。

此诗的前两句着重讲软材用途及其硬相承载机理，相对于教材有一定程度的深化。后两句则重点强调流体动压润滑的形成条件。在推导雷诺方程时，只要将巧妙比喻应用于流速曲线形状分析之中，同学们也就容易理解和掌握向心滑动轴承中流体动压润滑的形成过程。

讲解滑动轴承的应用场合时，顺便提问：“三峡大坝720MW即7.2×10^{8}W的发电机组，其转子重达600多吨。如此巨大的转子轴颈用何种轴承支承?”与此同时，给出三峡大坝的图片并配以主讲者所作“七律”：

西江中断一坝拦，三峡从此无险滩；

静水通航连巴沪，动流变电接岭南；

天赐岩基固根本，我振巨臂挽狂澜；

昔日彝陵火烧处，黄金两岸尽橘柑！

这种形式有利于活跃课堂气氛，利于激发更多同学参与讨论的热情。

11. 滚动轴承

滚动轴承在工程实际中应用最为普遍，其类型与代号选择、轴承寿命计算以及结构设计等是机械工程技术人员最常遇到的设计问题，同时也是期末考试的重点。计算中一定会涉及基本额定动载荷以及当量动载荷。同学们必须记住这些概念与计算方法。下面的口诀诗便特别强调了这些内容：

轴承滚动重安装，选型定位审端详；

寿命计时套公式，两种载荷较短长。

12. 轴

轴是一切机械不可缺少的零件。任何一个机械工程技术人员都有机会与轴打交道。因此讲课必须重点突出轴的结构设计、受力分析与强度计算三大内容。为此有以下口诀诗：

转轴阶梯受扭弯，图形绘出识危安；

系数折合三六一，直取险径有何难！

善于举一反三的学生可以从此诗的第一句想到轴的结构特点以及轴按受载性质分类的方法。经过受力分析画出弯矩图与扭矩图之后，轴的危险截面就可一目了然。此诗将本章的讲授顺序和基本要点作了较好的概括，有助于学生树立正确的设计观。诗的最后一句具有双重意义，即同学们只要掌握了事物的内在规律，别说求出轴的危险截面直径不困难，就是攀登险峰也不在话下。

13. 联轴器与离合器

此章不是讲授重点，一般只用一节课时间介绍基本概念，然后教学生如何查阅相关规范与标准。同学们只要能对照下面的诗回忆与思考，期末课程设计时一般都能正确选用标准联轴器部件。

刚弹联轴静拆装，动中离合却无妨；

转速载荷两依据，选型定经自主张。

14. 弹簧

由于课时压缩，计划学时紧缺致使几乎没有时间讲述此章。为此可利用多媒体课件简略讲述弹簧功能与类型，然后适当介绍螺旋拉压弹簧的材料选择、基本参数与受力分析；最后对口诀诗稍加解释即可。

弹簧拉压卷螺旋，最大应力切里边；

钢丝中径总圈数，称重储能控位偏。

机械设计基础主要面向近机类专业学生开设。但近几年为迎合学时压缩的需要，个别机械本科应用型专业便采用机械设计基础教材来代替机械原理与机械设计两本教材，学时由此减少了近一半。此时引入口诀诗就更能贯彻“少而精，学到手”的精神。具体做法是根据各种版本《机械设计基础》的教学内容，直接从机械原理和机械设计口诀诗中分别选用。

✦点 评✦

在机械设计课程群教学中引入口诀诗，是文理兼容的体现、是教学内容的有益补充和有效的教学辅助手段。得益于汉语言的高度概括力，使数十万字教材的讲授脉络和重点浓缩到若干首七言诗中。不仅能随时开启学生的记忆闸门[6]，而且利于拓展学生的创新思路。因此有学生反映，正是因为考试时记起一些诗句，所以能很快有所发挥；真感谢老师的这种独特教学方式!

当然，诗作者并非出自语言文学科班，对诗词平仄要求皆不通晓，难免贻笑大方。这种纯粹出于兴趣所为之的教法，对同样不太懂诗词的学生听众也许有一些吸引力。总之，能让学生更好地听课并提高学习积极性，就基本达到目的了。

[案例3-2] 一堂全校公开示范讲课内容的编排设计

✦ 引 言 ✦

产品质量是企业的生命线，教学质量当然就是大学特别是地方性大学的生命线。提高课堂讲课水平是提高教学质量的重要一环。

为大力提高本校教学的整体水平，在强化教育教学督查机构和组建青年教师培训中心基础上，2015 年春季学期本校又举办了多场全校性的公开示范课，并要求全校教学单位的领导和当时无讲课任务的老师一律听课观摩。很显然，这一活动对全校教师，特别是青年教师教学水平的提升有很大的促进作用。

主讲示范课的老师主要是来自校外的知名教授，校内仅安排了两位自治区的教学名师奖获得者。高中庸老师当时正担任一个机械工程专业卓越班的机械设计课程教学任务，他也就被要求做一次机械设计课的教学示范。

✦ 计 划 ✦

教务处相关负责老师事先交待，可以先选择自己最拿手的一节，精心准备一下，到时候就讲这部分内容。高老师感谢关照的同时表示，不要打乱教学计划，当组织大家听课时，进度到哪里就讲哪里。

机械设计示范课安排在 4 月下旬。那几天正好讲滑动轴承。按教材目录，这一章共 8 节。但主讲者对教材进行再组织与再创造，将摩擦、磨损与润滑一章主要内容合并过来后，经过适当调整将此章制作成 7 节课件。

在首先交待本章（第 10 章）重点和难点之后，依次讲授的节次为：10-1 概述，10-2 滑动轴承结构与特点，10-3 滑动轴承轴瓦结构，10-4 润滑剂与润滑装置，10-5 滑动轴承失效形式及常用材料，10-6 非完全液体润滑轴承设计计算，10-7 液体动压润滑形成原理与基本方程，最后是滑动轴承口诀。

✦ 示 范 ✦

一、基本情况

时间：2015 年 4 月 28 日 9：50～10：30。

地点：广西科技大学第四教学楼4C101（教务处临时调整改用此大教室）。

学生：机械卓越 Y131 班30人。

观摩听课人员：学校教务处、机械、建工、汽车等学院领导与教师。能坐200多人的大教室已没剩多少空座位。

主讲者：高中庸。

讲课章节：第10章 滑动轴承与设计

10-4 润滑剂与润滑装置

一、润滑目的与润滑剂类型

1. 润滑目的

2. 润滑起源

1）润滑一词的最早出处

2）润滑应用的最早记载

3）关于润滑发明的断想

3. 润滑剂类型

二、润滑剂性能简介

1. 润滑油黏度

2. 润滑脂特性

三、润滑装置简介

1. 润滑方法

2. 润滑装置

二、进行方式

离上课还有约10分钟，老师便将带来的各种轴瓦分发给同学，并让大家交换观看，以加深对上一节知识的理解。铃声响起前，教务处副处长简短致辞后即开始讲课。

随着讲解的节奏，屏幕依次简洁清晰地显示润滑目的、润滑起源、润滑剂类型性能指标、润滑装置与润滑方法等讲课要点。

讲课中间或用粉笔在黑板上做些补充性的描述或说明。

一节课下来，教务处副处长作了归纳，多数听课老师按学校规定离开，但也有少数老师自动留下继续听后续内容。

✦ 点　评 ✦

这节力求“古今贯通和文理一体”公开示范课的鲜明特色主要体现在以下几个方面：

（1）科研成果引入课堂。论述润滑目的时，基于自己的研究成果提出，在前人所归纳的减摩、抗磨、冷却、防锈之外还应该加上“降噪”。用润滑方法将125dB(A）以上摩擦激励噪声降至73dB以下就是最有力的证明[7]。

（2）坚持教书育人。引经据典指出“润滑”最早出自《淮南子》:“夫水所以能成其德于天下者，以其淖溺润滑也”。指出淮南王书中的这句话是对《老子》“上善若水”的诠释：真善美的最高境界就要像水那样“包容万物、滋润万物，赋万物以勃勃生机”。进而引申指出，这就是为什么今天更值得提倡“君子之交淡如水”的道理。

（3）体现严谨求实的科学态度。

借助诗经“载脂载舝”[8]的诗句来介绍我国古籍最早有关润滑的记载时，就“载”的翻译进行了讨论。指出前人“将油膏涂抹在车轴上”的翻译不完整。例如就像今天人们驾车出行一样，车厢中还必须带上备用润滑油与常用修理工具。因此“载脂载舝”更严谨的翻译应该是，将车轴涂抹油膏，再把备用油膏和保险车挡配件放到车上，以备路上不时之需。

（4）讲究“启发”式教法。课堂上反问学生：“是谁发明了润滑?”老师给出的答案是：“现代人类的始祖母群体”拥有“润滑”的发明权。面对学生质疑的目光，便道出这一断想[8]的来历：回忆纳鞋底的祖母不时用锥子蹭头皮而立即闪现这样的情景：始祖母一手抓兽皮，一手捏骨针，身上奇痒袭来，便不自觉用骨针挠痒，待再次穿针时，奇迹出现了。挠过痒的骨针可使穿刺兽皮省力不少。这就是用人的皮脂实现的最初润滑。课后，有稍微年长的听课老师反映，对主讲者的亲身体验感同身受，润滑起源的推断有很强的合理性。

讲述润滑剂类型时，介绍国外人工合成猪笼草叶面分泌液并被用于不粘锅与永洁玻璃，然后议论，如果大量生产这种化学合成液，并应用于机械中的运动副，那么大家不妨设想，机械工程将会出现何种革命化转机?

教务处副处长课后评价：过去听过不少大学文科类知名教授的课，他们有先天的专业优势。今天我们学校工科老师把课讲得如此生动有趣、引人入胜，实在难得。

也有多次听过高中庸老师课的同行评价：如果这次示范课也能像平时课堂那样演示、互动与洒脱就更好了。无疑，课堂讲授质量的提高永无止境。

［案例3-3］　平面机构运动分析的创新教学

✦ 引　言 ✦

根据机构中所给定的原动件运动规律，求其他构件上某些点的轨迹、位移、速度和加速度，以及这些构件的角位移、角速度和角加速度的过程，称为运动分析。

设计新的机械产品时，若忽略了构件特别是做平面或空间复杂运动构件的轨迹与位移的分析，就难免发生干涉与碰撞而造成返工或者报废事故。凡是安排新手做这方面的设计时，技术主管必须认真把关。

同样，速度分析也必须加以重视。曾经有本校学生设计制作出了“梳头健脑机”。但其实际功能除去可“梳头”外，更多的却是“敲头”甚至“打头”。经过老师指导，同学们重新分析了该机构执行元件的速度及其变化规律，然后调整传动系统，使该创新设计竞赛作品完善了梳头功能并成功获得了专利[9]。

创新设计高楼缓降逃生器[10]的同学较好地掌握了离心惯性力的计算，使卷筒转动速度超出安全范围时，摩擦制动力矩便立即发挥作用而使卷筒转速放缓。可见，机构的运动分析在较大程度上决定了机构的尺寸大小及生产工艺性能和动力性能。

尽管现在计算机运用十分普遍，工程应用软件的计算功能也越来越完善与强大，但是在大学的机械原理教学中，还是不能丢弃各种图解法。特别是在求解相关矢量问题时，图解法的物理概念最清晰，逻辑性最强，并且易于检查结果的正确性。这些都是电算法暂时难以比拟的。因此，讲解运动分析时，应适当重视图解法的灵活运用。

在图解分析机构的速度问题时，瞬心是一种很有用的辅助方法。掌握平面机构瞬心的图解方法有很好的实际意义。而在对一些较为复杂的机构进行运动分析时，灵活运用图解法使原有机构得以简化或发生某种变异，可使学生解题思路豁然开朗，并很快找到求解的捷径，从而取得意料不到的教学效果。

✦ 审　问 ✦

一、瞬心概念与审问法

瞬心是瞬时回转中心的简称。机构中作平面运动的任意两构件，在任一瞬时一定存在一个速度相同的重合点。此两构件在此瞬时便相当于绕此速度相同的点做相对转动。因此该瞬时回转中心也称为同速点。

直接通过运动副联接的两构件，确定其瞬心并无多少困难。而那些并未通过运动副直接相连的构件间的瞬心，则可以根据理论上已被证明了的“三心定理”间接确定。

有机械原理教材[11]介绍瞬心多边形及其求解瞬心的应用。例如，对任意的八杆机构，都可以画出同样的瞬心八边形（见图 3-2）。图中，黑点（即多边形顶点）代表构件，分别标以 1 ~ 8 序数字；而联接两黑点的线则代表两构件的同速点即瞬心，并记作 P_{ij}（$i, j = 1,2,\cdots,8$）。

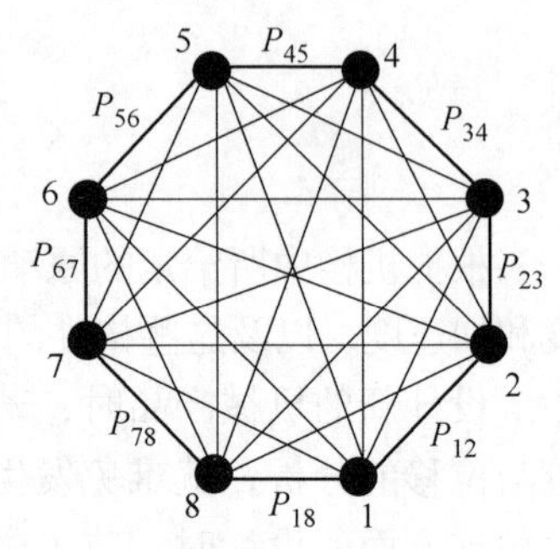

图 3-2　瞬心多边形

首先，这个多边形一开始就给初学者带来疑惑：前面学过的机构简图是用线代表构件，而此处相反，线代表一个点，而一个点反过来却代表一个构件；刚刚建立起来的概念就在这里被颠倒。此外，密如蛛网的图 3-2 已经让人眼花缭乱，要是机构构件数更多，就更会使人望而生畏。

为使学生能在任何纷繁复杂的问题中都能头脑清晰地理顺求解瞬心的思路，特此引出求取瞬心的“审问”法。

“审问” K 与 J 两构件的同速点如同审问 K 与 J 两“嫌疑人”的“接头”地点。无疑，两位“嫌疑人”不会老实交代自己的接头点。为此可以先提审第三者 M，以掌握 M 分别与 K 和 J 的联络点，由此得到一条线索是：M-K 接头点和 M-J 接头点的连线上一定有 K-J 的接头点。但仅有这一条线索还不够。于是再找一个第三者 N，仿效前面的审问模式找出第二条线索即 N-K 接头点与 N-J 接头点的连线。至此两条线索的交点就是 K 与 J 的接头地点。这种审案的方法当然完全可以移植到以“三心定理”为理论依据的求取瞬心问题上来。

二、审问法的应用

有机构如图 3-3 所示。设各杆长和 v_B 均为已知，试用瞬心法求 v_G。

求解此问题，首先分析机构的组成。该机构共有 8 个构件，由三个四杆机构组成，故此分别用 1 ~ 8 序数字标示各构件。如果求出了 P_{17} 就必定有：

$$v_G = v_7 = \frac{\overrightarrow{AP_{17}}}{\overrightarrow{AB}} v_B \tag{3-2}$$

由此可知，确定 P_{17} 就是求解此问题的关键。应用审问法应遵循以下步骤：

（1）根据运动副直接写出部分瞬心代号。

（2）根据熟知的四杆机构中连杆-机架瞬心以及两连架杆瞬心求法再写出图

3-3 所示机构瞬心 P_{13}、P_{53}、P_{75} 等。

（3）运用审问法求出其余瞬心。

因为要求图 3-3 瞬心 P_{17}，故此“提审”杆 1 和杆 7，并让两个第三者指证：

$$1,\ 7\begin{cases}8:\ P_{17}\text{必在}P_{18}P_{78}\text{线上}\\5:\ P_{17}\text{必在}P_{75}P_{15}\text{线上}\end{cases}\quad(3\text{-}3)$$

式中，1 和 7 为被“提审”者，8 和 5 作为第三者参与“指证”；P_{18} 和 P_{78} 已在步骤（1）中直接写出；P_{75} 则在步骤（2）中确定。

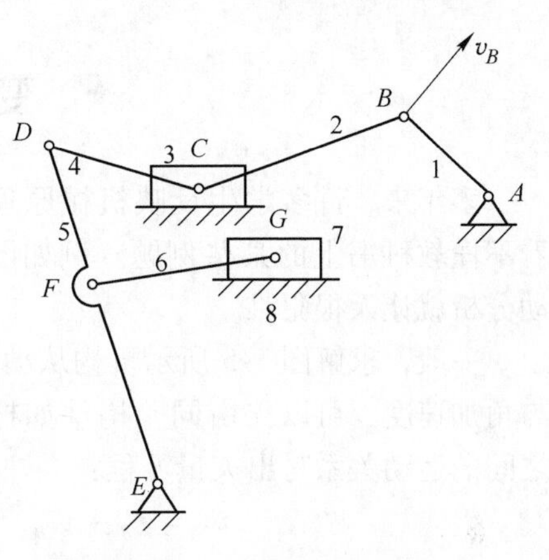

图 3-3　速度分析练习题

但由于瞬心 P_{15} 并未找出，故此无法找到线 $P_{75}P_{15}$。由此进行如式（3-4）的再次“提审”：

$$1,\ 5\begin{cases}8:\ P_{15}\text{必在}P_{18}P_{58}\text{线上}\\3:\ P_{15}\text{必在}P_{13}P_{53}\text{线上}\end{cases}\quad(3\text{-}4)$$

同前，P_{18} 和 P_{58} 已最先直接写出；P_{13} 和 P_{53} 也已确定，两线相交即为 P_{15}。

将 P_{15} 代入式（3-3），即可确定两线之交点 P_{17}。

在多媒体课件中，上述解题过程，即标杆序号、直接由运动副写出瞬心代号、由四杆机构简图写出两个连架杆瞬心以及画出式（3-3）和式（3-4）各相关直线与交点等步骤均可有序清晰显示出来。但作为书本，为节省篇幅，只能将上述步骤集中于一个图 3-4 上。由图可见，瞬心 P_{17} 就在线 $\overrightarrow{P_{18}P_{78}}$ 和线 $\overrightarrow{P_{15}P_{75}}$ 的交点上。在图上直接量取各相关线段长度并代入式（3-2），所求问题便迅速有了答案。

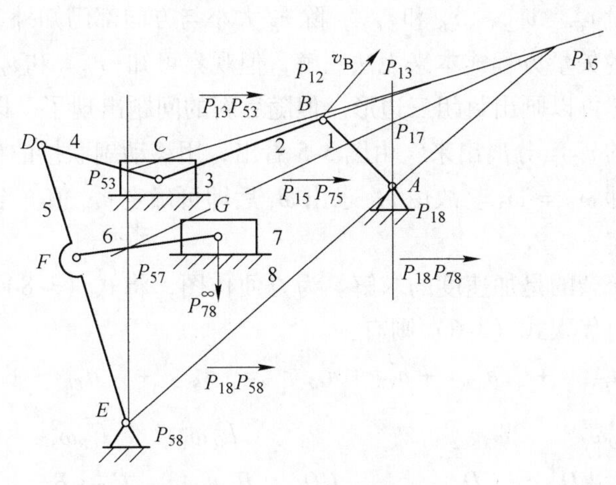

图 3-4　审问法求瞬心

✦ 变　异 ✦

多年来，许多学生反映机械原理难学的原因还在于看不懂教科书上的某些例题。例如图 3-5 所示机构的运动分析就让人很犯难。

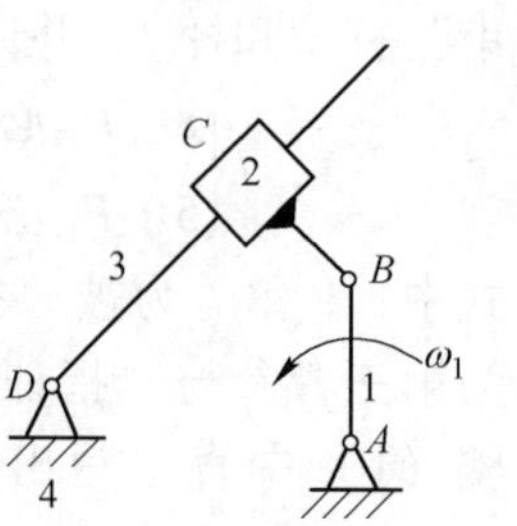

图 3-5　运动分析题图

一般，求解图 3-5 所示机构从动件 CD 杆 3 的角速度与角加速度，可以先由同一构件如杆 2 上不同点 B 与 C 之间的运动关系写出矢量方程：

$$v_C = v_B + v_{CB} \tag{3-5}$$

$$a_C = a_B + a^n_{CB} + a^t_{CB} \tag{3-6}$$

然后由不同构件如杆 2 与杆 3 间重合点 C 的运动关系建立相应矢量方程为：

$$v_{C2} = v_{C3} + v_{C2C3} \tag{3-7}$$

$$a_{C2} = a^n_{C3} + a^t_{C3} + a^k_{C2C3} + a^r_{C2C3} \tag{3-8}$$

显然，式（3-5）和式（3-7）中的未知量个数都超过两个，因而无法单独作图求解。故此将两者合并，同时写出与其他教材略有差别的竖式，即增加一行“代表线段”以充分反映“以等号为界，兵分两路，合兵一处，构成封闭多边形”的图解思路：

	v_{C3}	+ v_{C2C3}	= v_B	+ v_{CB}	
大　小	$l_{CD}\omega_3$	?	$l_{AB}\omega_1$	$l_{BC}\omega_2$	(3-9)
方　向	$\perp CD$	$/\!/ CD$	$\perp AB$	$\perp BC$	
代表线段	pc		pb	bc	

式中的 4 个矢量 v_{C3}、v_{C2C3}、v_B 和 v_{CB}，除 v_B 大小与方向都已知外，其余三个大小均未知。这样的矢量方程式本来无法图解，但观察可知，v_{C2C3} 和 v_{CB} 方向实际是一样的，因此仍然可以画出封闭三边形。但随后新的问题出现了，即如何将决定科氏加速度大小的 v_{C2C3} 分离出来？由图 3-5 看出，用移动副联接的杆 2 和杆 3 具有相同的角速度即 $\omega_2 = \omega_3$。故由 v_{C3} 求出 ω_3 后即可确定 v_{CB} 值。至此 v_{C2C3} 的大小与方向均可确定。

比这还要繁杂的是加速度的求解。为方便作图，将式（3-8）等号右边相关项顺序变动后再代入式（3-6）则有：

	a^n_{C3}	+ a^k_{C2C3}	+ a^t_{C3}	+ a^r_{C2C3}	= a_B	+ a^n_{CB}	+ a^t_{CB}	
大　小	$l_{CD}\omega_3^2$	$2\omega_3 v_{C2C3}$	?	?	$l_{AB}\omega_1^2$	$l_{CB}\omega_3^2$	?	(3-10)
方　向	$C \to D$	$\perp CD$		CD	$B \to A$	$C \to B$	$\perp CB$	
代表线段	$p'c''$	$c''k'$	$k'c'$		$p'b'$	$b'c'''$	$c'''c'$	

方程的7个矢量中含有3个“大小”未知量，但因平行于杆 CD 的 a^r_{C2C3} 与垂直于杆 CB 的 a^t_{CD} 其实位于同一个方向上，故可合并为一个矢量。同时 a^t_{C3} 与 a^k_{C2C3} 也是共线的。因而方程（3-10）能唯一地求出所需加速度参数。相应的加速度多边形大体如图3-6所示。

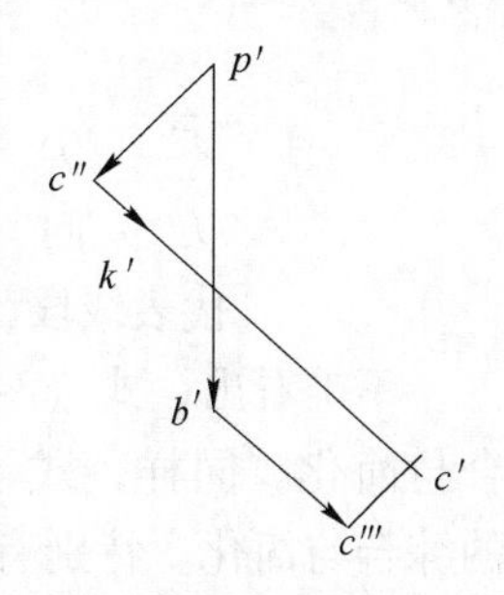

图3-6 加速度多边形

只要方程（3-10）中的4个已知矢量按所给方向和相同比例画出，封闭多边形的其余线段所代表的矢量即可直接按比例从图中读取。具体地说，根据所量线段 $\overrightarrow{k'c'}$ 的长度即可求出切向加速度 a^t_{C3}，进而可知杆3角加速度 ε_3 的大小和方向。但是，检查方程（3-10）之后，发现图3-6所代表的矢量并不完整，即 a^r_{C2C3} 和 a^t_{CB} 并未从线段 $\overrightarrow{c'''c'}$ 中分离开来。为此还得根据 $\varepsilon_2 = \varepsilon_3$ 先计算 a^t_{CB} 的大小，再从图中线段 $\overrightarrow{c'''c'}$ 确定 a^r_{C2C3}。显然，这样的求解过程相当繁杂。

经过观察发现，图3-5所示机构运动时，曲柄 AB 端点 B 距杆 CD 保持为定值。据此有理由在点 B 处引入一移动副如图3-7（a）所示。因此构件2与构件3之间形成了轴线平行的两个移动副，其中之一为虚约束。现在设想去掉原有移动副而保留点 B 处新的移动副如图3-7（b）所示。虽然重构的机构在外形上发生了重大变化，但其几何尺寸以及各构件间的相对运动本质关系没有受到任何影响。

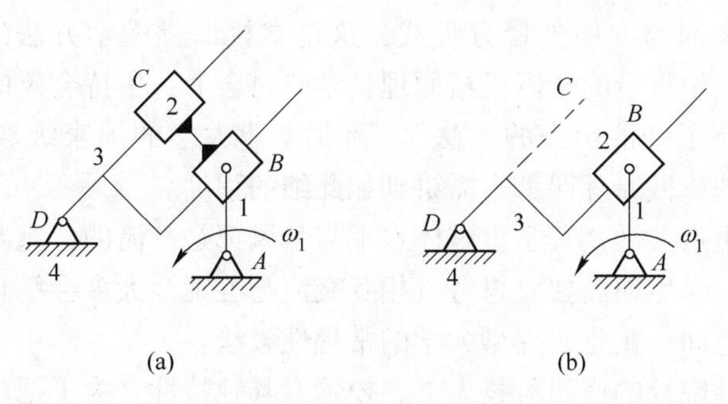

图3-7 机构异化过程

（a）运动副重构；（b）构件异化

针对图3-7（b），现在只需根据不同构件重合点之间的关系就可简单直观地写出矢量方程为：

$$
\begin{array}{lcccc}
 & v_{B3} & = & v_{B2} & + & v_{B3B2} \\
\text{大　小} & l_{BD}\omega_3 & & l_{BA}\omega_1 & & ? \\
\text{方　向} & \perp BD & & \perp BA & & /\!/ CD \\
\text{代表线段} & pb_3 & & pb_2 & & b_2b_3
\end{array}
\qquad (3\text{-}11)
$$

	a_{B3}^{n}	+ a_{B3}^{t}	= a_{B2}^{n}	+ a_{B3B2}^{k}	+ a_{B3B2}^{r}	
大小	$l_{BD}\omega_3^2$	?	$l_{BA}\omega_1^2$	$2\omega_3 v_{B3B2}$	?	(3-12)
方向	$B\to D$	$\perp BD$	$B\to A$	$\perp CD$	$/\!/ CD$	
代表线段	$p'b_3''$	$b_3''b_3'$	$p'b_2'$	$b_2'k'$	$k'b_3'$	

不难看出，式（3-11）是式（3-5）和式（3-7）的综合与简化。同样，式（3-12）则是式（3-6）与式（3-8）的综合与简化。特别有意义的是，综合后的方程不再含有需要二次求解的矢量，这就使问题的求解变得十分清晰与顺利。根据加速度矢量方程（3-12）所得封闭多边形大体如图3-8所示。从图中直接量取线段 $\overrightarrow{b_3''b_3'}$ 的长度就可很容易确定从动件 CD 的角加速度 ε_3。

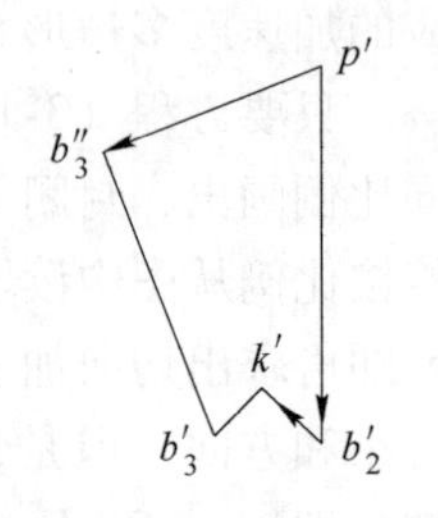

图 3-8　图解加速度

引入虚约束重构机构运动副来阐述解题思路，使同学们思想豁然开朗，难懂的问题一下子就变得简单清晰。毫无疑问，这种不照本宣科而追求创新的教学方法能够取得良好的教学效果。

✦ 点　评 ✦

将“审问法”引入平面机构运动分析以求出瞬心，利用运动副重构方法以便于建立速度和加速度的矢量方程式，这是本校课堂教学方法的一种创新[12]。在哈尔滨工业大学举行的全国机械原理教学研讨会上，主持会议的华中科技大学教授评价为“下了一番功夫的教法”。西北工业大学的国家级教学名师会后评议，他们学校的机械原理课都不需讲到如此细的程度。

国内许多重点大学，其学生整体水平与学风都是一流的，重要课程的知识难点即使不讲透，学生通过独立思考、相互交流与答疑，大多会消化理解。给学生留出思考研究空间，正是研究型大学的常规性教法。

作为地方性院校的广西科技大学，校情有其独特性。为了把难懂的重要知识点教给学生，课堂上借助类比与变异等技法进行应用性示范，帮助同学们理解与掌握基本推理方法，据此以尽快找到求解难题的突破口；或者通过“剥去伪装”而使难题计算公式的本来面目直接浮出水面。这是主讲老师动脑筋充分备课所获得的真正分散和化解难点的成果。类比和变异是工程设计中常用的创新方法，将其应用于课堂教学同样能产生明显的创新效应。

教师课堂教学的创新肯定可使学生易于消化、理解和掌握课程重点和难点，这也许会减少学生独立思考的空间，但更重要的却是给学生示范了创新、培养了学生的创新意识。主讲教师在创新方面的言传身教将使学生终生受益。

［案例3-4］　摩擦与机械效率课堂教学中的创新

✦ 引　言 ✦

机械专业本科学生学习理论力学、机械原理及机械设计等课程时，凡是涉及力的计算几乎都只考虑理想化的工作条件。这种习惯延续下来，使得他们做课程设计、毕业设计甚至毕业后从事工程设计时，也大都不从深层次考虑摩擦的影响，而只在载荷系数上做文章。

摩擦无处不在，它是自然界中最具“二重性”的普遍现象。作为正面角色，是摩擦确保了自然界的平衡与和谐。没有摩擦，从低等到高等，从简单到复杂的各种植物都无法植根于岩石缝隙或泥土之中。没有摩擦，任何动物包括人类都无法在地球上立脚。概言之，地球上的任何生命形式无不从摩擦中获益。摩擦使自然界千奇百怪的生命形式得以形成、发展和演绎。

但是另一方面，摩擦的负面作用也相当突出。它会使人们的工作吃力，更会加快劳动工具和生活器物的磨损。据估计全世界大约有1/3～1/2的能源以各种形式消耗在摩擦上，摩擦导致的磨损是机械失效的最主要原因，大约有80%的损坏零件是由各种形式的磨损引起的[7]；摩擦使机械设备的工作效率和使用寿命显著降低。这就进一步增大了人们生产生活中宝贵能源的消耗。

本书第1篇的多个案例都有摩擦实例问题的介绍，特别是其中的［案例1-3］更以较大的篇幅对企业生产中的摩擦问题进行了较为深入的分析与讨论。现代企业生产甚至未来人类社会的各个方面都需要共享摩擦问题的研究成果。

当前一切新投放市场的机械产品无不更加追求“高效低耗”。有鉴于此，大学机械工程专业的机械基础课程教学必须重视摩擦和机械效率知识的传授。

机械效率是普通物理学、机构学和机械工程中的一个十分重要的概念。现代人类社会需要越来越多的机器，而机器是要消耗能源的。因此人们让机器具有更高的机械效率有利于人类社会的进步与发展。

初中学生一般都能记住机械效率的计算公式：

$$\eta = \frac{\text{输出的有用功}}{\text{输入的总功}} = \frac{\text{输出的有用功率}}{\text{输入的总功率}} < 1 \tag{3-13}$$

并且会利用此公式计算一部机器或机构的效率。而大学机械工程专业的学生则在传统计算式（3-13）的基础上懂得了更简单和更加方便的机械效率计算式[13]，即：

$$\eta = \frac{\text{理想驱动力}\,P_0}{\text{实际驱动力}\,P} = \frac{\text{实际生产阻力}\,Q}{\text{理想生产阻力}\,Q} < 1 \qquad (3\text{-}14)$$

讲授《机械原理》的老师一般都要花一些精力和时间认真推导此公式，并且通过例题介绍公式的应用。稍有不同的是，本案例所反映的课堂教学创新，在于机械效率计算例题的选择以及计算内容和计算方式的别具一格。

✦ 实　　例 ✦

如图3-9所示机构，挂有主动下落物体P的杆1为主动件。杆2通过三个回转副A、B和C分别与杆1、机架4和杆3相铰接。图中与铰链回转副同心的虚线圆代表摩擦圆，其半径为ρ。现分析讨论该机构效率的计算。

对此种最简单机构的效率计算问题，笔者至今未见有学生能很快找到正确解题思路者。为此先引导学生取杆2为隔离体。但是，作用力画在杆2何处？许多学生都摸不着头脑。为此，先画出用回转副联接的两构件（见图3-1），根据反复强调过的，“施力体的运动方向与其施加到受力体的摩擦力方向相同”原则来确定回转副的总支反力作用点。

例如就图3-9而言，杆1的下降会使两杆间所夹直角增大为钝角，相对角速度ω_{12}即有逆时针方向转动趋势，而与其同向的支反总力R_{12}当然逆时针向下切于摩擦圆。同理分析回转副C和B所联接两杆间的相对转动趋势，也能画出类似的相切于摩擦圆的总支反作用力。至此可画出图3-10所示的隔离体。该图显示了杆2被解除所有约束并代之以相应总支反作用力的情形。由图所给力的平衡关系有：

$$R_{12}(a-2\rho) = R_{32}(b+2\rho)$$

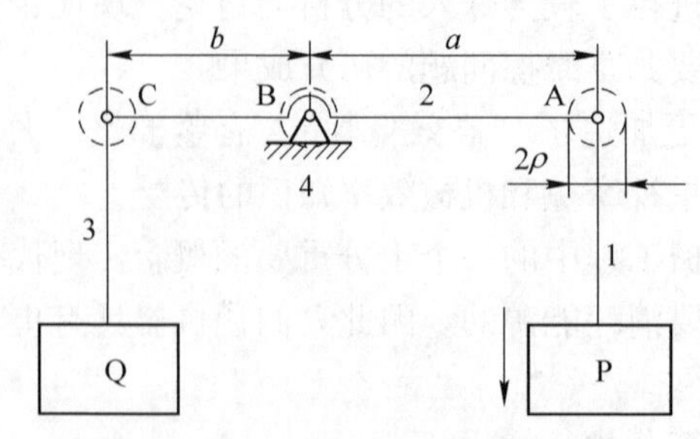

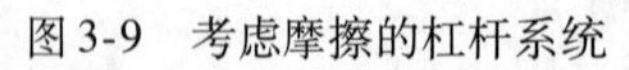
图3-9　考虑摩擦的杠杆系统

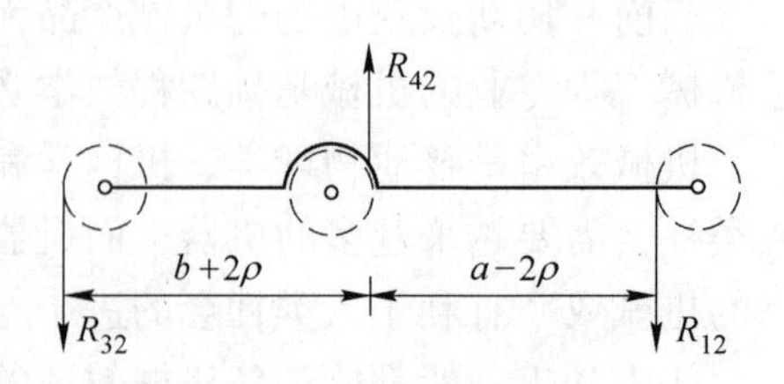

图3-10　隔离体2受力分析

分别将$P = R_{12}$和$Q = R_{32}$代入，即有：

$$P = Q\frac{b+2\rho}{a-2\rho}$$

不考虑摩擦时的理想驱动力为：

$$P_0 = Q\frac{b}{a}$$

据此按式（3-14）求得该机构效率为：

$$\eta = \frac{P_0}{P} = \frac{b(a-2\rho)}{a(b+2\rho)} \tag{3-15}$$

如果“换位思考”，取杆3为主动件，情况如何呢？略去类似于上面的分析过程，直接写出此时的效率计算式为：

$$\eta = \frac{P}{P_0} = \frac{a(b-2\rho)}{b(a+2\rho)} \tag{3-16}$$

式中，P_0 为理想生产阻力。

问题到此并未结束。人们操作机械总有减速时省力、增速时费力的感觉，这似乎已经成为众所周知的事实。但是大家是否知道：同一机构用于减速效率高，还是增速效率高？看反应，似乎从未有学生遇到过这一怪问题。

现在继续观察图3-9，并设 $a>b$，则式（3-15）为减速传动，而式（3-16）为增速传动时的效率计算式。

为便于比较式（3-15）和式（3-16），设 $a=\lambda b$，$\rho=\mu b$，则由图3-10有：

$$\begin{cases}\eta_j = \dfrac{1-2\mu/\lambda}{1+2\mu} \\ \eta_z = \dfrac{1-2\mu}{1+2\mu/\lambda}\end{cases} \tag{3-17}$$

式中，η_j 和 η_z 分别代表图3-9机构减速和增速传动时的机械效率。

为比较两种传动条件下效率的高低，现将式（3-17）改写为级数求和的形式：

$$\begin{cases}\eta_j = \dfrac{1-2\mu/\lambda}{1+2\mu} = 1+\left(1+\dfrac{1}{\lambda}\right)\displaystyle\sum_{n=1}^{\infty}(-1)^n(2\mu)^n \\ \eta_z = \dfrac{1-2\mu}{1+2\mu/\lambda} = 1+\left(1+\dfrac{1}{\lambda}\right)\displaystyle\sum_{n=1}^{\infty}(-1)^n\dfrac{(2\mu)^n}{\lambda^{n-1}}\end{cases} \tag{3-18}$$

由于摩擦圆半径 ρ 相对较小，故比值 μ 也就更小。由此略去 μ^3 及其以上高阶微量，便可得减速传动与增速传动效率之差的表达式为：

$$\Delta\eta = \eta_j - \eta_z \approx 4\mu^2\left(1-\frac{1}{\lambda^2}\right) \tag{3-19}$$

稍加分析可知，影响 $\Delta\eta$ 大小的关键参数是杆长比值 λ。λ 与 $\Delta\eta$ 之间关系为：

$$\begin{cases}\lambda > 1 \\ \lambda = 1 \\ \lambda < 1\end{cases} \Rightarrow \begin{cases}\Delta\eta > 0 \\ \Delta\eta = 0 \\ \Delta\eta < 0\end{cases}$$

由于仅当 $\lambda>1$ 时才有 $\Delta\eta>0$，因此，即可得出结论：减速传动效率高于增速传动效率。而在等速传动情况下，理论上的机械效率不会因为调换主、从动件而不同。

例如，设图 3-9 所示机构 $\mu=\rho/b=0.02$，$\lambda=a/b=1.75$。将其代入式（3-19）或式（3-18），都可以求出差值 $\Delta\eta$。当然，直接代入式（3-17），所求效率差有精确值为：

$$\Delta\eta=\eta_{j}-\eta_{z}=0.001012952$$

而对于级数求和形式的式（3-18），求和的项数取值不同，减速与增速传动的效率差也不一样。如在式（3-18）中，取 $n=1$，则有 $\Delta\eta=0$。若取 $n=2$，则 $\Delta\eta=0.001077551$，相对于精确值的误差为 6.4%。若取 $n=3$ 或 $n=4$，则分别有 $\Delta\eta=0.001009819$ 和 $\Delta\eta=0.001013091$，其误差便很快下降而分别为 0.31% 和 0.014%。

✦ 点　评 ✦

机械效率是机械专业基础理论课程中的重要知识点。讲授这类重要内容时，适当加以扩展深化很有必要。

对超出教材的某些内容作适当深化讲授时，需注意避免突然性，应根据学生的情绪，分层次地谆谆诱导，使讲课生动有趣。

讲授基础理论，需要讲出一定的深度，更需要由此用教师的创新精神与创新教学方法感染和影响学生，这是培养大批卓越人才的关键。未来高效率机械产品的生产、能源的高效利用等等都有赖于这些后起之秀。

当前许多机械装置的机械效率都不高。例如上网搜索可知，喷气推进系统的效率不超过 24%，内燃机不超过 30%，火箭不超过 52%，电动机则为 70% 以下。这种低效同样与摩擦有关。燃油分子间、氧原子间的摩擦妨碍了燃油的充分燃烧，其后果是不仅降低了效率，而且污染了环境。现在看来，提高机械产品的效率，不完全是工程结构问题，更主要的应该是理论研究滞后造成了这样的结果。

在现实机械产品的应用上，提高机械效率也存在不小的空间。例如，许多生产厂商都向用户提供通用机械产品的性能曲线。例如某些泵类产品出厂时就一定会附上流量 Q 与压力 H、流量与功率 N 以及流量与效率 η 等方面的相关性能实验曲线（见图 3-11）。用户根据厂商提供的数据应该很容易确定产品的最佳工况点（一般均为效率最高区间）。但情况往往并非如此，特别是许多装置组合使用时就很可能乱套。不少用户的中心空调系统就很有可能存在各子系统不协调的问题。

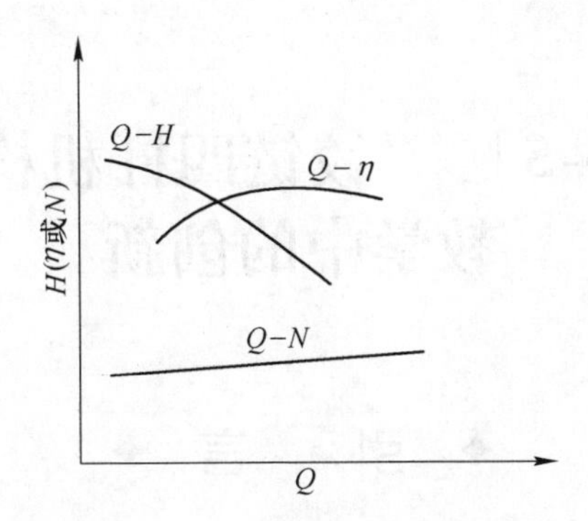

图3-11　一种机械产品的性能曲线

Q—流量；H—扬程；η—效率；N—功率

设想全国大部分机械都能安排在最佳工况点工作，其能源的节省该有多大！由此很容易理解，加强摩擦与机械效率知识的普及意义何其重要！

［案例 3-5］“铰链四杆机构设计”教学中的创新

✦ 引　言 ✦

连杆机构广泛应用于各个领域。人们生活中的多种器具如雨伞、门锁及多种家具，现代人类社会中使用的绝大多数机器甚至武器系统都含有连杆机构。因此讲授《机械原理》或《机械设计基础》课程时，讲好连杆机构的基本概念及其设计方法很有意义。

连杆机构的设计主要有图解法和解析法之分。对于图解法，机械原理或机械设计基础[14]教材一般只介绍已知连杆位置、已知行程速比系数和已知连架杆对应位置三类问题的设计方法。连杆机构一章不讨论给定死点位置的问题是因为其过于简单，而限制最大压力角问题则主要安排到凸轮机构设计中讨论。连杆机构一章的重点和最大难点是“按给定连架杆三个对应位置”图解设计四杆机构。

不少老师最初为学生讲授连杆机构设计问题时，一般不会变通或作任何演化，而是照搬教材并按 1、2、3 等顺序直接讲述或写出四杆机构的设计步骤。对于“按给定连杆位置”或“按给定行程速比系数”设计的两类问题，这种讲法尚能为学生所接受，但是对于“按给定连架杆三个对应位置”设计问题，不用说学生稀里糊涂，恐怕一些老师自己也不清楚解题方法的来龙去脉。在全国性的机械原理教学研讨会上，曾有多位老师就此发表过相关文章，其核心大体都是刚性板反转法之类。其实，这种论述仍然没有涉及问题的本质。为什么只讲反转？难道正转不行？

为使同学们能知其然更知其所以然，主讲者不能只是一味照搬书本，而是很有必要去揣摩完成该设计第一人的解题思路。这是钻研教材的一种更高境界，从而有可能获得对教材进行再创造的可喜成果。

✦ 图 解 法 ✦

中学生解代数应用题，往往是将待求的量设为 x，即“问什么，就设什么”。这其实也是“按给定连架杆三个对应位置”求解设计答案的思路或出发点。图 3-12 给出了设计铰链四杆机构的已知条件，即在杆 AB 和机架 AD 长度给定后，当 AB 先后位于图示三个位置时，杆 CD 上的标志线 ED 也应对应处于图示三个位置上。由图可知，求解的关键不就是要确定回转副 C 的位置吗？那好，就设 C 点位置为已知，然后通过观察找出解题途径。

为此首先设想铰链四杆机构已经求出，而且该机构所处两位置 AB_1C_1D 和 AB_2C_2D 已如图 3-13（a）所示。现假想脱开回转副 B_2 并将杆 B_2C_2 与 C_2D 焊接为一整体。设想使 C_2D 逆时针绕 D 旋转与 C_1D 重合，于是点 B_2 同步绕点 D 旋转到点 B_2' 如图 3-13（b）所示。

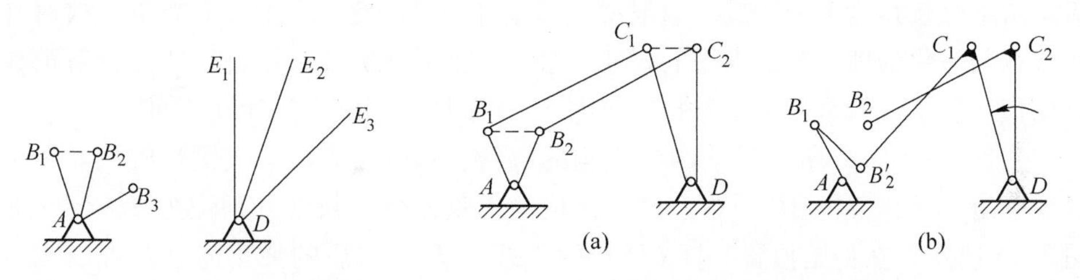

图 3-12　连杆机构设计题图

图 3-13　图解设计思路

（a）已知四杆机构；（b）两构件焊合

从两杆焊接后的转动过程可知 $B_2C_2 = B_1C_1 = B_2'C_1$，因此点 C_1 到点 B_1 与到点 B_2' 的距离都相等。换言之，点 C_1 必在 B_1 与 B_2' 连线的中垂线上。或者也可以说，当 C_1 位于直线段 B_1B_2' 的中垂线上任一点时，都可保证连架杆现有两个位置的准确对应关系。这就是通过一个已知机构对学生进行认识与思考的引导，从而得出重要结论的过程[15]。

现在回到图 3-12 所示的问题。根据前面对图 3-13 的分析与类似解法，可将杆 AB 与标志线 ED（视其为铡刀的刀刃）三个对应位置拆分为两两位置相对应的情形，再先后两次分别对每个类似图 3-13 的问题求解。其具体做法是，首先只考虑两个对应位置，如 AB_1、AB_2 分别对应 E_1D、E_2D（见图 3-14（a））。据此可作 B_1B_2' 的中垂线 n_1，此时回转副 C_1 可以为 n_1 上的任意一点。然后，再考虑连架杆的另两个对应位置，如 AB_1、AB_3 分别对应 E_1D、E_3D（见图 3-14(b)）。

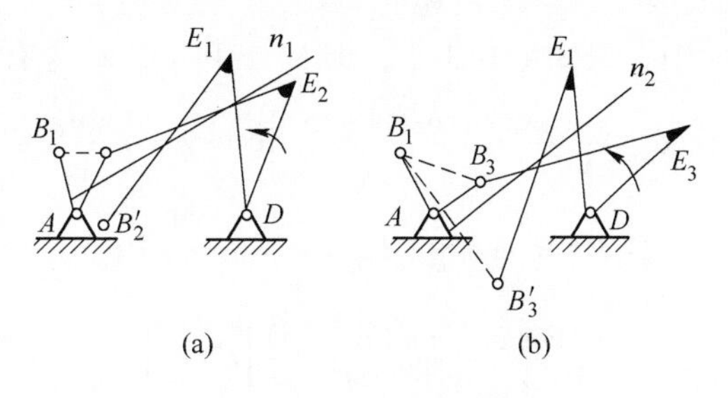

图 3-14　拆分后的图解

(a) B_1B_2-E_1E_2；(b) B_1B_2-E_1E_3

同理，在将 E_3D 转到与 E_1D 重合时，B_3 即转至 B_3'。于是，C_1 又可成为线段 B_1B_3' 中垂线 n_2 上的任意点。毫无疑问，由于 C_1 必须同时位于两条中垂线 n_1 和 n_2 上，因此 C_1 只能是两条中垂线的交点。当然，实际求解时，n_1 和 n_2 需画于同一图上。

✦ 解 析 法 ✦

机械原理教材在介绍图3-12所示条件下的图解设计的同时，也讨论了稍不同于该图条件的代数方程解析设计计算方法。

书中用解析法讨论的条件是连架杆的三个对应位置为已知，但四杆长度均待求。所求杆长是4个未知量，但根据已知条件却只能建立3个独立方程，故对杆长进行归一化处理。如此求得的解便不唯一，而是无穷。只不过这些无穷解都具有相似性罢了。但是未见有教材讨论图3-12条件下的解析设计计算问题。

为针对图3-12条件讨论四杆机构的解析设计，可先假设关键性的回转副 C 已经确定，从连架杆 AB 开始，设各杆均为矢量，且其长度分别记为 a、b、c、d 如图3-15所示。在初始位置，杆 CD 与标志线 E_1D 固联后的夹角为 γ。现以固定铰 A 中心为坐标原点，杆 AD 为横坐标，建立直角坐标系 xAy。而 x 轴正向与杆 AB_1 和标志线 E_1D 夹角分别为 α 和 φ。将各矢量向坐标轴投影，即有：

$$\begin{cases} a\cos\alpha + b\cos\delta = d + c\cos(\varphi + \gamma) \\ a\sin\alpha + b\sin\delta = c\sin(\varphi + \gamma) \end{cases}$$

对等式作移项处理，即有：

$$\begin{cases} b\cos\delta = d + c\cos(\varphi + \gamma) - a\cos\alpha \\ b\sin\delta = c\sin(\varphi + \gamma) - a\sin\alpha \end{cases} \tag{3-20}$$

将每一等式两边平方后相加并经整理则有：

$$\cos\alpha = \frac{c}{a}\cos(\varphi + \gamma) + \frac{c}{d}\cos(\alpha - \varphi - \gamma) + \frac{a^2 - b^2 + c^2 + d^2}{2ad} \tag{3-21}$$

式中，未知量有3个，即 b、c 和 γ。将含有 γ 的项分离出来，则有：

$$\cos\alpha = \left[\frac{\cos\varphi}{a} - \frac{\cos(\alpha - \varphi)}{d}\right]c\cos\gamma - \left[\frac{\sin\varphi}{a} + \frac{\sin(\alpha - \varphi)}{d}\right]c\sin\gamma + \frac{a^2 - b^2 + c^2 + d^2}{2ad}$$

令 $P_1 = c\cos\gamma$，$P_2 = -c\sin\gamma$，$P_3 = \dfrac{a^2 - b^2 + c^2 + d^2}{2ad}$ 则有：

$$\left[\frac{\cos\varphi}{a} - \frac{\cos(\alpha - \varphi)}{d}\right]P_1 + \left[\frac{\sin\varphi}{a} + \frac{\sin(\alpha - \varphi)}{d}\right]P_2 + P_3 = \cos\alpha \tag{3-22}$$

将已知条件代入，即得线性方程组为：

$$\begin{cases} \left[\dfrac{\cos\varphi_1}{a} - \dfrac{\cos(\alpha_1 - \varphi_1)}{d}\right]P_1 + \left[\dfrac{\sin\varphi_1}{a} + \dfrac{\sin(\alpha_1 - \varphi_1)}{d}\right]P_2 + P_3 = \cos\alpha_1 \\ \left[\dfrac{\cos\varphi_2}{a} - \dfrac{\cos(\alpha_2 - \varphi_2)}{d}\right]P_1 + \left[\dfrac{\sin\varphi_2}{a} + \dfrac{\sin(\alpha_2 - \varphi_2)}{d}\right]P_2 + P_3 = \cos\alpha_2 \\ \left[\dfrac{\cos\varphi_3}{a} - \dfrac{\cos(\alpha_3 - \varphi_3)}{d}\right]P_1 + \left[\dfrac{\sin\varphi_3}{a} + \dfrac{\sin(\alpha_3 - \varphi_3)}{d}\right]P_2 + P_3 = \cos\alpha_3 \end{cases} \tag{3-23}$$

由方程组求出 $P_i(i=1,\ 2,\ 3)$ 之后，须首先由 $\tan\gamma=-\dfrac{P_2}{P_1}$ 求出 γ，然后依次求出杆长 c 和 b。

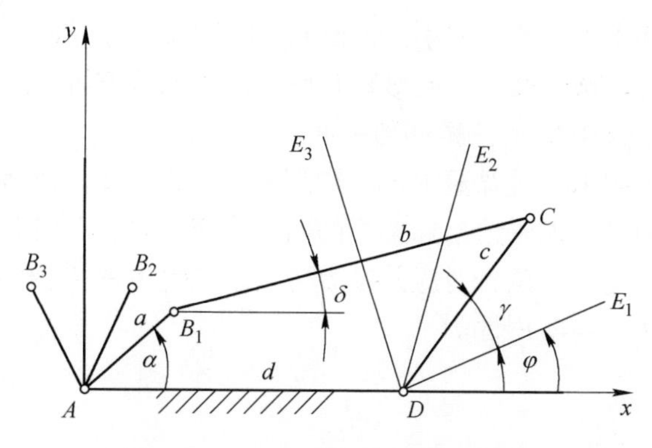

图 3-15　四杆机构的解析设计计算

计算实例：设已知 $a=160$、$d=500$，且有：$\alpha_1=30°$，$\varphi_1=15°$；$\alpha_2=60°$，$\varphi_2=45°$ 和 $\alpha_3=120°$，$\varphi_3=105°$。试设计该铰链四杆机构。

解：将已知条件代入方程组（3-23）得：

$$\begin{cases}4.1052\times10^{-3}P_1+2.1352\times10^{-3}P_2+P_3=0.866 & \text{(a)}\\ 2.4876\times10^{-3}P_1+4.9370\times10^{-3}P_2+P_3=0.500 & \text{(b)}\\ -3.5495\times10^{-3}P_1+6.5547\times10^{-3}P_2+P_3=-0.50 & \text{(c)}\end{cases}\tag{3-24}$$

从中很容易发现，分别作（a）-（b）和（a）-（c）即可得两个独立的二元一次方程。联立求解得到：

$$P_1=154.5462,\ P_2=-41.4029$$

继而由 $\tan\gamma=-(P_2/P_1)$ 求出 $\gamma=15°$，将其代回 P_1 或 P_2 即求得杆 CD 长度 $c=160$。最后由式（3-24）中的任一式求得连杆 BC 长度 $b=500$。显然，这是一个平行四边形机构。

✦ 点　评 ✦

根据图 3-13 推导解题结论时，与前人一样也采用了所谓“刚化板”旋转法。但与前人不同的是，在先假定铰链 C 已求出的情况下解除活动铰 B，再设想将杆 BC 和杆 CD 焊连接为一刚性整体。在此基础上，将连架杆三个对应位置拆分为两个两两位置对应的机构，据此按上述步骤分别进行解除约束和焊接刚化的处置与推理过程并由此得出相关结论。尽管这种解题思路未必就与解此题第一人的想法相吻合，但与教材未作任何补充说明的方法相比，其合理性成分相当明显，而且也更符合学生的实际水平和认知规律。学生听课能跟上讲课节奏，易于接受与掌握解题技巧。对提高其学习效率以及引导学生进行创新思维具有较大的促进作用。

在图解创新基础上，紧接着引入的解析法也很有创新特色。首先，解析求解的对象较之教材有突破；其次，巧妙地化解了超越函数方程；而最关键的是在进一步扩大的设计空间中保证了解的唯一性。

由式（3-23）可知，连架杆间的三位置对应条件可唯一地确定两个杆长未知量和一个方位未知量。如果给出连架杆的四个对应位置，那么就可求三个杆长未知量。依此类推，更多的位置对应关系就可以求取更多的机构参数。可见，解析法具有更大的灵活性与实用性。

[案例 3-6]　周转轮系传动比分析的教学创新

✦ 引　　言 ✦

周转轮系是由行星轮、系杆和不超过两个中心轮组成的最基本动轴齿轮系统。其主要功能是以尽可能少的齿轮个数和尽可能小的空间尺寸来实现大传动比的运动传递和大传矩或大功率的动力传递。

周转轮系中的行星轮，顾名思义就像太阳系中的行星，是一个既绕自身轴线旋转又绕其他轴线公转的齿轮。由于行星轮的存在，整个轮系传动比的计算就不能直接套用定轴轮系传动比计算公式。

含有行星轮的复合轮系传动比计算是机械原理和机械设计基础课程的重点和难点。凡是这两门课程的考试，几乎无不含有复合轮系传动比计算题的。因此，必须重视复合轮系传动比计算内容的教学，而其前提就是应该着重将周转轮系传动比计算问题讲得深入浅出，富有吸引力。

✦ 课　　堂 ✦

一、进入主题前的铺垫

在即将讨论轮系传动比问题之前，预先抛出一个关系手表问题的趣味计算不失为讲解周转轮系传动比的最佳铺垫。

在基本结束齿轮机构一章讲授之后，临下课前，老师抬起手腕，稍微看一眼手表即对学生交待一道补充课外作业题：

现在时间是 12 点差 5 分。请问经过多长时间后分针与时针正好第一次成 90°角？要求写出计算式并精确到 0.01s，下次上课前交卷。

严格说来，这种小题目连许多小学生都可能难不住。但不知为何，班上数十名学生几乎难有一人能按要求交出令人满意的答卷。虽然有三分之一左右的同学答案达到规定的要求，但求解过程很不简洁。其实这个补充题只是一个速度、时间与路程关系的应用题。小学生们解答的类似数学题目多涉及直线路程，而此问题不过为圆周运动角位移而已。

按照代数方法，可设待求时间为 x 分钟，则可写出方程为：

$$\varphi_{m0} + n_m \times 360^\circ x - \varphi_{h0} - n_h \times 360^\circ x = 90^\circ \qquad (3\text{-}25)$$

式中，φ_{m0} 和 φ_{h0} 分别为分针和时针的初始角位移，且 $\varphi_{m0} = -30^\circ$ 或 $\varphi_{m0} = 330^\circ$、

$\varphi_{h0} = -2.5°$ 或 $\varphi_{h0} = 357.5°$；n_m 和 n_h 分别为分针和时针的转速（r/min），且 $n_m = \frac{1}{60}$，$n_h = \frac{1}{720}$。将其代入，即求得：

$$x = 21.\dot{3}\dot{6}\text{min} = 1281.818\text{s}$$

当然，式（3-25）不是唯一的解题途径，但从工程观点看却是一个最好的方程。因为它首先体现了高度的概括性，即能一步到位求出最终高精度解，而不必分多层次列式解题；其次适应性强，对于任何初始条件和位置要求都有效；第三在于所用参数及单位（如 n）符合工程惯例。正是因为无一学生能写出与此相同或相近的方程，所以式（3-25）对学生具有很强的示范效果。

二、课堂演示小实验

为使周转轮系传动比计算公式的推导显得自然流畅，在课堂上取下三针手表演示后随即依次提出三个思考题。

如图 3-16 所示，将手表整体逆时针反转，以使秒针相对静止于某一方位。只要学生看到或能想象到这一点，便结束此演示实验。

图 3-16　手表的整体反转

随后提出的第一个问题是：当整体反转手表的转速为多大时，可使秒针相对静止？该问题极为简单，大家都能很快回答。只是要求其书写格式最好统一为 $-n_s = -1\text{r/min}$。

第二个问题是：手表反转过程中，各指针间的相对运动关系是否改变？或者换言之，手表是否因反转而走不准？此问题似乎更简单。大家的回答相当一致并且正确。

最后一个问题是：手表整体反转，是否会改变分针与时针间的传动比？这次的一致答案是意料之中的完全错误。为消除大家疑惑，将手表各指针及表盘作为构件，集中列出其转速于表 3-1。

表 3-1　手表构件转速对比表

构件名称	原转速/r·min^{-1}	反转时转速/r·min^{-1}
表盘 p	$n_p = 0$	$n_p^s = n_p - n_s = -1$
秒针 s	$n_s = 1$	$n_s^s = n_s - n_s = 0$
分针 m	$n_m = 1/60$	$n_m^s = n_m - n_s \approx -1$
时针 h	$n_h = 1/720$	$n_h^s = n_h - n_s \approx -1$

由于课前补充作业的铺垫以及对式（3-25）的详细讲解，学生对表3-1中 $n_h=\dfrac{1}{720}$ 等的来历便有了正确的认识，从而有利于后续内容的讲解。

由表3-1中的两列数据，很容易写出其传动比计算式分别为：

$$\begin{cases} i_{mh}=\dfrac{n_m}{n_h}=\dfrac{1/60}{1/720}=12 & \text{(a)} \\ i_{mh}^{s}=\dfrac{n_m-n_s}{n_h-n_s}\approx\dfrac{-1}{-1}=1 & \text{(b)} \end{cases} \tag{3-26}$$

式中，（a）为手表原转速条件下分针与时针间的传动比（参见表3-1第二列数据）；（b）为手表整体反转过程中分针与时针间的传动比（参见表3-1中第三列数据）。两个传动比存在的差异使大家明白，对老师所提问题必须冷静思考，否则很容易出错。当然，要在很短时间内能快速准确地答题，关键在于基本功锻炼与知识的积累。

三、周转轮系传动比计算式的推导

继式（3-26）之后，将问题转向图3-17所示的差动轮系，并要求大家将该图的左视图与图3-16中的手表作类比。仿手表整体反转方式，也给图3-17左视图一个整体反转，并令其反转角速度大小正好等于系杆H的原有角速度 ω_H 。类似于表3-1，也将图3-17轮系各构件的转速（r/min）集中列于表3-2。

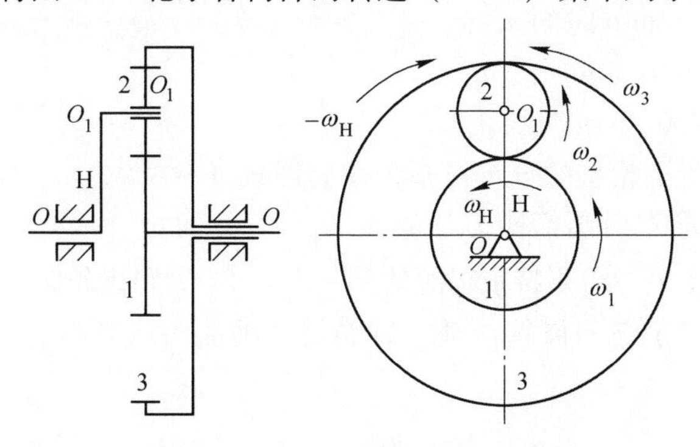

图3-17　基本周转轮系及转向假设

表3-2　周转轮系构件转速对比表

构件名称	原转速/r·min^{-1}	反转时转速/r·min^{-1}
中心轮1	n_1	$n_1^H=n_1-n_H$
系杆H	n_H	$n_H^H=n_H-n_H=0$
行星轮2	n_2	$n_2^H=n_2-n_H$
中心轮3	n_3	$n_3^H=n_3-n_H$

图 3-17 和表 3-2 表明，周转轮系整体反转过程中，系杆 H 将固定不动，这就意味着，这一反转使周转轮系成为定轴轮系，从而可以直接套用前面已学知识，利用定轴轮系传动比公式来计算图 3-17 机构中轮 1 与轮 3 间的传动比：

$$i_{13}^{H}=\frac{n_1^{H}}{n_3^{H}}=\frac{n_1-n_H}{n_3-n_H}=-\frac{z_3}{z_1}$$

将图 3-17 中两个中心轮传动比计算式推广到一般情形，则有：

$$i_{KG}^{H}=\frac{n_K-n_H}{n_G-n_H}=\begin{bmatrix}(-1)^m\\(\pm)\end{bmatrix}\frac{\text{从 K 到 G 所有从动轮齿数连乘积}}{\text{从 K 到 G 所有主动轮齿数连乘积}} \tag{3-27}$$

式中，等号右边方括号内表达式代表传动比符号的确定原则。当反转后的轮系即转化机构为平面定轴轮系时，传动比符号由外啮合次数 m 即 $(-1)^m$ 决定。若为空间定轴轮系，则按画箭头方式直接判定为“+”或为“-”。对式（3-27），必须特别强调的是，等号两边符号各不相干。

由式（3-27）可知，在 n_K、n_G 和 n_H 三个构件转速中，只要给定其中任意两个转速，就可唯一确定第三个转速的大小。

四、计算实例

设图 3-18 所示轮系中，已知 $z_1=z_3$ 和 $n_1=100\text{r/min}$。试求：

(1) $n_3=100\text{r/min}$ 时的 n_H；

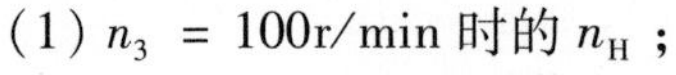

(2) $n_3=-100\text{r/min}$ 时的 n_H；

(3) $n_H=-200\text{r/min}$ 时的 n_3。

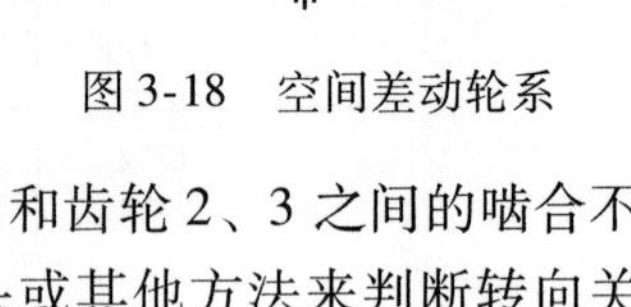

图 3-18　空间差动轮系

解： 通过对图示轮系的分析可知，在套用式（3-27）时，传动比符号由画箭头方法确定为“-”而与两轮实际转向无关。需要特别提醒的是，齿轮 1、2 和齿轮 2、3 之间的啮合不能算成外啮合。对于空间齿轮传动，只能借助画箭头或其他方法来判断转向关系。至此有：

$$i_{13}^{H}=\frac{n_1-n_H}{n_3-n_H}=-\frac{z_3}{z_1}=-1 \tag{3-28}$$

将题目条件依次代入式（3-28）。首先由 $i_{13}^{H}=\dfrac{100-n_H}{100-n_H}=-1$，解得 $n_H=100\text{r/min}$。此时马上有同学质疑：分母怎么能为 0？对此问题，只需请同学们回忆高等数学中的“$\dfrac{0}{0}$”型问题即可。

其次由 $i_{13}^{H}=\dfrac{100-n_H}{-100-n_H}=-1$，解得 $n_H=0$。

最后由 $i_{13}^{H} = \frac{100 + 200}{n_3 + 200} = -1$，解得 $n_3 = -500\text{r/min}$。

为辅助说明上述解的正确性，将带进教室的差速器模型拿上讲台作演示，同时也让感兴趣的学生课后自行琢磨。

✦ 点　评 ✦

在课堂上用手表作最简单的反转实验，以此作为引出周转轮系传动比“动-定”法计算的伏笔，应该是很多老师都用过的一种教学方法。但从手表指针相对运动关系计算入手，使学生增强工程观念，且在手表反转实验之后连续提出三个问题并展开讨论，特别是在最后一个问题上“设套”，以让学生全都掉入“陷阱”的做法尚不见诸于课程教学研讨会报道。

让学生掉入知识的“陷阱”不是坏事，而是有利于吸引或激发学生渴求问题真相的欲望，并且使周转轮系传动比计算这一老疑难成为深入浅出、引人入胜的轻松话题。尤其是手表反转实验结果的列表分析，使周转轮系传动比计算公式依此类推过程显得十分轻松自然。

为进一步加深学生对周转轮系传动比计算式的理解，引出了如图3-18所示组成汽车差速器的重要部分。这是主讲者脱离教材的自选例题。该例题的讲解与计算过程最全面地涉及了计算公式应用的全部注意事项。

在中国数千年的历史长河中，车轮和车辆对社会的发展起过重要作用。但由于历史上从未用过图3-18所示的差速机构，以致中国只有两轮车而从未用过四轮车。如果中国早一千年普及四轮车，也许整个国家的历史都将改写。

[案例3-7] 机械原理课程设计教学模式的创新

✦ 引 言 ✦

许多学校的机械原理课程设计多选牛头刨床作为设计题[16]。设计的主要任务包括：绘制机构运动简图和滑枕运动线图，对机构进行运动分析和动态静力分析，完成飞轮转动惯量等参数的计算及相关设计绘图等。

以往同学们根据老师讲授的步骤，采用指导书给定的数据，无须参照机床实物，足不出户就可完成整个设计。显然，按此模式组织学生设计难以实现理论与实际的有机结合，难以培养学生敢于面对工程实际的勇气与信心。

针对原有教学环节中的不足，特别是为了落实卓越机械工程师的培养计划，将课程设计与生产实际结合起来，改进了以往不深入实际的书斋教学模式，受到学生的一致好评。

✦ 测 绘 ✦

承担课程设计的指导教师发放设计任务书并简要讲解设计要求后，带领全班学生进入学校工程训练中心，请相关技师进行安全教育并介绍牛头刨床结构，演示切削过程；再根据同型号设备台数将学生分成相应小组，由老师与技师共同指导分头测量牛头刨床运动尺寸，绘制机构运动简图。

由于条件限制，不同组学生所获测量数据肯定存在多处差异，为此让同学们自行协调处理。其间不少同学多次返回车间重新校对测量结果，终于使全班按一组统一数据进行设计。图3-19（a）即为学生实测机构简图；图3-19（b）为指导书所给机构简图；图3-19（c）为指导教师提供给同学们参考的另一种牛头刨床机构简图。

✦ 分 点 ✦

设计开始，首先要求同学们通过拆分杆组来分析图3-19所示三种机构的结构组成以及三者间的差异，借此让同学们对将要设计的Ⅲ级机构形成初步概念。然后针对图3-19（a）机构完成设计任务书规定的任务。

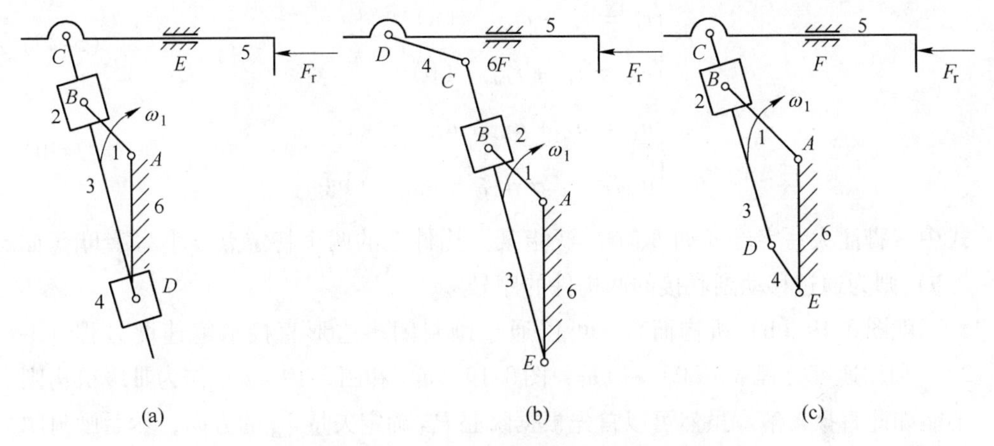

图3-19　三种牛头刨床的机构简图

（a）实测机构简图；（b）指导书中机构简图；（c）另一种机构简图

为减少数据重复机会，将图3-19（a）曲柄 AB 与机架 AD 拉直共线作为起始位置，等分圆周得到点 B 的24个位置，加上行程起迄点和切入切出特殊点，总共就有28个独立点。按每个学生完成两个位置设计计算要求，减少了相互抄袭的机会而增强了独立工作以能相互验证的自觉性。

✦ 分　析 ✦

本校机械原理课程设计仅安排1.5周，时间相对紧张。为此提前向学生下发设计任务书和作简要交待，并尽可能早地带领学生到金工实习车间测绘机构及其运动尺寸，随后正式展开设计。

为使设计能紧密结合课程教学，使学生进一步加深对课程基本理论、基本概念和基本技能的理解与掌握，要求以图解法为主进行传统方式的设计，所有图纸一律手工绘制，设计说明书则允许计算机打印。

设计工作顺序是，画两个位置的机构简图，描点画滑枕位移线图，图解微分绘速度线图和加速度线图，分别就机构两位置进行运动学和动态静力学图解分析，求取主动曲柄上的平衡力矩，计算飞轮转动惯量，设计并绘制进给机构中的凸轮机构，最后整理说明书并准备答辩。除首先进行现场测绘外，设计过程的后续进行方式与传统图解设计法基本相同。

尽管图3-19所示机构的结构有所不同，但课程设计中的运动分析方式几乎没有差异，即都应根据教材重点讲授过的，同一构件不同点间以及不同构件重合点间的相对运动关系，写出形式完全相同的速度和加速度矢量方程：

$$\begin{cases} v_L = v_G + v_{LG} & \text{(a)} \\ v_{Gi} = v_{Gj} + v_{GiGj} & \text{(b)} \end{cases} \tag{3-29}$$

$$\begin{cases} a_L = a_G + a^n_{LG} + a^t_{LG} & \text{(a)} \\ a_{Gi} = a_{Gj} + a^k_{GiGj} + a^r_{GiGj} & \text{(b)} \end{cases} \tag{3-30}$$

式中，脚注大写字母（如L、G）泛指某一构件上的两个特定点；小写字母（如i、j）则为通过移动副联接的两构件的序号。

就图3-19（b）机构而言，可以通过画封闭多边形直接求解速度方程（3-29）和加速度方程（3-30）。但是，图3-19（a）和图3-19（c）作为Ⅲ级机构则不能如此直接求解。虽然可以首先根据瞬心P_{63}确定矢量v_{B3}的方向，然后画封闭多边形，但矢量方程（3-30）则无法从瞬心法中获益。同理，与加速度问题相类似，图3-19（a）和图3-19（c）机构中的动态静力分析问题也存在同样的麻烦。

与本校多年采用的课程设计指导书指定机构（见图3-19（b））相比，从车间实测到的牛头刨床机构（见图3-19（a））的关键不同之处在于前者是Ⅱ级机构，后者则为Ⅲ级机构。显然，分析处理Ⅲ级机构具有更多的难度。但是尽管如此，相对于同为Ⅲ级机构的图3-19（c）而言，图3-19（a）机构的结构特点给绘制位移线图提供了许多便利。

这是因为，每给定图3-19（a）曲柄AB一个位置，就一定能比图3-19（b）更为方便快捷地唯一确定滑枕C点的对应位置，因而更容易写出滑枕的位移方程。如果换成图3-19（c），则只有采用新的途径才能求解。正因为考虑到时间的限制以及设计绘图的难度偏大，本校至今未选图3-19（c）机构作为机械原理课程设计题。

当然，实测所获机构（图3-19（a））毕竟也是Ⅲ级机构，其解题过程肯定会比Ⅱ级机构复杂不少。事实上，图解设计Ⅲ级机构的难点在于矢量方程中的未知量个数偏多而难以直接画出封闭多边形。例如，即使将式（3-30）应用于图3-19（a），并且合并式中的（a）和（b）两者，将加速度方程改写为如下形式：

$$a_{B3} = a_{B2} + a^k_{B3B2} + a^r_{B3B2} = a_{C3} + a^n_{B3C3} + a^t_{B3C3} \tag{3-31}$$

也仍然难以直接画出封闭多边形，因为该方程每一等号两边都含有3个未知量。

帮助学生克服设计困难的关键在于做好启发引导。图解上述方程的诀窍在于减少一个未知量。同学们虽然通过画机构简图与描点可较快绘制点C的位移线图，然后借助图解微分法不难获得速度与加速度线图，但由于结果可能很不准确而不可从线图中直接量取点C的相应速度和加速度，而是必须另辟蹊径。

✦ 过　　程 ✦

首先指导大家改画图3-19（a）为图3-20，然后在图中标出瞬心 P_{63} 位置、速度 v_{B2} 与 v_{B3} 方向，并确定滑枕正向坐标 x。坐标系的合理选择为按图3-20直接写出滑枕 C 点的位移方程提供了极大的便利。

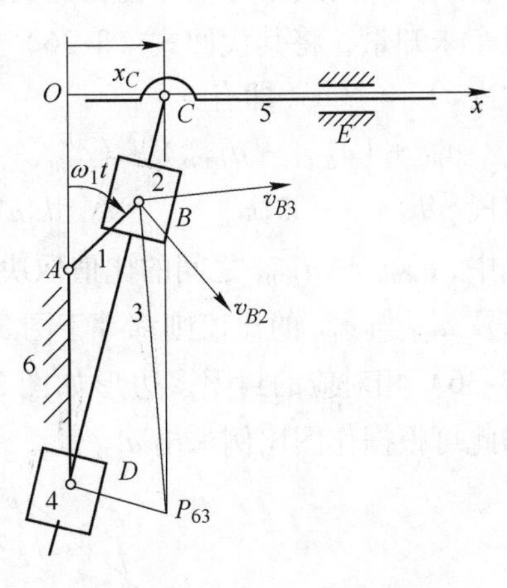

图3-20　机构位移速度条件

$$x_C = \frac{l_{OD} l_{AB} \sin\omega_1 t}{l_{\mathrm{AD}} + l_{AB}\cos\omega_1 t} \qquad (3\text{-}32)$$

有了滑枕 C 的位移方程，就无须将杆件视为矢量，也无须将方程中的各矢量向坐标轴作投影[17,18]，因而简化了求解过程。对式（3-32）求一阶与二阶导数，就可非常准确地获得牛头刨床滑枕在各个位置时的速度和加速度。将速度值 $v_C = \dot{x}_C$ 和加速度值 $a_C = \ddot{x}_C$ 分别代入式（3-29）和式（3-30），可使矢量多边形图解方法变得更加容易。而在强调传统图解设计情况下，速度和加速度的解析计算式为同学们自行判断图解过程与结果的可信度提供了最好的依据。

对式（3-32）求导有：

$$\dot{x}_C = \frac{l_{OD} l_{AB}^2 \omega_1 + l_{OD} l_{AB} l_{AD} \omega_1 \cos\omega_1 t}{(l_{AD} + l_{AB}\cos\omega_1 t)^2} \qquad (3\text{-}33)$$

$$\ddot{x}_C = \frac{2 l_{OD} l_{AB}^2 \omega_1^2 \sin\omega_1 t (l_{AB} + l_{AD}\cos\omega_1 t)}{(l_{AD} + l_{AB}\cos\omega_1 t)^3} - \frac{l_{OD} l_{AB} l_{AD} \omega_1^2 \sin\omega_1 t}{(l_{AD} + l_{AB}\cos\omega_1 t)^2} \qquad (3\text{-}34)$$

由于图3-20标出了瞬心 P_{63}，故可参考式（3-29）合并写出速度矢量方程为：

$$\begin{aligned} v_C &= v_{B1} + v_{B3B1} + v_{CB} = v_{D3D4} + v_{CD} \\ \text{线段}\quad & pc \quad pb_1 \quad b_1 b_3 \quad b_3 c \quad pd \quad dc \end{aligned} \qquad (3\text{-}35)$$

图解式（3-35）的大体结果示于图3-21。由图可知，摇杆3与两个滑块间的相对滑动速度是不一样的。这就很容易理解随后讨论的两处科氏加速度与相对滑动加速度为什么也存在很大的差异。

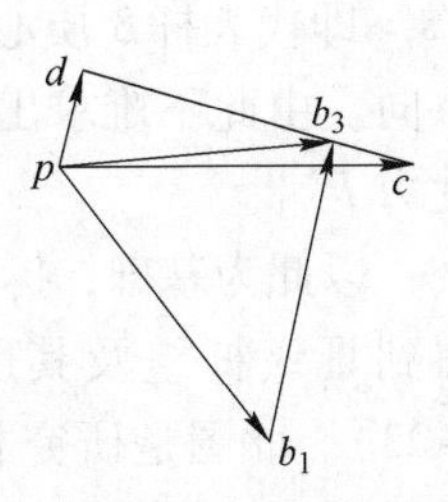

图3-21　速度图

类似于式（3-35），滑枕 C 的加速度方程为：

$$\begin{cases} a_C = a_{B2} + a_{B3B2}^k + a_{B3B2}^r + a_{CB}^n + a_{CB}^t & \text{(a)} \\ a_C = a_{D3D4}^k + a_{D3D4}^r + a_{CD}^n + a_{CD}^t & \text{(b)} \end{cases} \qquad (3\text{-}36)$$

式中，滑枕 C 相对于滑块 B 和 D 的滑动加速度都是未知量。由于每一式中的未知量个数太多，故此无法画出封闭多边形。但经观察发现，如果令式（3-36）中（a）、（b）两式相等，并且合并共线或平行的矢量，那么就可由封闭多边形求出某个未知量，将其代回式（3-36）中的任一式，即可得出唯一解。由式（3-36）中（a）=（b）即有：

$$a_{B1}+(a^k_{B3B1}-a^k_{D3D4})+(a^n_{CB}-a^n_{CD})+(a^t_{CB}-a^t_{CD})=(a^r_{D3D4}-a^r_{B3B1}) \tag{3-37}$$

线段 $p'b'_1$ $\quad b'_1k'$ $\quad k'n'$ $\quad n't'$ $\quad p't'$

式中，a^k_{B3B1} 与 a^k_{D3D4} 之间的比值取决于图 3-21 中线段 b_1b_3 与 pd 的比值，a^n_{CB} 与 a^n_{CD} 以及 a^t_{CB} 与 a^t_{CD} 的比值则都等于图 3-20 所示杆 3 的长度比“CB/CD”。画出与式（3-36）相对应的封闭多边形如图 3-22（a）所示。图中 $n't'$ 即代表 $a^t_{CB}-a^t_{CD}$。据此可根据作图比例求出 a^t_{CD}。

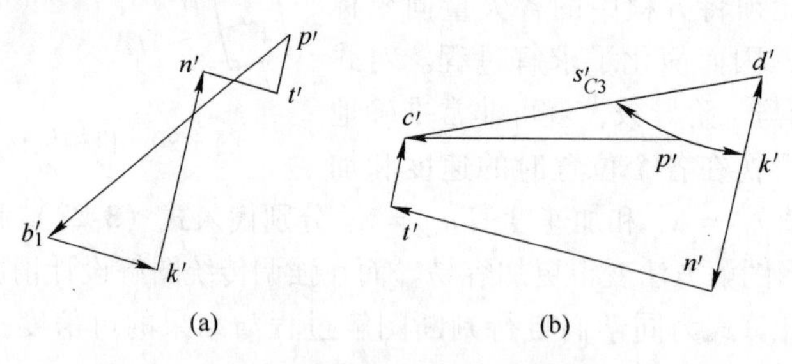

图 3-22　加速度多边形图解

（a）过渡多边形；（b）图解多边形

将 a^t_{CD} 代入式（3-36（b））并稍作顺序调整后，画出多边形 $p'k'n't'c'p'$ 示于图 3-22（b）。图中线段 $t'c'$ 即代表式（3-36（b））中矢量 a^t_{CD}。将线段 $t'c'$ 平移至 $k'd'$，则封闭三角形 $p'k'd'p'$ 即为方程 $a_{D4}=a^k_{D3D4}+a^r_{D3D4}$ 的解。

由影像法可知，图 3-20 杆 CD 必相似于图 3-22（b）线段 $c'd'$。在线段 $c'd'$ 上找出杆 CD 质心 S_{C3} 的影像点 s'_{C3}，作射线 $p's'_{C3}$ 即代表杆 3 质心 S_{C3} 的加速度大小与方向。由此不难求出作用于杆 3 上的总惯性力 P'_{iC3}。

以此为基础，拆分图 3-19（a）机构，得到Ⅲ级杆组及其所受全部外力（见图 3-23）。此图是研究机构力学特性的一种全局观念的体现。在课程设计中进行受力分析时，同学们应该以杆组为研究对象。

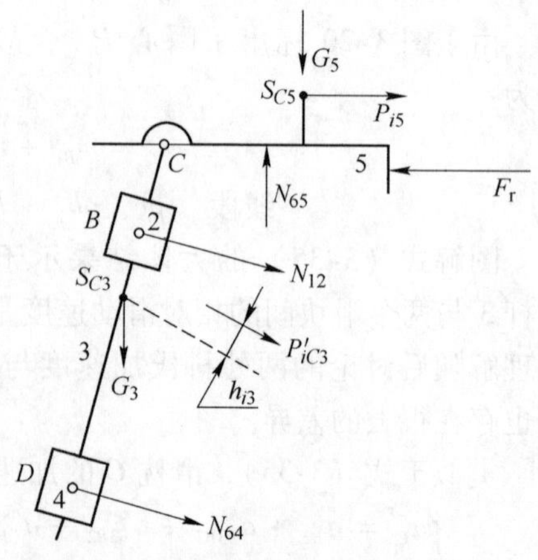

图 3-23　Ⅲ级杆组受力图

如果就每一构件建立力学模型，势必将所有内力都暴露出来，因而增加了许多不必要的工作量，以致影响工作进度，难以按时完成课程设计任务。

图3-23所示Ⅲ级杆组为一静定系统。由于支反力 N_{65} 的作用点尚不明确，因此其上所受3个未知力实际共有4个未知量。考虑到滑块2与4均为二力杆，两者所受作用力 N_{12} 和 N_{64} 始终保持平行，且画力多边形时无须涉及力的作用点，由此即可写出动态静力矢量平衡方程式为：

$$F_r + G_5 + G_3 + P_{i5} + P'_{i3} + N_{12} + N_{64} + N_{65} = 0 \qquad (3\text{-}38)$$

为便于图解，令 $G = G_5 + G_3$，并将 $N_{12} + N_{64}$ 当为一个矢量。由此便得到方程(3-38)各矢量围成的力封闭多边形（见图3-24)。由图不仅可很方便而准确地求出支反力 N_{65}，而且可以通过取滑枕5为隔离体求出 N_{65} 的作用位置后，就能借助对点 D 取矩并令：

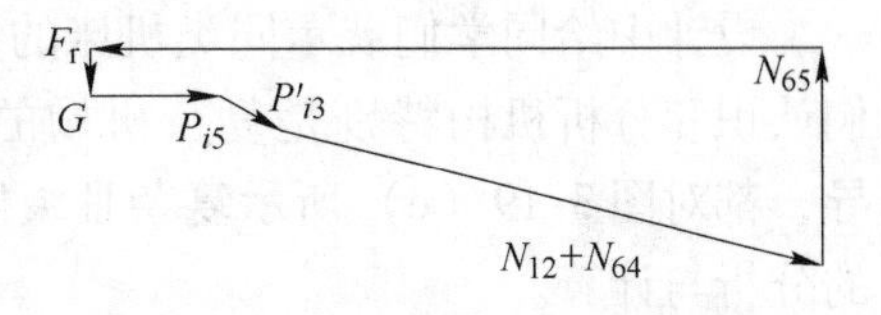

图3-24 Ⅲ级杆组力封闭多边形

$$\sum M_D(F) = 0 \qquad (3\text{-}39)$$

由此式即可求出原动件 AB 杆对滑块2的作用力 N_{12}，进而即可求得杆 AB 所受平衡力矩 M_b。注意：式（3-39）中的力 F 为图3-23所示杆组的全部外力。

求解图3-19（b）机构的运动参数时，采用了解析与图解相结合的方法。其实，类比于点 C 位移方程的导出，摇杆3上质心 S_{C3} 的位移方程也易于推导，因此似乎再无必要采用图解法求解。但是，图解法可以帮助学生加深对运动学问题物理意义及几何意义的理解与掌握，因此在课程设计中让学生交叉运用各种解法，有利于同学们灵活运用解题技巧，有利于深刻领会基本理论与基本概念。

✦ 点 评 ✦

机械原理课程设计的传统教学，一般只涉及Ⅱ级机构的相关问题。如果分析计算图3-19（c）机构，则须先将机构转化为Ⅱ级机构方可下手。图3-19（a）虽然也是Ⅲ级机构，但其特殊性使得人们无须转换机构的级别。但与图3-19（b）比较，其运动和动态静力分析的难度有所增加。启发与指导学生巧妙选择坐标系和合并未知量是克服疑难的关键。

本校将Ⅲ级机构引入机械原理课程设计，人数不太多的卓越班全体同学可以同做一个题。当某个班学生较多时，宜将机构原动件位置分成30或更多等份，以使每个学生计算两个位置也不会出现更多的重复。

设计中有学生认为图解法所得结果不准确，其实这是一种误解。以图3-24为例不难理解，由于各力之间具有准确的角度关系，设计者完全可以通过三角形相关公式进行计算以准确计算出待求未知量。如果只是一味通过测量封闭多边形边长来确定未知量，当然难免产生各种误差。

在机械原理课程设计中，带领学生面向实际牛头刨床进行测绘以确定设计参数，可以有效加强学生工程观念的培养，利于培养学生理论联系实际的自觉性；对于本校卓越机械工程师的培养也具有较好的示范作用。

全班同学围绕一个题目开展课程设计，分点较细而减少了重复机会，使相互抄袭现象难以发生。此外一个同学的错误或进度缓慢会严重影响全班同学后续工作的展开，让同学们认识这一点非常利于培养学生的责任感与团队合作精神。

设计中给同学们展示同类机床的多种可能结构，开阔了学生眼界，增强了他们认识和分析机构特别是复杂机构的能力；那些勤奋好学的学生通过启发与引导，都对图 3-19（c）所示复杂Ⅲ级机构充满好奇心理，甚至跃跃欲试有关问题的分析与计算。

随着指导经验的积累，今后有必要布置图 3-19 前两个甚至全部三个机构作为一个班级的设计题，以便在全班内部通过讨论与对比，帮助大家深入了解各种机构的特性与差异。

在类似于机械原理课程设计的实践环节教学中，还有很多有待改进与创新的空间。特别是对于以培养服务于生产第一线应用型人才为主的地方性高校，很有必要紧密结合学生实际水平，不断创新实践环节教学模式，以大力增强其工程观念和工程实践能力。

[案例3-8] 带传动课堂教学的创新

✦ 引 言 ✦

在当前社会各个领域的机械产品中，带传动最为普遍，V形带则是现代机械中最为常见的标准化元件。工作在生产第一线负责设备维护和管理的专业技术人员大多体会到，机械设计是他们运用最多的课程；带传动的设计或相关问题的处理是他们经常遇到的技术业务。

V带传动之所以应用最为广泛，关键在于传动功率大，结构简单，价格便宜。由于带与带轮槽之间是V形槽面摩擦，其摩擦系数超过平形带两倍以上。家用机械，农业机械和矿山机械、交通运输车辆、轻化工机械和工作母机即机床等的运动链中，都有V带传动的参与。

带传动适用于中心距较大的传动场合。带式运输机尤为特殊，由于采用一系列托辊支承皮带，故其传动距离可达数十千米甚至更长。V带本身的材质决定了其所具有的良好挠性，因而可缓和冲击、吸收振动；过载时带与带轮之间的打滑，可有效避免其他零件的损坏。

作为培养面向基层一线卓越工程师的地方性大学，加强应用性最强课程和最适用知识的教学具有特别重要的意义。

✦ 教 学 ✦

一、演示与提问

讲授带传动一章，首先按惯例介绍重点和难点，然后从衣袋中拿出事先准备好的一根红色带绳，其一端拴上钥匙串，用右手将带绳搭在左手腕上；松开右手，钥匙串将拖动带绳迅速滑脱。再次重复上述动作后，将带绳在左手腕上多绕一圈，钥匙串虽然仍然会滑脱，但滑脱速度明显减小。接着重复第二步动作之后，将带绳两端适当拽紧，松开右手即可看到吊挂钥匙串的带绳纹丝不动套牢在左手腕上[20]。

为帮助同学们将所获得的某些初步感性认识上升到相应的理论高度，在启发他们理解实验目的以及实验所反映的原理基础上，随即提出了以下三个思考题：

（1）使钥匙串不掉落的作用力是什么？

（2）哪些因素影响钥匙串及其系绳在手腕处的平衡？

（3）该实验所反映的现象有何工程价值？

针对大家的发言，老师稍作归纳与评点后强调，虽然该演示实验方法简单，步骤清晰明确，毫无神秘之处，但却包含着较为高深的学问。实验结果的圆满科学解释必须依赖高等数学，特别是微分方程与动力学的理论基础，答案将在下次课揭晓。

同学们如果课后复习时能将此实验中的现象与课堂上数学公式的推导结合起来，并且联系本章口诀诗后两句“有效力推欧拉式，预紧包角在轮槽”[3]一起思考，那就一定会在脑海中留下深刻印象。

在本课程的随机几次课堂小测验中（每次不超过 10min），甚至会有如此测验题：“请写出带传动一章课堂演示实验的名称、所用材料及显示的主要现象。”。目的在于进一步强化效果。

继简短演示与讨论之后，还会提出一个来自生产与科研中的问题[5]。如图 3-25 所示，造纸厂生产的成品纸张、印染厂生产的布匹、钢铁厂和有色冶金厂生产的薄板材或线材等都需要卷绕成捆。不难理解，材料输出的速度基本稳定为常数。如果主动卷辊的转速也一成不变，势必造成不协调问题。为此必须要求随着材料成捆尺寸的增大而减小卷辊的转速。那么，如何用机械的办法，甚至用本章带传动的方法来实现卷辊的调速？尽管此问题太难，但由于其实用性而仍然提出来要求同学们思考。

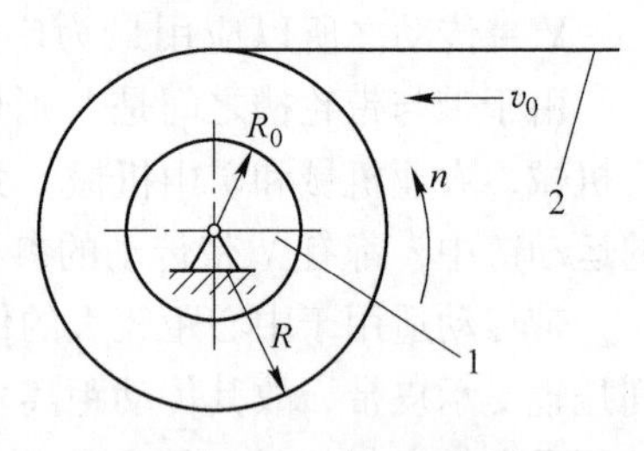

图 3-25　成品材料的卷绕[5]

1—卷辊；2—成品材料

二、计算与分析

由机械设计教材所提供的带传动基本知识，可以很容易导出带上作用力之间关系为：

$$\begin{cases} 2F_0 = F_1 + F_2 & \text{(a)} \\ F_e = F_1 - F_2 & \text{(b)} \end{cases} \tag{3-40}$$

取皮带微段进行分析并积分导出欧拉公式，经整理即有：

$$F_2 = F_1 e^{-f_v \alpha_1} \tag{3-41}$$

上两式中，F_0、F_e、F_1、F_2、f_v 和 α_1 分别为皮带预紧力、有效拉力、紧边拉力、松边拉力、当量摩擦系数和小带轮上包角。

将式（3-41）代入式（3-40），并通过（b）/（a）得：

$$F_r = 2F_0 \frac{1 - e^{-f_v \alpha_1}}{1 + e^{-f_v \alpha_1}} \tag{3-42}$$

由于式（3-40）和式（3-41）写法上不同于通常教材，因此使式（3-42）的推导更加简洁自然。该式充分反映了影响传动带有效拉力的全部因素，即课前实验所演示的：通过增大包角 α_1（让带绳多绕一圈）、增加摩擦 f_v（带绳陷入肉中形成槽面摩擦）和加大初拉力 F_0（预先拽紧带绳）三者的共同作用，再重的钥匙串也能牢靠地悬挂于手腕。

教材推导初拉力 F_0 的计算式一般都是对式（3-42）作逆运算，然后再加上离心力部分而得：

$$F_0 = \frac{F_e}{2}\left(\frac{2.5}{K_\alpha} - 1\right) + qv^2 \tag{3-43}$$

式中，$2.5/K_\alpha$ 来得突然，一些学生希望能就此做出解释。其实只要指导他们领会“反求”概念即可。由：

$$\frac{1 + e^{-f_v\alpha_1}}{1 - e^{-f_v\alpha_1}} = \frac{2 - (1 - e^{-f_v\alpha_1})}{1 - e^{-f_v\alpha_1}} = \frac{2}{1 - e^{-f_v\alpha_1}} - 1$$

取 $f_v = 0.512$ 和 $\alpha_1 = \pi$，则有 $2(1 - e^{-f_v\alpha_1})^{-1} = 2.5$。但在绝大多数情况下，$\alpha_1 < \pi$，故此引入包角系数 K_α 以修正2.5这一计算结果。当然，$f_v = 0.512$ 十分牵强。在常规条件下，帆布橡胶与铸铁间的平面摩擦系数就可达0.5，由 $f_v = f/\sin\beta = 0.5/\sin20°$，应有 $f_v = 1.46$。设计规范取更小的摩擦系数主要是出于保守，以便为设计结果留出一定的安全承载空间。

根据几何条件并略去高阶微量，推导了传动带的长度计算式：

$$L_d = 2a + \frac{\pi}{2}(d_1 + d_2) + \frac{(d_2 - d_1)^2}{4a} \tag{3-44}$$

式中，L_d、a、d_1 和 d_2 分别为V带基准长度、实际中心距、小带轮和大带轮直径。

结束带传动的讲授后，布置课后作业时补充了一道带传动三级变速设计题：

已知电动机额定功率1.1kW，额定转速 $n_1 = 1420\text{r/min}$，试用单根V带使输出轴依次可获得 $n_2 = 280\text{r/min}$、680r/min 和 2100r/min 三个转速，工作平稳，要求中心距 $a = 350 \pm 30$，并画出其中一个宝塔皮带轮的零件工作图[21]。

完成这道附加作业，可以先按教材所述步骤设计第一级减速带传动，即确定V带型号、规格和主、从动轮尺寸；然后以给定传动比为依据，灵活运用皮带长度公式（3-44），反求其余两级传动的带轮尺寸。这一作业有利于引导学生深入实验室或生产现场进行调研，使其更好地将所学理论灵活运用于工程实际。

尽管事先有交待，但由于此道附加题所要求设计的宝塔皮带轮，无法直接从教材中找到结构设计的参考样板而成为一个最大难点。许多同学的附加作业因此完成得很不尽如人意，特别是塔轮零件工作图还闹出许多笑话。反过来，这也给同学们留下了一个难忘的教训或者经验：只有通过查找资料或者实地考察并多次论证，才能形成切合实际的可行设计方案。主讲老师根据自己的工程实际体验，借助批阅作业之后的集中点评，着重从塔轮材料选择、尺寸与结构设计、视图表达方法与加工工艺技巧等方面作了扼要分析与介绍，同时给出主从动轮基本尺寸（见表3-3）和基本结构（图3-26为安装在电动机轴上的主动轮），以供同学们参考。由于先按最大减速比计算带轮尺寸，故此可保证该级带轮直径完全满足标准取值要求。但是随后计算其余两级传动时，无须再强调直径的标准化。

表3-3　课外补充作业参考答案

电机带轮直径/mm	从动轮直径/mm	从动轮转速/r·min^{-1}
63	315	280
136	280	680
254	170	2100

注：电动机转速：1400r/min；中心距 $a=365$mm；Z型V带长度 $L_d=1400$mm。

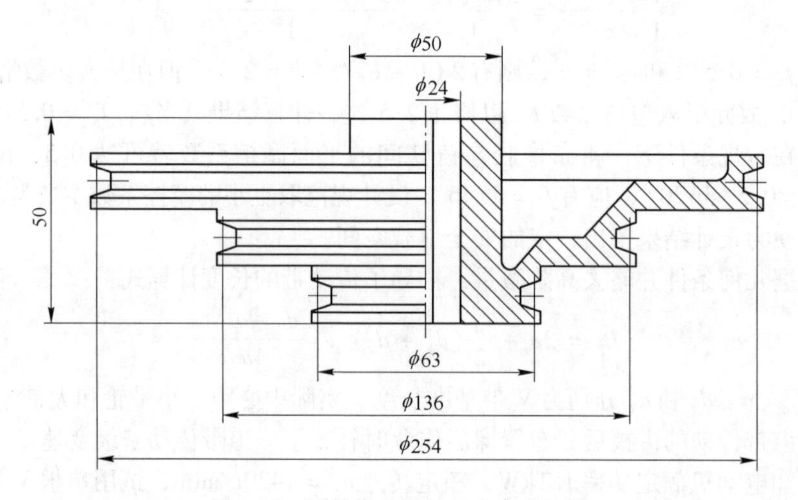

图3-26　课外作业塔轮基本参考结构

点评之后反问同学们：是否想到了卷料机构调速的解决办法？有同学回答：难道也可以利用塔轮传动？这是一个聪明而大胆的反问，解决问题的理论依据正在这里，这位同学很值得肯定与鼓励。

面对大多数同学的不解，老师解释道：请同学们想象一下，将图3-26中的塔轮沿轴线适当加长，并增加轮槽数。如果轮槽个数变为无穷，不就成了一种变异的塔轮吗？随后将传动机构简图放在屏幕上（见图3-27），让大家对比分析两个图所示带轮的异同。显然，安装在电动机轴上的塔轮仅能实现三级变速，而且每次变速必须先行停机。图3-27所示圆锥皮带轮副则可实现无级变速，其速度的变化非常平缓，并且整个生产过程的调速全都自动完成。

对于如此合理的传动机构，如何确定锥形平皮带轮的圆锥角等几何参数？如何实现自动变速？问题的提出会进一步激发学生的好奇心和求知欲望。

由于锥形带轮平行反向安装，其轴向任意横截面上的带长无任何差异。卷料开始时，平皮带位于主动轮大端处，卷料辊增速转动，随着卷料直径的增大，平皮带平缓向主动轮小端方向移动。当卷料直径达到最大时，平皮带到达最小端，卷料辊转速为最小。至此有：

$$\frac{D}{d}=\sqrt{\frac{R_{\max}}{R_0}} \tag{3-45}$$

式中，$R_{\max}$ 为卷料所能达到的最大半径；R_0 为卷辊半径；D 和 d 分别为圆锥形平皮带轮大小端直径（见图 3-27），其毛坯可用薄钢板焊接制作。

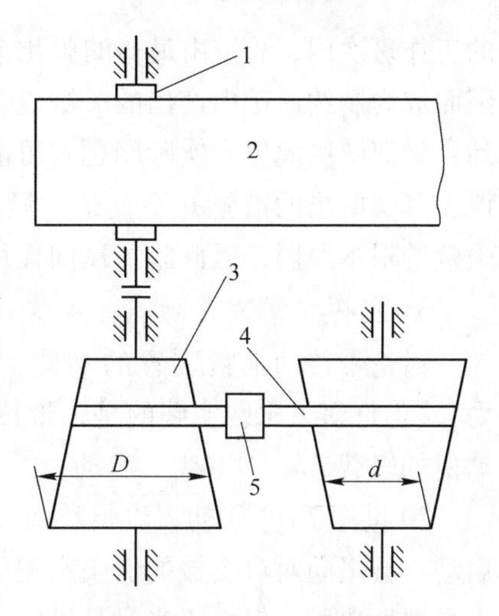

图 3-27　卷筒机构自动调速
1—卷筒；2—卷料；3—圆锥轮；4—平带；5—拨叉

在齿轮-螺旋机构驱动下，图中拨叉 5 的直线移动与从动锥带轮的转动同步进行，从而用纯机械方法实现卷筒的自动变速。其详细结构可参阅文献［5］。安装时需注意使平带紧边位于下方；将拨叉套于平带的松边，以减小拨叉上的作用力，可以更有效地控制平带的轴向移动。锥带轮长度依据实际情况设计，一般以大于 600mm 为宜。

三、安装与讨论

讲授带传动一章，应重视传动结构与安装注意事项的介绍。其中有三个方面的问题必须讲解到位。

1. 强调安全第一

必须强调带传动护罩的设计与安装。如无护罩，不仅平带很容易将人的头发与衣物卷入其中，而且轴端用以固定皮带轮的钩头楔键很容易刮伤人体。在大学生的创新设计竞赛作品中，凡有带传动者，都必须确保其不外露。现实生产中发生过严重的带传动安全事故，同学们一定不能掉以轻心。

2. 正确安装带传动

必须确保主从动轮轴线平行且轮槽中心共面。曾有重庆钢铁公司一露天石灰石矿的“自定中心振动筛”，其筛箱用 4 个圆柱拉伸弹簧吊挂于工作间横梁上，而电动机与地基基础固联。在 5 根 C 型 V 带初拉力作用下，主从动皮带轮轴线的平行度很快被破坏。机器运转不到半个小时，第一根 V 带自行弹出，继而皮带不断移位，直到最后一根 V 带“坚守岗位”约半小时后断裂自动停机。在 8 小时的工作班次内，V带由最初的弹出到最后皮带的断裂，总共不会少于3次循环，因而成为制约该矿山产出的关键设备。课堂上给出振动筛的基本图形后，老师发问：如何解决此生产实际问题？可能是同学们难以理解现场情况，因此提不出建议。其实解决的措施并不复杂，只需“对症下药”即可。由于初拉力是带传动失效的根本原因，因此施加反向作用力来平衡就可以收到立竿见影的效果[5]。

3. 发挥张紧装置功能

讨论带传动张紧装置的功能，人们会众口一词地肯定为“给皮带以初拉力”。但许多人未曾实践的是，带传动的张紧装置还可以用来实现重载机组中原动机的轻载甚至“零载”启动。

20世纪70年代初，贵州黔南一家新建县级水泥厂投产时，球磨机总也无法启动。县里向对口支援的贵阳水泥厂求援，厂方派来多位机械与电气方面的技术人员协助攻关。但由于当时县城电力极为紧缺，40kW电动机一启动便立即跳闸。

老师讲课至此提问：同学们可有好想法？有学生小声嘀咕：人家老技术员都不会，我们怎么行？其实解决的方法很简单。当年就是通过改进张紧装置[5]而使球磨机平稳启动的。如图3-28所示，安装电动机2的底板3通过一端的铰链A与机座相联，底板另一端用上5、下6两个螺母紧固于双线螺杆4上，螺杆则通过铰链B与机座联接。启动电动机前，松开手轮状的上螺母5，用撬杆使底板上倾，10根A型皮带1全部放松后合上闸刀。由于此时负载为零，电动机即迅速启动并保持平稳运转状态，然后放下撬杆，手动并紧上、下两个螺母使V带适当张紧。装满水泥熟料的球磨机由此平稳启动而未造成电网电压的明显下降。这家新建的县级水泥厂在电力严重不足的困难条件下终于按时成功投产。

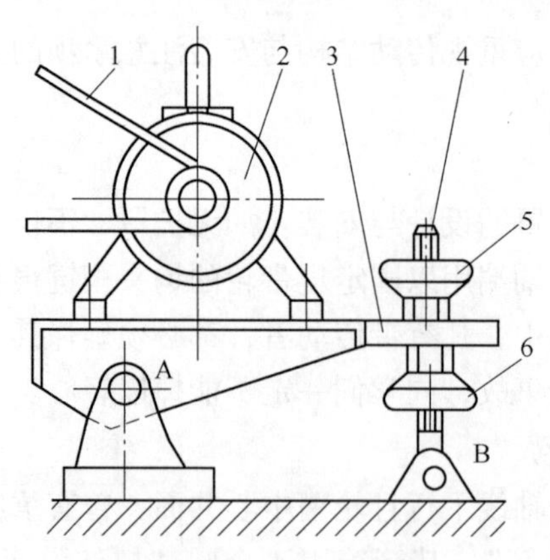

图3-28　皮带张紧装置

1—V带；2—电动机；3—底板；

4—螺杆；5，6—螺母

✦ 点　评 ✦

带传动历来是机械设计课程教学中的重要一章，由于其应用广，学生毕业后工作时接触机会多，因此务必要求学生牢固掌握本章基本理论与设计计算的基本程序。讲课时为避免照本宣科，使学生能感到生动有趣，一开讲就先做演示实验，并要求学生思考与议论；推导公式时除采用某些小窍门外，还运用“反求法”让“来历不明”的参数露出真容；特别是课程进行中紧密结合教材内容介绍老师亲身经历的案例，并提出针对性很强的课堂思考与讨论题，都给学生留下了深刻印象。

课堂上不仅介绍了各种形式的带轮，如普通V带轮、宝塔V带轮和圆锥皮带轮间的差异与联系，而且还结合柳州实际，介绍本地企业自主开发的旋压轮。既使学生开阔了眼界，又使他们兴奋与自豪。因为柳州汽车和汽车零配件产业发达，在国内具有很高的知名度。柳州产旋压轮以其用料省、重量轻、强度高和价格低而闻名于国内外，并被广泛应用于各种车辆中。相对于铸铁皮带轮，旋压轮无疑具有技术上的进步与创新特色。

人类应用带传动肯定已有数千年的历史，讲述这部分内容，注意将教学与生产紧密结合起来，将来自生产实际的案例引入课堂，发动学生思考与讨论，同时不忘介绍国内外，特别是国内与本地在传统传动结构上的创新进展，不仅使学科焕发生机，更使课堂教学显示多彩活力。

［案例 3-9］ 与生产科研相结合的专业基础课教学

✦ 引 言 ✦

在许多高校，任课教师的讲课激情往往被作为评价课堂教学水平的一项重点内容，但极少有提出教学活力者。所谓激情，是指通过口头语言和肢体语言来表现其热情与热爱，是形于外的表象。所谓活力，当然不能缺少激情，但更主要的是指学识水平和严密的逻辑表达，是蕴于内的素质。讲课的吸引力和学生的欢迎度在很大程度上取决于教师的教学活力。

可能有个别老师为老讲一门课而厌倦，这是缺乏教学活力的结果。讲课是一门艺术，更是一项无止境的创造性劳动。如果讲课多年只知照本宣科，那就一定会自感索然无味。反之，每讲一轮课都对教材进行再创造，当然会有“常讲常新，活力常在”之感。

再创造教材，不只是对教材内容或顺序的简单调整。再创造的核心在于将教材研究与科学研究相结合，将教材知识的剖析与知识的应用相结合，以揭示教材所论述事物的本质，以体现知识的力量和价值。这才是再创造的内涵或精髓。

教学的活力来源于与科研生产的结合[22]。教学激情与教学活力的叠加将产生课堂教学的更强的正能量，不仅能激发学生的学习兴趣，而且更能提高学生获取知识的效率和增强运用知识的能力。

✦ 结 合 ✦

一、坚持教学研究与科学研究相结合

（一）司空见惯求新

《机械原理》介绍齿轮机构，必定论述共轭齿廓的啮入起始点和啮出终止点。这是最习以为常的概念。《机械设计》讨论齿轮传动，大多介绍减轻动载措施的齿顶修缘方法。啮合极限点与齿顶修缘之间有何本质联系？很可能因为两者司空见惯，而不见有学者予以关注的报道。

有文献[23]认为，渐开线齿轮啮合传动中，轮齿在啮合起始和啮合终止两个瞬间，相对滑动速度均达最大值而形成强摩擦激励。这一跨越传统观念的创见性

认识，为长期关注摩擦自激振动的学者寻找科学研究新的切入点提供了理论支撑，由此而取得的系列成果[7]成为否定齿轮振动和噪声研究传统学派观点的有力证据。

在证实摩擦激励是形成齿轮高频率噪声的根本原因基础上，文献［23］合理解释了前人修缘齿顶的实际作用仅仅在于，修缘从动轮齿顶旨在推迟轮齿的啮合起始时间，而修缘主动轮齿顶，以使轮齿间的啮合终止时刻提前到达。通过缩短摩擦激励的作用时间以实现对振动和噪声的控制。这一超越前人的结论[24,25]得到了理论计算和实验数据的可靠支撑。根据文献［7］中的理论和方法，无需修缘齿顶就可有效控制齿轮传动中的振动与噪声。

（二）无中生有突破

对于工程实际中的一切机器，润滑都是极为重要的。但《机械设计》教材往往将润滑内容编排在总论部分，老师讲课大多一带而过，学生毕业课题中，也极少有重视润滑机构设计的。

润滑，特别是最常见到的边界润滑，其本质是什么，教材中很少提及。实际上，学术界至今尚未就此有过相关结论。

近年来有所突破的是，文献［7］提出了“微凸体油膜弹性支承效应”新概念。认为所有凹凸不平的摩擦副表面上，只要涂有合适的薄层油液，其凹谷处的油膜就能支撑微凸体抵抗来自外界的切向作用力。为证明该概念的正确性，别出心裁地设计了极为巧妙的正交刨削实验验证方案。本科学生、研究生甚至年轻教师都先后参与实验研究。借助参数和非参数两类统计分析方法各自判别切屑卷曲半径的分布规律，由此都证明这一新概念是正确的[7,26]。这对于指导恶劣摩擦环境下的抗磨和摩擦自激振动的控制具有很大的实际价值。

当然，大学专业基础课程不可能包罗万象，即使是该专业的共性问题也难以面面俱到。例如，《机械设计》教材介绍了平行弹性圆柱体接触状态下的表面强度问题后，不再讨论轴线非平行接触时的机械零件接触应力计算。为应对工程实际中的相关分析计算问题，文献［7］在前人研究基础上提出了两半椭球接触条件下的接触应力简化计算式，不仅顺利解决了螺旋齿轮齿面接触应力计算等问题，而且为指导学生开展创新实验研究提供了理论依据。

短制齿齿轮常应用于高负荷、强冲击和重污染环境。虽然《机械原理》简略提及过短制齿，但《机械设计》不讨论其设计计算问题。与正常制齿轮相比，两者在接触强度计算上并无差别。只是在计算齿根弯曲强度时，齿形系数 $Y_{F\alpha}$ 和齿根弯曲应力修正系数 $Y_{S\alpha}$ 有所不同。文献［27］通过计算机编程计算出了齿根弯曲疲劳强度计算的两个重要系数 $Y_{F\alpha}$ 和 $Y_{S\alpha}$，并且将两者乘积所构成的参数 Y_{FS} 编制成图表，弥补了当前短制齿轮设计资料的不足。根据这一研究基础，可以更有助于设计计算应用于冶金、矿山、起重、运输、水泥、建筑、化工、纺织、印染、制药等领域的硬齿面减速器或铸铁闭式齿轮传动，少齿差行星传动卷扬机和少齿差行星齿轮减速器等装置中的短制齿齿轮。

上述事实说明，作为机械工程专业基础课程的《机械原理》与《机械设计》总存在着科研的切入点和值得深入研究的课题，因而给任课教师们提供了充足的发展空间。

二、坚持课程教学与生产实际相结合

《机械原理》是对现实机械的高度概括与理论提升；《机械设计》是对现实机械基本组成单元设计计算规程的高度归纳。两者都来源于生产，又都服务于实际。这一性质决定了教学必须与生产实际相结合。

（一）转轴同异分析

讲解转轴的强度计算内容，必须重点交待折合系数 α 这个重要的知识点。为加深大家印象，特此就同学们熟知的电风扇与洗衣机提出问题。首先要求大家判断与分析此两种家用机械有关工作状况及其主轴设计两方面的差异；展开简短讨论后再由老师进行点评与总结。经过这一环节的启发引导，同学们普遍认识到，计算洗衣机轴一类频繁正反转动的转轴时，其折合系数 α 必须取为 1；而对类似于电风扇主轴那种单向转动且工作平稳的转轴，其 α 取为 0.3 或 0.6 即可。就近结合大家身边的事物进行对比分析，可使同学们更好地接受和掌握机械设计过程中某些重要参数的正确取值方法。

至此，有关 α 的话题似乎可以结束了，但实际不然。随后还要继续发问，“始终维持单向转动的转轴，α 是否总是只取为 0.3 或 0.6 呢?”面对许多茫然的学生，老师通过现身说法，给了同学们一个满意的否定答案。该答案源于某个技术改造项目：用于离心分离工艺的 220kW 直流电动机，需要频繁制动。该电动机工作时，由电力驱动；而在制动过程中，电动机自动变成发电机，其转子切割磁力线发电而减速直到最后停车。从表面上看，该电动机主轴转向不变，但实质上所受转矩方向正反交替。即其正常工作时，电动机主轴受电磁场驱动力矩作用，而减速阶段则受切割磁力线的阻力矩作用。针对实际使用工况来计算该电动机主轴强度时，α 值必须取为 1 而不是 0.6。这种有层次的讲课方式立足于日常生活经验与教师亲历的工程实践，并且经得起理论的推敲。显然，这既有利于增强学生的工程观念，又能使学生开阔眼界。

（二）传链前世今生

有权威文献指出，链传动的广泛应用始于英国人首先制造出第一辆链传动自行车的 1874 年。正因为如此，至今我国套筒滚子链的规格标记仍然沿用英制标准。至于链传动的久远应用历史，其实非中国莫属。早在我国东汉，张衡就在他所发明的浑天仪中应用了链传动。几乎与此同时，东汉时期的能工巧匠们所发明用以提水的翻车，即由后来三国时期的机械制造家和发明家马钧改进的龙骨水车，其本质上就是一种链传动机构。特别难能可贵的是，由民间工匠制作的龙骨水车早就形成了系列化与标准化的产品制造模式。例如，龙骨水车有脚踏与手摇之分，有人力与畜力之分，有4人与3人脚踏之分等等就是系列化的体现；不同工匠制作的水车，其叶片、转销或龙骨可以相互借用，就是民间普遍遵循标准化的结果。虽然龙骨水车的链节结构与目前大量使用的套筒滚子链存在很大差异，而且曾在50年前广泛应用于我国南方农村的龙骨水车已完全被今天的离心水泵所代替，但其基本原理、结构组成仍然不会退出历史舞台。相反，其演化发展产物如疏浚河道的斗式挖泥机（挖泥船）或者其他物料提升运输机械将继续在多个方面为人类服务。

链传动课后，有时还要求同学们通过查询文献资料写出一篇800字左右的小文章，重点论述链传动在我国古代的应用及其演化。布置这道附加作业，可以使同学们加深对机械制造与传动知识以及标准化等技术规范的认识与理解；能将部分学生的不良上网习惯引导到正确的学习轨道；同时有利于激发和培养同学们的民族自豪感和超越已有与超越前人的创新意识。

三、坚持课堂教学与课外创新相结合

二十余年来，我国的大学从历史上的精英化教育转变为如今的大众化教育。让大学学习成为一个国家最广泛、最普遍而且人人都能参与的活动，无疑是这个国家进步的标志。但是人们必须明白，随着国际竞争的加剧，大学教育如果在降低入学门槛的同时也降低培养标准，那就会祸害无穷。某些总以中国为假想敌的国家绝对不会因为中国降低人才培养标准而放慢他们自己的发展速度。各类学校的领导与老师在带领学生升国旗、唱国歌时，应切实记住国歌中的歌词“中华民族到了最危险的时候”，居安而思危，始终把创新型高素质人才培养作为自己的神圣使命[28]。

培养大学生的创新能力是一项长期的任务，是大学教育的永恒主题。为此应建立和完善大学生科技创新激励机制，以提高大学生参与创新活动的积极性，从而达到培养创新人才的目的。大学生科技创新活动是一个庞大的工程，是一项需要长期培育、研究和扶持的重要课题，它既涉及科技创新、产业开发，也涉及教育教学改革和校园文化建设等。任何一所大学都应激励和保护广大学生的创新热情；积极鼓励学生从事科技创新、开发与推广工作，使其在今后的继续学习和就业中都能保持创新激情[29]。

在组织大学生参与机械创新设计竞赛活动中，应从《机械原理》课程教学开始，推出一批创新项目或课题供学生选择。在由任课教师或指导教师拟定题目的同时，还更应提倡和鼓励学生自定创新题目。在明确项目要求和目标之后，向学生开放实验室，按照理论与实践融为一体的原则组织教学，使课程教学与创新实践相辅相成，相互促进。

大学生们参加机械创新设计将会比常人付出更多的时间、精力和体力。他们参加创新设计就意味着要完成从构思设计方案开始，进行作品的整体设计，装配图和零件图绘制，多种零件的工艺规程制订，然后采购和选用原材料和各类标准配件，加工与检验各种零件，组装调试甚至修改样机，直到外观修饰包装和运输为止的全方位和全过程的实践活动。在此期间，同学们不仅要反复多次跑市场，更多的时间则要坚守在车间或实验室。在整个创新设计与制作过程中，不可避免地会遇到这样或那样的困难与问题，严重时，样机与预想会大相径庭，甚至无法实现预定功能；在学生受挫的关键时刻，经验丰富的指导教师们及时出面，引导学生从理论和工艺等方面进行分析，找出问题的症结所在，进而调整有关参数，使样机恢复其应有功能。应该说，让学生适当受些挫折不是坏事，让他们经受一定考验将有利于健全其人格，从而培养其敢于应对今后更严峻挑战的健康心理。倘若今后他们遇到困难和挫折，就能冷静应对，更不会轻言放弃。

大学生们创新设计全过程的体验是任何其他课程都无法提供的。他们在取得参赛良好成绩的同时，也体现了人生的意义与价值。参赛经历成了他们的一笔宝贵财富，为他们今后的深造和就业提供了一块最佳铺路石。

坚持教学与实践相结合，是教学改革的深入与延拓。任课教师积极承担大学生机械创新设计竞赛的组织与指导，在使学生创新能力受到锻炼的同时，自己的教学水平也随之提升，从而实现了教学相长，教学理论与实践双丰收。

✦ 点 评 ✦

大学教师在教学活动中坚持教学科研相结合，坚持理论与实际相结合，坚持课堂内外相结合，这是激发和保持教学活力的不竭源泉。正所谓“问渠哪得清如许，为有源头活水来”。

图 3-29 所示方框力求概括三个相结合的关系。由于《机械原理》和《机械设计》与现实生产关系极为密切，因此教学不能脱离生产实际。关心教材和生产两方面的信息，留意其中的关键点，通过分析、对比与质疑，找出其中某些特别有普遍意义或有价值的问题作为深入研究的切入点，是实现教学科研相结合的关键。为使研究有深度、计算有创新，必须注意给自己加油充电以提高自身水平，以使实验和计算都能从高起点中收获高质量成果，进而有所发现和发明，借此促进教学，并使工程教育更好地回归工程和服务工程。

当前从事《机械原理》和《机械设计》课程教学的师资团队整体水平有了

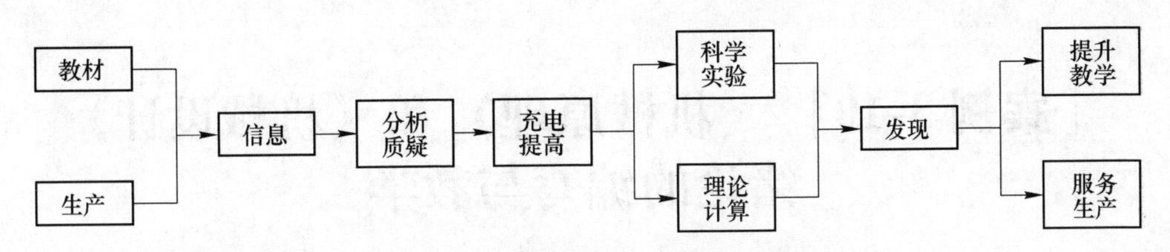

图 3-29　教学与生产、科研之间的关系

很大提高，但深入生产一线不足。处理实际问题能力欠缺仍然是一个共性问题。因此，在高校教师中不断地强化教学的三个相结合意识很有现实意义。

［案例3-10］《机械原理》和《机械设计》绪论的编写与教学

✦ 引　言 ✦

走在校园路上，偶尔听到学生议论："刚上新课讲绪论，不重要"，"绪论自己看得懂，听不听课无所谓"等等。这大概是学生的经验之谈，因为他们先前所学课程的绪论的确不过如此。老师和学生都忽视绪论课的教学，无异于在一定程度上丢失了该课程的灵魂。

30年前，在昆明工学院的一个专科班学生座谈会上，有学生发言道："高老师第一次课就把我们震住了。"原来，给他们讲《工程力学》课的绪论时，连续提出了三个问题："帆船为什么能顶风前进?""水龙头关小后滴出来的水滴为什么会逐渐连成线条?""人们为什么用竹篾做悬索桥，而用石料做拱桥?"在大家沉默中随后补充说：这些问题将分别在静力学、运动学和材料力学部分教学中附带作出解答。当时不少同学都把这几个问题记下来。

学生通过绪论开始接触课程知识，同时开始接受主讲老师的影响。第一印象往往最重要，绪论课给学生的良好印象越深，学生在课程后续教学中就会更认真和更积极主动。因此任课老师必须抓住讲好绪论课的难得机会。

绪论通过课程地位的介绍给学生一个"为什么学"的正确答案，通过课程研究对象的论述来回答"学什么"的问题，最后通过课程特点的讨论让学生明白"怎么学"的方法与要领。这是讲好绪论课的真正目的之所在。可见，绪论是课程的核心与先导，是课程全貌的缩影，是总揽课程教学全过程的纲领；是启迪学生进入课程知识厅堂大门的钥匙，是激励学生学好课程的引擎。课程越重要，讲授绪论就越不能马虎。

✦ 编　写 ✦

一、《机械原理》[4]绪论编写

《机械原理》是机械专业学生第一门十分重要的技术基础课程。作为该课程的第1章绪论，由"机械对人类社会发展的贡献"（1.1）、"本课程的研究内容及其在教学中的地位"（1.2）、"本课程的特点与学习方法"（1.3）和"机械原理学科前沿简介”（1.4）等4节组成。相对于其他同名教材而言，1.1和1.4两节内容较为独特，其余两节的结构与基本内容都没有太大的差异。

考虑到学生通过本课程第一次真正接触和认识机械，故此从激发学生的认同感和热爱专业的愿望出发，编写绪论时特别注意有所创新。

首先强调机械的重要地位。在构成现代社会的五大要素中，机械虽然位列人、资金、材料与能源等四个要素之后，但是现代人衣食住行各个方面已经越来越离不开机械的帮助；材料与能源的生产始终都需要机械的参与；资金及其载体的生产、流通以及存储无不依赖各种各样的机械装备。在进入信息时代的今天，信息的形成、传输、转换和存储、处理与接收等都要依靠机械；一切信息产品都是借助于机械生产出来的。

机械的重要性还可从人类社会的发展进程显现出来。石器时代历时以数十万年计；从雏形机械到完整机械的出现，只经历了几千年；蒸汽机的应用到现代先进机械群的形成历时不到300年；现在的发展速度更加惊人。在世界历史上从来没有哪个时代像20世纪这样，进步这么大，变化这么快。毫无疑问，这应该归功于科学技术和机械工业的迅猛发展。

新中国成立后到70年代初，大型工程建设都离不开人海战术，但这已经成为历史。在普通人的不经意间，大型工程甚至大型城镇就已拔地而起。至此绪论中提出：“没有机械就没有当今世界”。

其次，绪论强调机械本身的演化与发展。指出石器时代人类利用各种石质、木质与皮质材料制成的简单粗糙工具，经过不断改进而逐步演化成杠杆、斜面与滑轮这三大基本机械的雏形，随后进化为机械的先驱。今天千差万别的各种现代机械无不是三大基本机械的演化、变异和组合的结果。借此以激发学生的创造性意识与潜能。

本课程分析机构的结构组成、运动形态或机器的动力特性时，无不依赖经过科学抽象画出来的机构运动简图。而这种简图与同学们先前学过的机械制图有着极大的区别，由此成为许多同学学习中的拦路虎。克服困难的关键是充分利用实验室条件，并且在日常生活与生产实际中，多注意动手绘制所见机构的运动简图，由此熟能生巧，使抽象思维能力显著增强。同学们学习本课程所养成的良好习惯将使自己终生受益。

此外，《机械原理》还是本专业学生最重要的创新启蒙教材。同学们学习本课程后将会懂得，将同样的机构用在不同的场合以获得不同的效果与功能，将基本机构用于前人未曾应用过的场合，对常用机构进行新的组合，对某个机构进行变异或演化，对现有机器中的机构进行增减、或者进行分解、调整与重构等等都是创新。将自己的创新意识倾注于本课程的学习，同学们就一定能够取得很好的学习成果。

论述机械原理学科的发展前沿中，指出了现代机械工业立足于传统基础上日益三极化的发展趋势。所谓三极，是指机械工程中的“极大”、“极小”与“极精灵”。“极大”者如大飞机、超级油轮、巨无霸式水压机与超大型空间站等；“极小”者如收集情报用的“蚊子机器人”，能自由进入人体血管爬行以清除堵塞物的微型装置等；“极精灵”者如具有极高精度的工作母机以及极高命中率的超远程巡航导弹等。一些庞然大物似的机器或机构的运动速度可数倍于音速，或者可以实现亚微米级甚至纳米级的微位移。机械工业发展的极端状态必定促进机械原理传统理论的演绎与发展。在这种情况下，新的研究课题层出不穷，新的研究方法日新月异。

二、《机械设计》[32]绪论编写

作为本书的第1章，其5节分别为：“中国古代设计思想与设计原则及其影响”（1.1）；“本课程的特点、研究内容与方法”（1.2）；“机械设计应满足的要求”（1.3）；“课程地位与学习方法”（1.4）；“现代机械设计方法与学科前沿简介”（1.5）。绪论的这一结构，体现了既重视学习、借鉴与整合其他同名教材[33]总论中的前两章内容，又注意传承自己祖先光辉设计思想的特点。

绪论1.1节相对于其他同名教材，完全是一副新面孔。在主编者看来，中国古代先人的设计思想体现在，追求产品功能的实用性、产品外观的简朴性以及功能与外观的协调性。而基本的设计原则主要包含5个方面：分工原则、全局原则、尚象原则、标准原则和选材原则等。这些思想和原则来源于长期广义的生产制造实践，其耀眼的思想光芒对今天的机械工程领域设计者们依然具有深刻影响。

书中用较多的笔墨对此加以论述，旨在传承与发扬。今天的机械工程技术人员一定要继承前人“以人为本”、“注重功能”与“天人合一”等永远不会过时的正确思想；另一方面，后人还要善于运用先进的工具与手段，以有机地整合与优化前人的整体设计思想，以造福于社会与子孙。

与其他教材不同，本绪论给出了“机械设计”最权威的定义：根据用户所提出的使用要求，对机械的工作原理、结构、运动形式、力和能量传递的途径、组成机械的各个零件的材料和形状尺寸、润滑方法等进行构思、分析和计算并将其转化为具体描述以此作为制造依据的工作过程[34]。

机械零件的强度计算和结构设计是本课程的两大研究任务。研究零件的强度，基本是一个理论计算过程；计算的主要依据是成熟的科学理论。研究零件的结构，则要依据成熟的技术规范与前人的经验；是一个借鉴、实践与改进的过程。

由其性质所决定，本课程只研究各种通用机械零件并以较大篇幅讨论其设计准则与步骤。真正学通了本课程的同学们，今后只要具备了一定的专业知识，就可触类旁通地圆满解决以前未曾研究过的诸如曲轴、活塞、叶片与喷嘴等各类专用机械零件的设计计算问题。

在本课程所涉及的众多计算公式中，有许多参数的取值无需经过严格的理性推导，而只需依据实验或前人的经验，在一个给定范围内自主取值。因此对设计者而言，实践经验的积累至关重要，勤于实践是学好本课程和用好本课程的最重要前提。

人类社会将持续发展下去，不断融入先进科学技术的传统机械设计方法一定会不停滞地创新。学习机械设计知识的同学们要不断努力，紧跟时代潮流建功立业。

✦ 教　学 ✦

一、《机械原理》绪论教学

讲课开始，老师介绍自己之后，公布自己的联系方式，欢迎同学们多联系，同时重点指出“课堂听记、课后复习、积极答疑”是学好本课程的法宝。接着介绍一批同名教材和其他书目供大家参考。其中特别提出《中国大百科全书·机械工程》，书中有大量知识适合同学们学习与借鉴。

随后在屏幕上放出20世纪50年代“荆江分洪”工地人山人海延绵数十公里的劳动画面，接着打出三峡大坝建设工地大型机械化施工作业的场景。虽然两个水利工地都蔚为壮观，但两者不可同日而语。机械对国民经济建设的促进作用由此可见一斑。

即使采用多媒体，也必备内燃机模型与折叠伞两件教具。借此可以面对面地向学生阐述构件、零件、机器和机构的概念。例如，手持模型走下讲台，可以让学生当面指出哪些是零件，哪些是构件。此处可以要求他们依次说出活塞与连杆等各构件间的相对运动关系。手持雨伞，则要求大家指出构件的数量与类型。课堂上活跃而融洽的师生互动气氛也由此自然形成。

同学们列举自己所熟悉的机器时，几乎都提到电视机。对此有必要强调，从本课程观点看，机器必须有构件间的相对运动和力的传递，因此电视机可以称为广义机器但不是本课程所定义的机器。

论述课程性质和特点后，总要介绍本课程学习困难之所在。由于必须科学抽象地描述研究对象，同时必须较多地应用数学工具和力学分析方法，以往不少学生都为此而“头痛”。有决心学好本课程的同学应该继续加固自己的数学和力学基础。

作为技术基础课的《机械原理》所传授的知识体系，虽然不足以帮助青年学子解决今后将要面临的学科前沿难题，但它毕竟提供了一个台阶或跳板，有志者由此继续深造，不懈求索，就一定能够获得攻克学科前沿疑难的可喜成果。

临近下课，给同学们提出了如下思考、议论题：折叠伞与内燃机模型有何共同之处？同学们所用雨伞与今天课堂所见有何不同？传统雨伞上千年没有变化，为什么 40 年间就突然流行折叠伞？传统凉亭式雨伞与折叠伞有何差异与联系？

二、《机械设计》绪论教学

上课伊始，同样介绍一批参考书目。之后通过多种图片介绍我国古代所取得的工程设计与建设的伟大成就，然后分析近代中国发展滞后的原因在于：不懂基础理论研究的重要性、闭关锁国政策与腐败无能的封建统治。正是因为重视教育、重视基础理论研究和改革开放才有了我国今天的迅速发展与超越。

讲授绪论的重点首先放在前人总结的设计原则上，然后从两个方面对通用机械零件展开讨论。第一个方面是机械零件的强度计算，第二则是机械零件的结构设计问题。

强度计算是指根据机械零件的使用要求，选择材料，以某些准则为依据计算该零件在寿命期间不发生破坏所需的最小尺寸。结构设计是指，每个零件在该机械中都能准确定位，零件与零件之间不发生任何干涉，同时能确保每个零件都能方便地安装、调整与拆卸。强度与结构往往是矛盾的两方面，或者是对立的统一体。

机械零件强度计算与结构设计两个大问题，孰轻孰重？仁者见仁，智者见智。例如，学校老师多强调理论计算，而企业技术人员则重视结构设计。显然，这种认识差异的产生源自人们所处环境的不同。事实表明，科学合理地处理好两者关系极为重要，否则就会造成严重后果。

20 世纪 90 年代，美国两度通过亚特兰蒂斯号航天飞机释放绳系卫星来切割地球磁力线以进行发电实验，结果总共耗资 4 亿多美元的两次实验都归于失败。其失败原因在很大程度上是由于零件强度计算与结构设计两者关系处置失当。

在升空入轨后的航天飞机上释放绳系卫星，其系绳的释放与回收主要依赖于一台卷绳机。1992 年首次实验前，有人认为控制系绳收放机构中的 1/4 英寸螺栓直径偏小而强度不足，因而决定改用直径稍大的螺栓。结果该螺栓的松动与干涉破坏了系绳卷筒的正常转动，致使卫星出舱后，系绳仅仅放出 40m 而远未达 4000m 的设计要求。1996 年再次进行绳系卫星发电实验，开始系绳释放顺利，并且测出电压可达 3000V 以上，但是系绳随即断裂，卫星拖着一条长长的尾巴远远地离开了航天飞机[21]。介绍此案例，可以帮助学生加深对机械装置中零件强度计算和零、部件结构设计两者并重观点的理解。

过去总有学生认为，《机械设计》课程凌乱无序，给学习与理解带来了困难。其实这是一种误解。虽然课程各章之间确实不存在承上启下关系，但总有同一条主线贯穿于论述零件设计的各章之中，即认识零件的失效形式、分析原因以确定失效主要影响因素、提出设计准则、确定零件危险截面几何尺寸并完成其结构设计。将各种零件有机联接到一起，就构成了满足要求的整体机械。

由于课时紧张，因此无论是《机械原理》还是《机械设计》，绪论的课堂教学一般只用两节课时。

✦ 点　　评 ✦

一章完整的绪论应该包含“教学目的、教学内容、教学重点、教学要求、课程特点、教学方法、学时分配和课程考核”八个方面。但也不必面面俱到，而是应有所侧重。不同学校在使用同一教材时，学时安排可能有不少出入。至于考核方式可能差别会更大。因此绪论的应用可允许有足够的灵活性。

在基本规范的框架之下，上述两篇绪论都体现了一定特色。首先，《机械原理》的第1节就大篇幅论述了机械对人类社会发展的贡献，由此凸显了机械的重要性。同样，《机械设计》绪论的第1节介绍中国古代设计思想和设计原则及其对后世的影响，不仅弘扬了中华民族光辉灿烂的优秀文化，而且强调了设计思想与规范的重要性。

其次，通过设问留下悬念，以吸引学生关注后续章节的教学内容；借助案例分析以强调理论计算和结构设计两者同等重要而避免厚此薄彼，充分体现了教学特色和主讲者的良苦用心。

绪论的第三个特色在于，特别强调学生工程观念、知识应用和创新意识与创新能力的培养，突出了《机械原理》和《机械设计》课程教学的永恒主题。

［案例3-11］ 科研成果转化和融入大学课堂教学

◆ 引　　言 ◆

在中国孔子和古希腊苏格拉底授徒的时代，学生手头肯定没有教材。两位大师通过即席讲话与现场问答将自己的感悟传递给学生。他们的思想和言论之所以流传后世，是学生当时做笔记，以后整理成书的结果。新中国成立前后一段时间，大学的许多专业也都没有教材。条件允许者，给学生发些讲义，多数情况下学生必须记笔记，否则无法复习和考试。

现在情况有了翻天覆地的变化，学生上课人手一本印制精美的教材，甚至是全国统编的优秀教材。这无疑是一种进步，但在某种意义上，也含有某些倒退的成分。

试想一本教材，出版后连续用上10多年甚至更长时间，新成长起来的青年一代还在读其前辈的老课本。即使一而再、再而三地再版，也难以融入新的理论和新的方法。教材普遍滞后于科学技术发展的速度是不争的事实。改善或改变这种局面的关键之一在于主讲教师。

每位老师当然应该有针对性地讲好所使用的教材，但更应注意将自己的科研成果融入课堂教学，让学生超前于教材获取最新的知识。工程专业基础课需要这样做，专业课则必须这么做。只有这样，才能让科学的春天百花齐放，学术一片繁荣。各个学校也就因此能显示自己的特色。

大学是人才培养的殿堂，更是研究科学、创造知识的中心。在具有教育与创造双重职能的高等学校，用最小的时间差，将不断涌现的新知识和创新成果传授给青年学生，是大学精神的体现，是产生巨大社会效应的必然要求。

◆ 实　　例 ◆

一、机构结构分析及连杆机构设计课堂教学

讲授《机械原理》或《机械设计基础》课程的机构结构分析及连杆机构设计章节，或者讲授《创新思维与机械创新设计》时，适时地放出图3-30所示两个对照专利，都能起到增强教学吸引力的效果。此图是将本书［案例2-10］中图

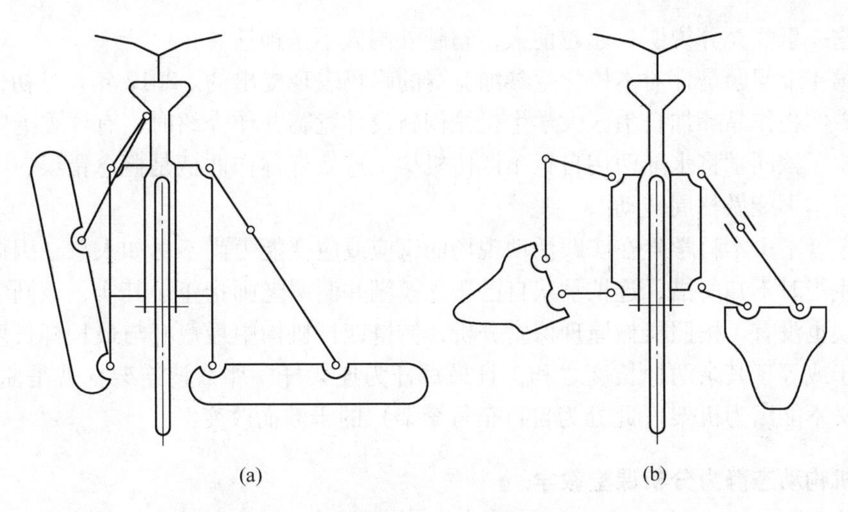

图3-30 不同国家的同名水陆两用自行车机构简图

2-65和图2-69整合处理的结果。两个专利的相同之处是每辆自行车均配有4个浮体。图中所示两个浮体是与后车轮行李架相联的。

每一机构简图右边表示下水骑行状态，而左边则为上岸后的骑行情形。在适当解释简图之后，口头说出或用粉笔写出或在屏幕上打出以下问题，要求学生针对图示不同国家的两个水陆两用自行车专利展开讨论。

（1）心算并口头回答机构的自由度。

（2）如何保证机构运动的确定性与骑行的可靠性？

（3）有何创新或有何错误？

（4）图3-30（a）机构中是否存在曲柄？

学生参与讨论很有积极性。但在计算图3-30（b）机构自由度后，却不能正确计算图3-30（a）机构自由度。特别是，同学们基本想不通老师为什么会提出专利有何错误的问题，这也许属于情理之中的事。

针对同学们的课堂表现，着重强调指出，图3-30（a）所示两种骑行状态下，浮体都是主动件。对右侧而言四杆机构成为三边形；而左侧上连架杆受行李架约束后，四杆变为三杆；因此机构自由度都为零。只有在这种情况下，才能确保水陆骑行时浮体的牢靠固定，从而确保安全。此外，图3-30（a）左右两侧状态的转换极为简单，逆时针手动轻松扳转上连架杆，就可将机构右侧的浮体向上收拢，或者将左侧浮体展开如右侧所示。

反之，图3-30（b）右侧机构自由度为1，而左侧自由度为2。这就说明，图3-30（b）浮体在水面上受浮力托举而转动，直至翻转沉没；陆地骑行时，机构的两个自由度将使浮体乱动必定造成交通事故。

图3-30（a）所示为作者及学生的共同发明，而图3-30（b）则是欧盟的专

利。这一事实充分说明，超越前人，超越外国人不是神话。

第4个问题是针对本校学生参加竞赛的临场表现提出的。2012年6月初，学生带着实物作品参加自治区大学生机械创新设计竞赛并作介绍时，有评委老师当场指出，该同学将水陆两用自行车浮体机构上连架杆称作曲柄是概念错误，因为该杆根本不能做整周转动。

笔者不少本科学生在实践活动现场的反应或应变能力尚不尽如人意，因此这位学生当时不知所措，连忙承认自己概念模糊并谢谢老师指正。其实，该同学一点错误也没有。按照机械原理课堂分析，铰链四杆机构中最短杆与最长杆长度之和小于或等于其余两杆长度之和，且最短杆为连架杆，那么该连架杆就是曲柄。该定义不能因为机架（此处为自行车行李架）的干涉而改变。

二、机构动态静力分析课堂教学

课堂上利用动态静力分析机会向学生论述创新的多样性。首先与同学们共同回忆大家都很熟悉的牛顿第二定律：

$$F = ma \tag{3-46}$$

然后引出如下话题：18世纪30年代，一位19岁的年轻人，很可能无意之中随手写出牛顿第二定律，并像小学生一样做移项运算得：

$$F - ma = 0 \tag{3-47}$$

一般人很可能到此为止结束数学游戏。但这位年轻人不同，他随后令 $P = -ma$，式（3-47）便变为：

$$F + P = 0 \tag{3-48}$$

同学们千万不要认为式（3-48）与式（3-46）只是同一定律的两种表述方法。须知，后者所表达的是著名的达朗伯原理。19岁的法国人达朗伯站在巨人牛顿的肩膀上，将牛顿的动力学问题转化为静力学问题。这一动态静力分析方法使后世学者们不断受益。达朗伯从那以后继续努力，终于使自己成为18世纪最伟大的物理学家、数学家和天文学家，为人类社会进步作出了巨大贡献。

当然，学习达朗伯的创新精神，不能照葫芦画瓢。例如对本书图2-31（a）所示装置，工作台与滑块 m 之间的相对滑动速度记作 v_r，那么在动态摩擦力 F_v 作用下，按牛顿第二定律，滑块 m 的运动方程可以表示为：

$$m\ddot{x} = F_v - kx \tag{3-49}$$

式中，k 为弹簧刚度。

包括作者在内的国内外许多学者都通过各自的实验测出，一般情况下的动态摩擦力 F_v 都随相对滑动速度增加而减小。用数学式表达便有：

$$F_v = F_0 - \alpha v_r \tag{3-50}$$

式中，$v_r = v_0 - \dot{x}$；F_0 为 $v_r = 0$ 时工作台拖动滑块 m 的摩擦力；α 为与相对滑动速

度成正比的系数，且 $\alpha > 0$ 。

将这些关系代入式（3-49）即有：

$$m\ddot{x} - \alpha\dot{x} + kx = F_0 - \alpha v_0 \tag{3-51}$$

为使上式变为齐次方程，前人便有意作移项处理，将右边项移至左边并与左边第3项合并，式（3-51）因此演化为：

$$m\ddot{x}_1 - \alpha\dot{x}_1 + kx_1 = 0 \tag{3-52}$$

式中，$x_1 = x - (F_0 - \alpha v_0)/k$ 。

方程（3-52）是一个典型的二阶线性常系数齐次微分方程，其通解为：

$$x_1 = Ae^{-nt}\sin(\omega_a t + \varphi) \tag{3-53}$$

式中，A 和 φ 分别代表与振幅模和相位有关的积分常数，其具体数值根据初始条件确定；$n = -\alpha/(2m)$ ；$\omega_a = \sqrt{\omega_n^2 - n^2}$ ；$\omega_n^2 = k/m$ 。

由方程通解可知，随着时间的推移，质量为 m 的滑块的振幅越来越大直至无穷，即形成自激振动。由于式（3-52）中的系数 $-\alpha < 0$ ，前人便称 $-\alpha\dot{x}_1$ 为负阻尼。只要作用力随相对运动速度增加而下降，就存在负阻尼，就会产生自激振动。70多年来这一观点一直影响着学术界。

但在工程实际中，相对滑动副几乎都存在所谓“负阻尼”，但并非一定发生自激振动，特别是低速重载场合，只要切断驱动能源的供应，再强的振动或噪声都会戛然而止。这说明是系统中的“过阻尼”而不是“负阻尼”在发挥作用。为什么出现如此巨大的矛盾？作者认为，在式（3-51）的移项运算中发生了理论严重脱离工程实际的错误。

从纯数学观点看，式（3-51）到式（3-52）的演化未出现任何运算错误，但在实际传动系统中，式（3-51）中的常数项 $F_0 - \alpha v_0$ 是消耗能量的主体，必然产生正阻尼。参照文献［35］的做法，其正阻尼系数计算式为：

$$c_e = \frac{4(F_0 - \alpha v_0)}{\pi A\omega} \tag{3-54}$$

式中，ω 为滑块摩擦自激振动的圆频率，可在现场测定。将其代入式（3－52）则有：

$$m\ddot{x}_1 + (c_e - \alpha)\dot{x}_1 + kx_1 = 0 \tag{3-55}$$

作者实际计算发现 c_e 比 α 大一到两个数量级，由此将与 c_e 有关的阻尼称为摩擦伴生阻尼[36]。在如此强大的正阻尼面前，所有负阻尼都微不足道而不可能“兴风作浪”。正因为如此，自激振动才表现出一个典型特征，即能源供应一旦切断，振动便立即停止。但是从未见有学者对此特征作出过有说服力的解释。唯有“摩擦伴生阻尼”新概念给出的解释是最合理可信的。这就从理论上对影响国际学术界近一个世纪的“负阻尼”学说明确表明了否定性的观点。

文献［36］将实验获得的数据引入自编程序，通过计算机验证而得到了重要结论：摩擦力随相对运动加速度而变是引发自激振动的根本原因。

尽管有一定难度，只要讲述不超出学生所学高等数学水平，学生听懂不应该有太大困难。稍感遗憾的是，学生微分方程的基础相对较差，学校在组织教学方面应对此有所重视。

✦ 点　评 ✦

现在照本宣科或照“屏”宣科的教学模式已越来越没有市场。大学教师履行使命，率先垂范、不断创新正在成为时尚。让学生近水楼台先共享自己导师的创新成果，是应有的大学精神的弘扬。

学生共享学校和导师的创新收获，不应该是教育的全部。最为重要的是，继承老师的创新精神，增强学生自主创新、不断超越的才干，这才是大学教育的终极目标。

教师在讲授基本理论的同时，应当尽可能通过简单而贴近学生的实例启发学生创新意识与灵感。在讲授机构的结构分析以及铰链四杆机构基本概念等内容时，如果只拿自己的水陆两用自行车来阐述铰链四杆机构的死点等特性，未必会使讲课增加更多吸引力，而将外国的同名专利并列讲授，并且提出问题展开讨论，效果便明显增强。用于课堂的图 3-30 与教材内容融为一体，贴近学生，很有说服力。

从学生最熟悉的牛顿第二定律开始，讲授动态静力分析时，达朗伯的移项居然能取得巨大创新成果，对帮助学生破除创新神秘感极有作用。

达朗伯无意间移项，竟能“移出”巨大科学成果。这是因为他无意中移项后能立即有意地深思其结果的发展趋势。后人有意识地对一物体的动力学表达式（3-51）进行类似移项处理，其所得“负阻尼”结论一再被证明与事实不符。其原因很可能在于片面追求数学表达式的规范格式，而无意间忽略了客观作用力的附加影响。同学们应该从这两种情况对比中有所感悟与收获。

参考文献

[1] 陈勇棠．机械专业基础课程的一种创新课堂教学模式［J］．教学研究，2002（34）：6.

[2] 陈勇棠．“以人为本”创新高校工科专业基础课程教学［J］．中国教育研究与创新，2005（3）：34～36.

[3] 高中庸．七言诗与机械设计教学．2006机械设计教学研究［M］．北京：机械工业出版社，2006.

[4] 高中庸，孙学强，汪建晓．机械原理［M］．武汉：华中科技大学出版社，2011.

[5] 高中庸．大学生机械创新设计方法与实践［M］．北京：兵器工业出版社，2014.

[6] 高中庸．口诀诗在“机械原理”教学中的应用［J］．高等工程教育研究，2002（3）：82～84.

[7] 高中庸．涂油降噪理论与实践［M］．北京：科学出版社，2009

[8] 高中庸．趣话润滑［J］．知识就是力量，2006，6：68～70.

[9] 高中庸，彭胜广，彭金勇．梳头健脑机［P］．中国：2007201534919，2008.

[10] 高中庸，刘伟才，刘华．高楼缓降逃生器［P］．中国：2010202247222. 2010.

[11] 常治斌，张京辉．机械原理［M］．北京：北京大学出版社，2007.

[12] 高中庸，高尚晗．机械原理课堂教学方法的创新［J］．哈尔滨工业大学学报（社会科学版），2011（增刊）：51～52.

[13] 孙桓．机械原理［M］．3版．北京：高等教育出版社，1982.

[14] 杨可祯，程光蕴，李仲生．机械设计基础［M］．5版．北京：高等教育出版社，2006.

[15] 高尚晗．连架杆三对应位置设计的改进教法［J］．哈尔滨工业大学学报（社会科学版），2011（增刊）：123～124.

[16] 罗洪田．机械原理课程设计指导书［M］．北京：高等教育出版社，1986.

[17] 刘庆民，沈德君，杨春芳．2种牛头刨床机构的运动分析及特性对比［J］．吉林林学院学报，2000（7）：156～159.

[18] 张国凤，李革，赵匀．两种牛头刨床机构的动力学特性分析与比较［J］．农机化研究，2005（5）：66～68.

[19] 高中庸．针对Ⅲ级机构的机械原理课程设计模式［J］．高等工程教育研究，2013（增刊）：189～191.

[20] 高中庸．论《机械工程专业导论》课程地位与教学［J］．教研周刊，2015（7）：20.

[21] 高中庸．机械设计课中的启发式教学方法［J］．机械设计教学研究．北京：机械工业出版社．2012（5）：354～356.

[22] 高中庸．教学之活力在于与科研生产相结合［J］．广西工学院高教研究，1989（1）：27～29.

[23] 高尚晗，高中庸．渐开线轮齿啮合过程教学中的一个科研切入点［J］．广西大学学报自然科学版，2015（增刊2）：82～84.

[24] 章福兴．齿顶修缘的机理与应用．科技求索，1990（百度文库）．

[25] 万里，毕卫东．用齿顶修缘的方法降低摩托车齿轮噪声的问题［J］．新校园，2012，8.

[26] 喻样，高中庸．非参数统计学原理在刨切切屑变形研究中的应用［J］．制造技术与机

床，2013（2）：60～63.
[27] 高中庸，李昌炎，袁爱霞．短制齿齿形系数和应力修正系数的分析与计算［J］．机械设计，2008（增刊）：263～265.
[28] 李宝灵，高中庸，刘旭红．创新设计竞赛对学生创新实践能力培养的作用［J］．贺州学院学报，2012（2）：99～100.
[29] 高中庸．论大学生机械创新设计竞赛活动的健康可持续发展［J］．机械设计教学研究．北京：机械工业出版社，2009（6）：37～39.
[30] 高中庸．机械专业大学生创新能力培养不断线的研究与实践［J］．机械设计教学研究．北京：机械工业出版社，2010（8）：80～82.
[31] 高中庸．机械设计教学的主题是创新能力培养［J］．机械设计教学研究．北京：机械工业出版社，2007（6）：265～267.
[32] 高中庸，陈迎春，胡靖明．机械设计［M］．武汉：华中科技大学出版社，2014.
[33] 濮良贵，纪名刚．机械设计［M］.8 版．北京：高等教育出版社，2006.
[34] 雷天觉．中国大百科全书·机械工程　机械设计［M］．北京：中国大百科全书出版社，1987：342～343.
[35] 铁摩辛柯，等．工程中的振动问题［M］．胡人礼，译．北京：机械工业出版社，1978.
[36] 高尚晗，高中庸．摩擦颤振中的摩擦特性分析［J］．润滑与密封，2003（6）：31～32.